貓頭鷹書房

有些書套著嚴肅的學術外衣，但內容平易近人，非常好讀；有些書討論近乎冷僻的主題，其實意蘊深遠，充滿閱讀的樂趣；還有些書大家時時掛在嘴邊，但我們卻從未看過……

如果沒有人推薦、提醒、出版，這些散發著智慧光芒的傑作，就會在我們的生命中錯失──因此我們有了**貓頭鷹書房**，作為這些書安身立命的家，也作為我們智性活動的主題樂園。

貓頭鷹書房──智者在此垂釣

內容簡介　太空的生活究竟有多奇怪？如果你一整年都不能走路，一年都沒有性愛，或者是聞不到花香，你會怎麼樣？太空缺乏我們生存所需的一切，那裡沒有空氣，沒有重力，沒有熱水澡、新鮮的農產品，沒有隱私，也沒有啤酒！想要實現太空旅行的夢想，我們必須放棄多少生活中看似不可或缺的東西？為了回答這些問題，各國太空總署絞盡腦汁設計了各式各樣的太空模擬實驗，其滑稽荒謬的程度，令人瞠目結舌。從太空梭的馬桶使用訓練，到NASA新太空艙的撞擊測試，瑪莉．羅曲要帶我們走進太空探索的工作現場，開啟一趟超現實的科學之旅。

作者簡介　瑪莉．羅曲的暢銷著作包括《不過是具屍體》《一起搞吧！科學與性的奇異交配》《活見鬼：靈魂和來世的科學實驗》。其作品散見於《戶外》雜誌、《連線》雜誌、《國家地理》雜誌、《紐約時報雜誌》以及其他出版刊物。瑪莉．羅曲現居於加州奧克蘭，關於更多她的資訊，請造訪她的個人網站：www.maryroach.net

譯者簡介　鍾沛君，台大外文系、輔大翻譯研究所畢業，專職中英同／逐步口譯、書籍文件筆譯，譯有《大腦、演化、人》《魚翅與花椒》《與神共餐》。

貓頭鷹書房 237

PACKING FOR MARS

THE CURIOUS SCIENCE OF LIFE IN THE VOID

打包去火星

NASA太空人瘋狂實境秀

瑪莉・羅曲　著

鍾沛君　譯

貓頭鷹

貓頭鷹書房237　　ISBN 978-986-262-264-3

打包去火星：NASA 太空人瘋狂實境秀

作　　者　瑪莉・羅曲（Mary Roach）
譯　　者　鍾沛君
企畫選書　曾琬迪
責任編輯　周宏瑋
協力編輯　蕭亦芝、曾琬迪
校　　對　魏秋綢
版面構成　健呈電腦排版股份有限公司
封面設計　黃伍陸

總 編 輯　謝宜英
行銷業務　林智萱
出 版 者　貓頭鷹出版
發 行 人　凃玉雲
發　　行　英屬蓋曼群島商家庭傳媒股份有限公司城邦分公司
104 台北市中山區民生東路二段 141 號 2 樓
劃撥帳號：19863813；戶名：書虫股份有限公司
城邦讀書花園：www.cite.com.tw　購書服務信箱：service@readingclub.com.tw
購書服務專線：02-25007718~9（周一至周五上午 09:30-12:00；下午 13:30-17:00）
24 小時傳真專線：02-25001990~1
香港發行所　城邦（香港）出版集團／電話：852-25086231／傳真：852-25789337
馬新發行所　城邦（馬新）出版集團／電話：603-90563833／傳真：603-90576622
印 製 廠　成陽印刷股份有限公司
初　　初　2012 年 8 月
二　　版　2015 年 10 月

定　　價　新台幣 360 元／港幣 120 元

讀者服務信箱　owl@cph.com.tw
貓頭鷹知識網　http://www.owls.tw
歡迎上網訂購；
大量團購請洽專線 02-25007696 轉 2729

城邦讀書花園
www.cite.com.tw

國家圖書館出版品預行編目資料

打包去火星：NASA 太空人瘋狂實境秀／瑪莉．羅曲（Mary Roach）著；鍾沛君譯．-- 二版．-- 臺北市：貓頭鷹出版：家庭傳媒城邦分公司發行，2015.10
320 面：15×21 公分．--（貓頭鷹書房；237）
譯自：Packing for Mars: The Curious Science of Life in the Void
ISBN 978-986-262-264-3（平裝）
1. 太空生物學　2. 通俗作品
361.9　　104018762

以如宇宙豐沛的感謝之情，獻給曼道與貝洛絲基

打包去火星：NASA太空人瘋狂實境秀

目次

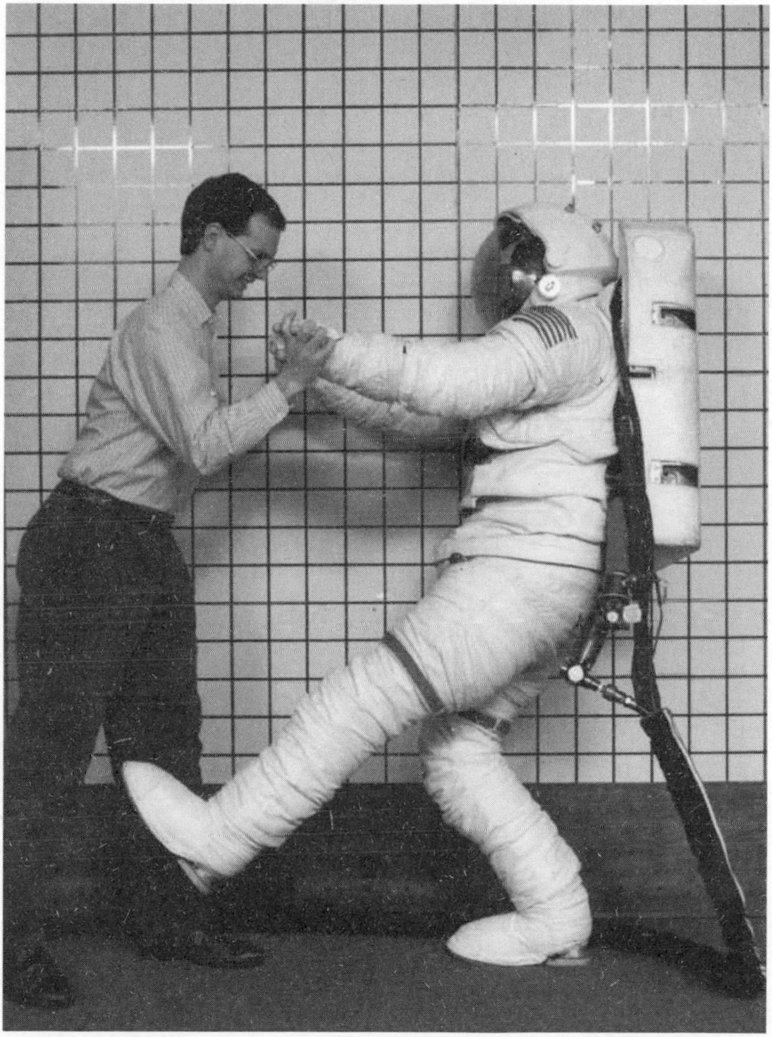

編輯弁言

本書注釋體例有兩種，一種是以楷體字表示的譯注，另一種是以數字標示的原作者注。

倒數計時

對火箭科學家來說，你是個問題。你是他（她）得處理的機器中最麻煩的一台：你的新陳代謝不時變動，你的記憶體超小，你有一百萬種不同的配置架構，你不可預測，你反覆無常，你出了問題需要好幾周才能修好。工程師得為了你在太空中需要的飲水、氧氣、食物費盡心思，要注意為了送出你要的蝦仁沙拉與墨西哥牛肉餅需要多少額外的燃料。太陽能電池或火箭推進器既穩定又不難搞，這些東西不會排泄、恐慌或是愛上任務指揮官。它們沒有自我，結構成分也不會因為沒有重力就故障，就算不睡覺還是能運作良好。

對我來說，你是火箭科學裡最美好的一件事。因為有人類這部機器，所有的努力才具有無窮的吸引力。要把一個身上所有特徵都是以在有氧氣、重力、水的世界上生活與繁殖為目的演化的有機體，丟到荒蕪的太空裡一個月或一年，是既違反常理卻又讓人神魂顛倒的一項工作。所有在地球上被視為理所當然的事，都必須重新思考、重新學習、一再演練——成年男女要學習上廁所，黑猩猩穿著飛行服被發射到太空軌道上，還有一個仿冒版的外太空在地球上，形成一個奇異的宇宙。從來沒有發射過的太空艙，健康的人在床上躺好幾個月的醫院病房，偽裝的零重力，還有用墜落的屍體模擬太空船降落海中情況的撞擊實驗室。

幾年前，我有一位朋友在美國太空總署（NASA）的詹森太空中心九號大樓進行一項工作。這棟大樓集結了各種模擬空間，一共約有五十多樣模擬設施：各種模組（構成太空船整體結構的各個獨立構造單元，例如乘員艙、指揮艙、駕駛艙等）、氣閘艙、艙蓋、太空艙等。我朋友雷尼連續好幾天，都聽見斷斷續續的「嘎吱嘎吱」噪音。最後他終於去找聲音來源，結果發現「一個可憐的傢伙穿著太空衣在跑步機上跑步，而且為了模擬火星重力，跑步機還懸吊在一個複雜的儀器上方。許多寫字板、計時器、無線電耳機，以及一張張憂心的臉龐團團圍繞著他。」當時我讀著他的電子郵件，突然覺得他所描述的場景，讓我不須離開地球就彷彿造訪了外太空；或者也可以說是某種胡鬧版的，超現實的，卻又要人信以為真的另一個版本的外太空。而我過去兩年大致上就是在這樣的地方度過。

對我來說，在數百萬頁為了第一次登陸月球而撰寫的文件與報告當中，最生動的莫過於一份在北美旗幟協會第二十六屆年會上發表的十一頁報告。雖然旗幟學是研究「旗幟」而不是研究「麻煩事」的學科（旗幟學的原文為Vexillology，「惱人的」原文為vexing，作者取其字首之雙關），不過在這場會議上，這兩項主題倒是都很適用。這份報告的名稱是〈旗幟未曾到達的地方：論在月球上插旗的政治和技術層面〉。

在阿波羅十一號發射前五個月舉辦的多場會議為這一切揭開序幕。新成立的「首次登陸月球象徵活動委員會」召開會議，討論在月球上插國旗的適當性。美國為簽署國之一的「外太空條約」禁止任何國家在天體上宣示主權，而「插國旗」有沒有可能不讓人覺得是某位委員所說的「主張擁有月球」的舉動呢？有人提出一項比較不適用於電視轉播的方案：使用盒裝的各國迷你國旗。但這項提議在經過考慮後被駁回了。美國國旗將在月球飄揚。

不過要是沒有NASA技術服務部門的幫忙，國旗也飄不起來。沒有風，旗幟就不會飄揚。月球上沒有所謂的大氣層，所以也沒有風。雖然那裡的重力只有地球的六分之一，但已經足以讓旗幟不體面地垂頭喪氣了。所以他們在旗杆上方裝了一根橫桿，縫在國旗上緣，撐起整面國旗，這樣一來星條旗看起來就像在風中飄揚了——逼真到引發了後來數十年關於登陸月球是一場騙局的爭議。事實上這面國旗比較像是一幅縮小版的愛國窗簾，而不是一面旗幟。

挑戰還沒結束。你要怎麼把旗杆塞進登月艇狹窄、擁擠的空間裡？於是工程師動手設計了可摺疊的旗杆與橫桿，但即使如此，空間還是不夠。這個由國旗、旗杆、橫桿組成的「月球旗幟組」最後只能裝在登月艙的外側，但這也表示它必須能夠承受旁邊下降引擎產生的華氏兩千度高溫。為此他們展開許多測試，因為國旗在三百度時就會融化，所以結構與機械部門也被找來，用多層鋁和鋼做出了一個隔熱保護殼。

就在這面國旗看似終於準備妥當的時候，有人指出太空人因為都要穿加壓的太空裝，所以手部抓取的力量有限。他們到時候有沒有力氣把旗幟組從隔熱殼裡拿出來呢？他們會不會在數百萬人的注視下，想抽出旗幟組卻徒勞無功地站在那裡？他們有沒有足夠的空間來撐開摺疊的構件？只有一個方法能知道答案：製作旗幟組的原型，召集登月團隊來進行一系列使用旗幟組的模擬訓練。

這天終於來了。國旗在品管主管的監督下以四個步驟打包完成，再以十一個步驟裝上登月艙，出發前往月球。但摺疊橫桿在月球上無法完全伸展，而且月球的土壤又太硬，阿姆斯壯只能把旗杆插進土裡十五到二十公分深，因而引發揣測，認為國旗可能被上升模組的引擎給吹爛了。

歡迎來到太空。我要說的不是你在電視上看到的那些成功與悲劇，而是中間的那些小小的喜劇以及日常的勝利。我之所以有興趣寫「太空」這個主題，不是因為那些英勇的冒險故事，而是背後那些人性化，有時甚至顯得荒謬的辛苦努力。一位阿波羅號的太空人因為早上練習太空漫步時嘔吐，所以擔心自己會拖累美國在登月競賽中成為輸家，引來是否擱置此計畫的討論；第一位進入太空的蓋加林走在蘇聯共產黨中央委員會主席團前的紅地毯上，接受成千上萬人的喝采時，突然發現自己的鞋帶沒綁好，於是腦袋一片空白。

在阿波羅計畫的尾聲，太空人接受訪問，針對各種主題提出他們的想法。其中一個問題是：如果一名團隊成員在船艙外太空漫步時死亡，你該怎麼做？其中一個選項是：「切斷他的連結繩。」大家都同意這個答案。因為試圖從太空中救回屍體，將會危害到其他成員。只有親身體驗過穿著加壓的太空衣，千辛萬苦進入太空艙的人，才能毫不猶豫說出這樣的答案。只有曾經毫無束縛地在無邊無際的宇宙中漂浮過的人，才能了解太空葬禮之於太空人，如同海中葬禮之於水手，代表的是榮耀而非不敬。在軌道上的所有事物都與地球上全然不同，流星在你下方呼嘯而過，留下一道痕跡，太陽會在午夜升起。就某些方面來說，探索太空是探索這個行動本身對人類的意義。人願意為此背棄多少「常態」？這種狀態能維持多久？對他們又有什麼樣的影響？

在研究初期，我碰巧讀了雙子星七號的任務紀錄——第八十八個小時裡的四十分鐘。對我而言，這段紀錄不僅總括了太空人的經驗，也說明了我為什麼對此深深著迷。太空人洛威向任務控制中心回報他拍攝到的一個影像，任務紀錄這麼描述：「一張美妙的照片：滿月掛在漆黑的天空中，下方是地球雲系的高層結構。」片刻的沉默後，洛威的同伴鮑曼按下了**通話鍵**：「鮑曼要去倒尿液了。大約一分鐘後排出。」

在後面兩行，我們看到洛威說：「真是奇景！」我們不知道他指的是什麼，但他說的很有可能不是月亮。多位太空人都在回憶錄裡提到，太空中最美的景象，是迅速凍結的廢水滴飛散在太空中被太陽照亮的模樣。太空不只同時包含了壯麗與荒謬，還抹去了兩者的界線。

1

他很聰明，但是他的鳥很隨便

日本選擇太空人的方式

就像進入日本人的住家時一樣，你要先把鞋子脫掉，再穿上一雙特製的隔離室用拖鞋。淺藍色的乙烯基拖鞋上印著「日本宇宙航空研究開發機構」（JAXA）的標誌，前傾的JAXA字體像是要快速衝進太空裡一般。隔離室位在JAXA筑波科學城總部的C-5大樓裡，是一個獨立的建築結構，對某些人來說，這裡勉強算是一個家，例如過去一個禮拜裡，這裡就住著爭取成為日本太空人的十位候選人，而正式名額只有兩個。我上個月來的時候，這裡沒什麼好看的，只有一間放著幾個附簾子的「睡覺盒」的臥室，相鄰的類似房間裡放了一張長餐桌和椅子。這地方其實是要「被看」的，五部閉路攝影機裝在接近天花板的地方，好讓精神病學家、心理學家、JAXA管理階層組成的評選團隊能觀察這些候選人。他們的行為和評選團隊對他們在此居住期間的印象，將會大大影響最終的決定，哪兩位能夠穿上有JAXA標誌的太空裝，而不是拖鞋。

評選團隊這麼做是為了更了解這些男女是什麼樣的人，以及他們多麼適合在太空中生活。雖然面試或填寫問卷能夠刪去那些有顯著個性問題的申請者[1]，但一個聰明積極的人也許會在這兩項關卡隱藏他不欲人知的某些面向。不過在長達一周的觀察期裡，隱藏本性就不是那麼容易了。用JAXA心理學家井上夏彥的話來說：「一直扮演好人是很困難的。」隔離室生活也能用來判斷一個人的團隊合作精神、領導能力、衝突管理等特質，這些都是在一對一的面試中無法評估的團隊技巧。（NASA沒有使用隔離室測試。）

觀察室就在隔離室樓上。這天是周三，七天隔離期的第三天。觀察員面對一整排閉路電視，帶著自己的筆記本和茶坐在長桌前。現在這裡的三位觀察員是大學裡的精神病學家和心理學家，他們就像在大賣場思考要買什麼電器的顧客一樣盯著電視看。令人難以理解的是，其中一部電視播放的是日間談話性節目。

井上坐在調整攝影機遠近以及麥克風位置的控制台，他的頭上有第二排小的電視監視器。現年四十歲的他成就斐然，在太空心理學領域備受敬重，但不知怎麼著，他的外表與氣質卻會讓你想靠過去捏捏他的臉頰。他和這裡很多男性員工一樣都穿著露趾拖鞋和襪子。身為美國人，我對於日本的拖鞋禮節有相當的理解障礙，不過我覺得這表示JAXA對他來說，就像他家一樣，讓他覺得很自在。無論如何，他在本周把這裡當成家也很合理：他的輪班時間從早上六點開始，晚上十點後才結束。

現在攝影機拍到一名申請人從一個紙箱裡拿起一疊約二十二乘二十八公分的信封，每個信封上都有申請人的代號，從**甲**到**癸**，裡面放了一張指示，還有一個扁平、方形、用玻璃紙包好的東西，井上說這是用來測試耐心與抗壓性的材料。候選人打開信封，抽出一疊色彩繽紛的色紙。「這個測試是關於……抱歉，我不知道這英文該怎麼說，是一種紙的手工藝。」

「摺紙？」

「摺紙，對！」今天稍早我使用了走廊洗手間裡的殘障專用間，牆壁上有一個令人困惑的控制面板，上面有拉桿、拴扣、可以拉的鎖鍊，就像一個小太空艙一樣。我拉了一條鎖鍊，以為是沖水用的，但卻觸發了醫療呼救警報。我現在的表情大概就是那樣，一副「**啥？**」的表情。這些互相競爭成

1 NASA精神病學家曾經問過太空人馬朗希望自己的墓誌銘上寫什麼，他回答：「一位摯愛妻兒的丈夫與父親。」不過事實上他在回憶錄《坐火箭》裡曾經開玩笑說：「我願意把我的妻兒賣去當奴隸，換取上太空的一次機會。」

為日本的下一位太空人的男男女女，國家的英雄，居然要在接下來的一個半小時裡摺紙鶴。

「一千隻紙鶴。」JAXA的醫療主管小池右向我自我介紹。他一直站在我們後面，這是他想出來的測試。日本傳統認為一千隻紙鶴能帶來健康與長壽。（顯然是可以轉移的祝福，因為用線串起的紙鶴是送給住院病人的常見禮物。）過一會兒，小池會把一隻沒比蚱蜢大多少的黃色完美紙鶴放在我坐的桌子上，角落沙發的扶手上也會出現一隻小恐龍。他就像恐怖電影裡的壞蛋，偷偷潛進主角的家裡，留下一隻小摺紙動物，是這個恐怖壞蛋的名片，要讓主角知道他來過這裡。或者，你知道，他只是個喜歡摺紙的人。

候選人要在周日前完成這些紙鶴。色紙散布在桌上，在這個單調房間裡，這些鮮豔的色彩顯得更加突出。除了鞋盒般的建築和倚放在地面上的火箭之外，JAXA也成功複製了NASA內部常見的，獨一無二且毫無吸引力的灰綠色牆壁。這是我在其他地方或是油漆色卡上都沒看過的顏色，但卻在這裡出現了。

「千紙鶴」測試的美妙之處在於能以時間順序記錄每位候選人的作業，因為他們每摺好一隻，就會把紙鶴串到一條長線上，所以在隔離期結束後，每個人的那串紙鶴都會被收走進行分析。這是摺紙鑑識學：隨著截止日期接近，壓力愈來愈大，候選人會不會摺得愈來愈隨便？前十隻紙鶴和最後一隻比起來怎麼樣？井上說：「精準度惡化顯示此人在壓力下會失去耐心。」

有人告訴我，國際太空站百分之九十的工作都是在組裝、修繕、維護太空船本身。這些工作不只無趣，而且大部分時候都要穿著加壓裝，在有限的氧氣供應倒數計時下進行。太空人莫林負責安裝國際太空站各種實驗模組所在的骨架（桁架）中段時，曾經如此描述自己的角色：「就是拿著三十個螺栓等待。我個人鎖了十二個。」（他忍不住補充說明：「所以鎖一個螺栓就要兩年的訓練時間。」）詹森太空中心的太空裝系統實驗室有一個模仿太空真空狀態的手套盒，還會充氣一對加壓手套。盒子裡除了手套，還有特別堅固的登山用鎖鍊，用來綁住在太空站外作業的太空人和工具。使用這些鎖鍊就像戴著廚房隔熱手套玩撲克牌一樣，光是握緊拳頭幾分鐘，手就累了。容易受挫沮喪，因而交出差勁成果的人，絕對無法勝任這份工作。

一個小時過去了，一位精神病學家停止觀察候選人，轉而把注意力放在談話節目上。節目上有一位年輕演員接受訪問，聊起他的婚禮以及他未來會是什麼樣的父親。候選人坐在桌旁，彎著身體安靜地工作。候選人甲是整形外科醫師，喜愛合氣道，目前以十四隻紙鶴領先。其他人大概做了七到八隻。指示說明書有兩頁，我的翻譯小百合也在用一張筆記本紙跟著摺，她進行到第二十一個步驟：讓紙鶴的身體充氣。說明書在指向紙鶴的箭頭旁畫了吹氣的符號，如果你本來就知道怎麼做，這個圖示就很合理，否則看起來倒有種美妙的超現實感：**放一朵雲到紙鶴裡**。

要想像葛林或薛波把他們的才能用在摺紙這門古老藝術上，雖然很有趣，但也很困難。美國首批太空人的評選標準是膽識與魅力。依照規定，七位水星計畫的太空人都是現役或退役的飛行員，這些人每天的工作內容，就是在轟轟怒吼的高速戰鬥機裡打破飛行高度紀錄、音速限制，瀕臨昏厥與崩潰的邊緣。直到阿波羅十一號為止，每次任務裡都有ＮＡＳＡ重大的第一次：第一次太空之旅、第一次進入軌道、第一次太空漫步、第一次對接演習、第一次登陸月球。各種麻煩事漸漸見怪不怪了。

隨著一次次的後續任務，探索太空愈來愈像例行公事，甚至令人難以置信地變成一件無聊的工作。阿波羅十七號的太空人塞爾南曾這麼寫：「前往月球其實沒什麼好玩的，早知道我就帶填字遊戲來玩了。」阿波羅計畫的終止也是從探索到實驗的分界點。在實驗階段，太空人最遠只到達地球大氣層邊緣的地方，組裝運行軌道的科學實驗室——美國的天空實驗室、歐洲太空總署的太空實驗室、蘇聯的和平號太空站、國際太空站都是這一類的。他們在裡面進行各種零重力實驗，發射通訊衛星與國防部衛星，安裝新廁所。在太空歷史日誌《追尋》裡，太空人泰格說：「在和平號太空站裡過的就是一般日常生活，我最常出現的問題是覺得無聊。」穆萊恩對他第一次太空梭任務的總結是：「轉幾個把手開關，發射幾顆通訊衛星。」後來的任務裡還是有一些「第一次」，ＮＡＳＡ也很自豪地把這些紀錄洋洋灑灑列出來，但是都不足以成為注目焦點。舉例來說，第一次的太空梭任務 STS-110 裡有「第一次所有太空梭成員都依照太空站的『追尋太空鐘』時間進行太空漫步。」駐ＮＡＳＡ評選太空人精神病與心理學特質工作小組草擬的文件載明，太空梭時代的太空人最好具有「忍受無趣與低程度刺激的能力。」

現在的太空人工作頭銜已經分成兩類（如果人造衛星彈頭專家算進去的話則是三類，這種人和老師、浪費公帑的參議員[2]，及用公費大吃大喝的阿拉伯王子屬於同一類）。飛行員太空人負責操控太空船，任務專家型太空人負責進行科學實驗以及發射衛星，這群專家包括了醫師、生物學家、工程師，他們是精英份子，但不一定是最大膽的人。現在的太空人可能是勇敢的英雄，但也可能是比較像書呆子的頂尖人才。（國際太空站的ＪＡＸＡ太空人到目前為止都被歸類為ＮＡＳＡ的任務專家。國際太空站上有一間ＪＡＸＡ建造的實驗室模組，叫做「希望」。）小池告訴我，太空人壓力最大的地方不在於成為太空人，而是不知道你到底會不會，以及什麼時候要出飛行任務。

我第一次和一個太空人說話時，還不知道飛行員和任務專家之間的差別。在我想像中，所有的太空人都和阿波羅影片中一樣，是帶著金色頭盔的無臉偶像，在月球微弱的重力影響下，像羚羊般輕快地跳躍。當時和我說話的太空人是摩林，他是任務專家，個頭很大但說話很溫和，走路時有一隻腳會微微向內。我們碰面的那天，他穿著卡其褲和棕色的鞋子，襯衫上還有帆船和木槿花的圖樣。他告訴我他怎麼幫忙測試太空梭上逃生滑梯的發射台潤滑劑：「他們叫我們彎腰，在我們的屁股上刷上潤滑劑，然後我們就跳到滑梯上。這種潤滑劑後來通過了測試，所以（太空梭任務）得以繼續進行，太空站也能順利建立。」他面無表情地說：「我為自己完成所負責的任務感到自豪。」

我記得當我看著摩林離開時可愛的步伐，以及他為了科學而被潤滑的屁股時，心想：「我的天哪，他們只是普通人。」

NASA有不少的經費都是靠英雄神話而來。水星計畫和阿波羅任務期間所塑造的形象到現在大多完好無缺。NASA八乘十英寸的太空人裱框照片中，很多太空人還是穿著太空裝，扶住放在大腿上的面罩，彷彿詹森太空中心的攝影棚隨時都會因不明原因失壓似的。但事實上在一名太空人的職業生涯中，可能只有百分之一的時間真的在太空中度過，其中也只有百分之一的時間需要穿太空裝。

---

2 如果數一數利用身分取得參議院一席之地的太空人，以及利用影響力在NASA任務中占一個名額的參議員的人數，那太空裡簡直有一個「參議院最低人數」。（葛林倒是兩種身分都具備了，因為他在七十二歲時以參議員的身分重回太空。）這樣的交易有時也會出乎意料地失敗，例如參議員賓格曼擊敗轉職新墨西哥州參議員的阿波羅號太空人施密特的競選標語就是：「他最近在地球究竟為你做了什麼？」

訪問那天，摩林是獵戶座太空船「座艙工作小組」的一員，負責確認視線以及電腦螢幕最佳的擺放位置。沒有飛行任務的時候，太空人的生活不外參加會議，參加委員會，在學校和扶輪社演講，評鑑軟體與硬體，在任務控制中心工作，或者就像他們說的：把辦公桌當駕駛艙。

勇氣倒也不是完全被排除在外。適合擔任太空人的特質中，還有「災難逼近時依舊能作業的能力。」如果出了什麼問題，每個人都必須保持神智清楚。有些評選委員會，似乎對於災難應對技巧比較重視，加拿大太空總署就是一例。二〇〇九年，他們在網站的首頁公開他們的太空人評選測試中最受矚目的片段。就像實境節目一樣，候選人被送到災難控制訓練所，學習如何從起火的太空艙或沉入水中的直升機裡逃脫；他們要從驚人的高度往下跳，下面是用波浪製造機創造出一．五公尺波濤的游泳池；打擊樂演奏的動作片音效讓情況更有戲劇效果。（這段影片比較可能是為了吸引媒體報導，而不是選擇加拿大下一位太空人的真實情況。）

稍早前，我問小池是否打算給他的候選人任何驚喜，看看他們在突發的緊急情況下如何處理壓力。他回答，他曾經想過要讓隔離室裡的廁所不通。我再一次聽見預料之外的答案，但這個方法也有它厲害的地方。雖然這段影片可能不太適合搭配定音鼓的音效（或者也很適合），但卻是比較可能發生的情境。馬桶壞了不只是太空旅行比較具有代表性的挑戰，這件事本身也的確會帶來莫大的壓力，我們在第十四章中會有說明。

小池補充說：「在你昨天來之前，我們讓午餐延誤了一個小時。」任何小事都可能變成大問題。候選人不知道午餐遲到或馬桶壞掉都是測試的一部分，所以會出現更貼近本身個性的行為。剛開始寫這本書的時候，我申請擔任模擬火星任務的受試者。我通過了第一回合，然後他們告訴我會有一個歐洲太空總署的人在那個月打電話給我訪談。電話在凌晨四點半打來，我一點都不想掩飾我的惱怒。後來我了解，這可能也是一項測試，而且我沒有通過。

NASA也使用類似的伎倆。他們會打電話給申請人，告訴他們有幾項體能測試必須重做，而且要在接下來幾天裡完成。但負責南極隕石研究計畫的行星地質學家哈維說：「他們這麼做的意思是：『我們來瞧瞧他們會不會為了成為我們的一員而放棄一切。』」該計畫的成員有時也會申請成為太空人。（南極很適合用來和宇宙類比，一般認為能在那裡成功的人，在心理上都具有適應太空旅行的隔離與幽閉感的能力。）哈維最近也接到一通這種關於申請人的電話：「他們說：『我們明天要給他一架T-38教練機進行第一次飛行。我們希望你能和他一起來，以觀察員的身分告訴我們你覺得他做得如何。』我回答：『沒問題。』但我知道那不是真的，他們只想測試我對那個人有多少信心。」

需要知道未來的太空人如何處理壓力的另一個原因是，在太空船裡，減少壓力的選擇其實相當有限，小池說：「像是購物這種能紓解壓力的行為就不可能。」喝酒也不行。負責JAXA新聞發布與公關活動的田邊賴九接著說：「好好泡個澡也不行。」我想他應該常常泡澡。

午餐時間到了，十位候選人起身打開容器，開始擺碗盤。他們再度坐下，但沒人舉起筷子。你看得出來他們在擬定策略：第一個吃東西代表了你的領導能力，還是表示你沒有耐心、容易自我放縱？整形醫師候選人甲想出了一個似乎很理想的解決辦法。他用法文對大家說：「一起享用美食吧。」接著他和大家一樣舉起筷子，但等到其他人吃了第一口後，他才吃。真狡猾，我要把錢押在他身上。

從太空探索的全盛時期至今，還有另外一件事改變了：目前在太空梭上和在軌道上的科學實驗室的團隊人數，是水星計畫、雙子星任務、阿波羅任務等團隊人數的兩倍或三倍，任務時間也長達數周或數月，不是幾天而已。因此在水星時代是「對的事」，現在變成了「不對的事」。太空人必須能和其他人相處融洽，在NASA太空人的特質建議清單上，列出了與他人聯繫情感的能力、尊重他人、同理心、適應性、彈性、公平、幽默感，以及建立穩定與高品質人際關係的能力。今天的太空總署要的不是勇猛、神氣活現的傢伙，他們要的是電影《羅丹薩的夜晚》裡面的李察吉爾。魄力必須是「適當的」，冒險的行為也要是「健康的」。蠻幹、侵略性、男子氣概已經不再是對的。或者正如NASA所雇用的第一位精神科醫師桑蒂在《太空人心理選拔》裡所說的：「誰想跟一個自戀、自大且對人際關係冷漠的人一起合作？」

總括來說，日本人很適合在太空站裡生活，因為他們已經習慣沒什麼隱私地在狹小的空間裡生活；他們體重也比較輕，和一般美國人相比更能精簡載重量。不過更重要的可能是，他們的教育要求他們保持禮貌，注意自己的情緒。我的口譯員小百合是一位非常細心的女性，她把用過的茶杯交給JAXA餐廳的清潔人員前，會先把自己留在杯緣的口紅印擦掉。她說父母教她「不要無事生波」，她表示擔任太空人是「日常生活的延伸」。在我居住日本期間與我通信的太空梭團隊成員克勞奇也同意：「他們是很優秀的太空人。」

小池驗證了我的理論。我們在樓下大廳裡，JAXA太空人團隊肖像下方的沙發坐著聊天。他晃著膝蓋告訴我：「你說的沒錯。」（我今年稍早來此時，他老闆告訴我，這種晃膝蓋的動作在太空人評選面試中被視為危險訊號之一，無法與人眼神接觸也是訊號之一。因此在後續的交談時間裡，坐在桌子兩端的我和他老闆都緊盯著對方不放，誰都不肯別開目光。）他繼續說：「我們日本人傾向壓抑情緒，儘量與人合作、適應環境，甚至做得有點過火了。有些太空人表現得太好，反而讓我擔心。」長時間過於壓抑自己的感覺也會出問題，你不是會對外爆發，就是會自爆。小池接著說：「大部分日本人都會變得憂鬱沮喪，而不是對外發作。」不過他補充說明，幸好JAXA的太空人已經和NASA太空人共同訓練了很多年，所以這些年「他們的個性多少變得比較積極，像美國人。」

在過去的隔離室測驗中，有一名候選人被淘汰的原因是他表現了太多的憤怒，另一位被淘汰卻是因為他無法表達自己的憤怒，而選擇以消極的方式發洩。小池和井上要的是能夠在當中取得平衡的人。NASA太空人薇特森就為我示範了一個良好的例子。最近在NASA電視上，我聽見一位NASA的工作人員告訴她，他找不到她或其他團隊成員最近拍的一系列照片。如果我花了一個早上拍照，結果要這些照片的人卻把照片弄丟了，我會說：「再去找，笨蛋。」但薇特森毫不惱怒地說：「沒問題，我們可以再拍一次。」

如果你想當太空人，還有什麼是必須避免的呢？

打鼾，小池如是說。鼾聲太大也可能讓你在評選過程中落敗：「這樣會把其他人吵醒。」《揚子晚報》報導，中國在太空人健康篩檢時會淘汰有口臭的人，不是因為這代表他可能有細菌感染，用健康篩檢官員史冰冰的話來說，淘汰他們是因為「口臭在狹小的空間裡會影響其他同仁。」

午餐結束了，兩位——現在是三位，等等，是四位！——候選人開始清理桌面。他們讓我想起車子開出電腦洗車場，一票擦車軍團突然朝你的車蜂擁而上的樣子。不過沒有人需要洗碗，根據指示，他們要把髒盤子和餐具放回標示著個人編號的塑膠桶裡，接著把桶子放進「氣閘」裡。但候選人不知道這些髒碗盤會被裝到推車上送去拍照，照片會和他們摺的紙鶴一起交給精神病學家和心理學家分析。昨天晚餐後，我看了拍照過程。攝影師助理打開每個桶子，拿著下方印著候選人代號與日期的紙板相框讓攝影師拍照，看起來像是在犯罪現場收集的證物，讓警方拍攝犯罪檔案照的場景。

關於這項舉動的目的，井上說得含糊不清，只說是要看他們吃了什麼。總之觀察的結果是，候選人丙沒吃雞皮，庚把味噌湯裡的海帶留下了，戊的湯只喝了一半，醃菜則碰都沒碰。我看上的甲則全部都吃完了，擺放盤子碗筷的方式還和送來的時候一模一樣。

攝影師把庚放在餐盤上的醃菜碟拿起來，不滿地說：「你看庚先生居然把雞皮藏起來。」

我不是很了解太空人吃完餐點和疊放髒碗盤的方式有什麼重要的。在小空間裡，整潔當然很重要，但我覺得這個測試別有目的。如果讓一個陌生人看我過去幾天裡觀察的活動清單，要他猜猜我在哪裡，我想「太空總署」這個答案幾乎不可能出現在對方的腦海中，「小學」倒是有可能。除了摺紙之外，本周的測試還有組合樂高機器人，以及用彩色鉛筆畫出「我和我的同事」（這也是為了測試在盒子裡生活的專業人士心理健康）。

現在電視畫面上的是辛，他正在對同袍與攝影機發表演說，這個活動叫做「展示自身優點」。我以為內容會類似工作面試時，單方面講述自己的個性優點與工作技巧那樣，但他們表現得比較像夏令營的才藝表演：丙的才藝是用四種語言唱歌，丁則是能在三十秒裡做四十個伏地挺身。

候選人穿的小背心讓這裡更像校園操場了，這種背心通常是小孩體育課時穿著的，藉此分辨各自所屬的隊伍，不過這些候選人穿的背心上都印了他們的代號，讓觀察人員辨識他們的身分。因為光線不足，攝影機也很少拉近特寫他們的臉部，所以要知道是誰在說話有點困難。在他們穿上小背心之前，大家常常跟旁邊的人交頭接耳地問：「那是誰？戊先生嗎？」「我覺得那是癸先生。」「不是，癸先生在那邊，穿條紋的那個。」

辛說：「我會放開雙手騎腳踏車。」接著他把雙手弓成杯狀，嘴唇靠近彎起的大拇指。嘗試了幾次後，他發出了低音、單調、不成曲調的口哨聲，接著哀怨地對乙說：「我沒有你厲害。」乙剛剛告訴我們他的隊伍贏得羽毛球賽冠軍的事，接著抬起穿著短褲的腿，炫耀他的大腿肌肉。

辛坐下，接著己站了起來。己是候選人當中的三位飛行員之一。「溝通對於飛行員是很重要的。」在這樣嚴肅的開頭之後，他的內容卻來了個急轉彎。己告訴我們他常常和伙伴出去喝酒：「我們會去酒店，這樣有助於男人間的溝通，可以打破尷尬。」己張開嘴巴，用舌頭進行某種表演。精神病學家朝電視前傾身體，小百合挑高了眉毛。己說：「我會幫女士這樣服務。」**啥？**井上把鏡頭拉近，己的舌頭捲了兩個彎，像是兩個墨西哥脆餅的模樣，他繼續說：「這是我打破尷尬的技巧。」

我看中的甲是下一個。他告訴我們他要示範合氣道技巧，並徵求一名志願者。丁站了起來，他的小背心像胸罩肩帶一樣稍微滑落他的肩膀。甲說他在大學裡，學弟妹常常會喝醉到不能自己行動，「所以我會扭他們的手臂幫他們站起來。」他抓住丁的手腕，丁慘叫一聲，大家都笑了。

我對小百合說：「他們好像兄弟會的人。」小百合向坐在她旁邊的小池解釋什麼是「兄弟會」。

小池說：「老實講，太空人就像大學生一樣。」他們的任務是由他人指派，所有的決定都是別人做的，上太空就像是到一間很小、只限精英就讀的寄宿軍校。只不過那裡沒有中士與院長，而是太空總署的管理階層。這是很困難的工作，而且你最好跟著規矩來。不要講其他太空人的閒話，不要罵髒話[3]，絕對不要抱怨。就像在軍隊裡一樣，太出鋒頭的人不是被委以重任，就是被踢走。

綜觀太空站時代，理想的太空人都是成就非凡的優秀成人，他們就像特別聽話的小孩一樣遵守指示與規矩。日本因而迅速脫穎而出，因為在這裡的文化中，幾乎沒有人會隨意穿越馬路或隨地亂丟垃圾，他們沒有對抗權威的傾向。在我飛往東京的班機上，隔壁的女性告訴我她母親禁止她穿耳洞，直到三十七歲，她才鼓起勇氣真的去穿耳洞。她坦承：「我現在才學著要反抗她。」她現年四十七歲，她的母親則是八十六歲。

小池說：「不過探索火星當然又是另一回事了。你需要積極、有創意的人，因為他們一切都要靠自己。」由於無線電通訊有二十分鐘的落差，你在緊急狀況時不能靠任務控制中心給你建議。「這時又需要勇敢的人了。」

在我離開東京幾周後，我收到JAXA公共事務辦公室寄來的電子郵件，通知我最後入選的是戊和庚。戊是全日空的機師，也是日本音樂劇愛好者，他在「展示自身優點」活動中表演的是他最喜歡的音樂劇當中的一幕。戊在這一幕裡要假裝哭泣，並擁抱空氣中的隱形母親。儘管這不是太空人的那種勇敢，但還是一種勇敢。庚也是飛行員，服役於日本空軍自衛隊。軍隊飛行員一直都很適合成為太空人，不只是因為他們的飛航背景與技術，還因為他們很習慣冒險，習慣在壓力下作業和沒有隱私地睡在狹小空間的床鋪上，聽命行事，能夠忍受和家人長時間分離。此外，正如JAXA的職員指出，太空人選拔充滿政治意味，而空軍和太空總署向來關係密切。

我離開日本後的那一周，十位候選人都搭機前往詹森太空中心，接受NASA太空人及評選委員會的成員面試。小池和井上承認，申請者的英語能力在決定時會扮演重要關鍵，我想這也是他們和

NASA團隊能否相處融洽的關鍵。南極隕石研究計畫的哈維說：「整個過程中最重要、最核心的部分，就是和幾個太空人坐下來聊天的面試。因為你不只是在未來六周或六個月裡，和他們一起困在跟南極帳棚差不多大小空間裡的人，更可能是在接下來的十年裡，和他們一起在任務控制中心或其他地方，邊工作邊等待升空機會的人。他們要選的既是工作伙伴，也是好哥兒們。」在這方面，日本飛行員就比醫師還有優勢，因為他和很多NASA太空人有相似之處。不分國籍，軍隊和航空業人士都是同行，而戊和庚就是其中的成員。

我第一次到JAXA的時候，陪伴我的是另外一位翻譯真奈美。我們開在從火車站出來的路上，沿途真奈美翻譯了一些路標給我聽，其中一個是「歡迎來到筑波——自然與科學之城」。「筑波科學城」這個名號我聽聞已久，這裡不只有JAXA，還有農業研究所、日本筑波物質材料研究機構、日本建築研究中心、森林綜合研究所、農業工學研究所、全農飼料畜產中央研究所等等，這裡的研究機構多到他們必須成立「筑波研究所中心」這個專責單位加以管理。那麼名稱裡的「自然」指的是什麼呢？真奈美向我解釋，大家剛開始移居到筑波時，這裡沒有樹木、公園，在工作之餘簡直無處可去，

3 我上周讀了一篇未經編輯的口述歷史草稿，裡面的「媽的」和「該死」都被墨水塗掉了，看起來像是中情局的間諜檔案一樣。當阿波羅十號逃過一劫時，塞爾南的反應「有過多的『媽的』『幹』『狗屎』。」以至於邁阿密聖經學會的會長寫信給當時的尼克森總統，要求他公開道歉，而NASA也逼塞爾南照做。塞爾南在回憶錄的最後寫：「一堆該死的垃圾。」

也沒有大馬路或新幹線讓人進城或出城，所以這裡的居民只能不斷工作。當時這裡的自殺率很高，很多人都從研究機構的屋頂跳樓。因此政府建設了一間購物中心和幾座公園，開始種植樹木與草地，把筑波改造為「自然與科學之城」。這些措施看來也發揮了作用。

這段過去讓我開始思考火星旅行：困在一個了無生氣的人造構造裡兩年，沒有地方能讓你逃離你的工作與同事，沒有花、沒有樹、沒有性愛，往窗外看也沒有任何風景，只有一片虛無的太空，或者最多也不過是紅紅的土而已。太空人的工作壓力龐大，原因就和你我沒有兩樣：工作過量、缺乏睡眠、焦慮、人際關係；但有兩件事讓他們的壓力異於常人，也就是自然環境被剝奪以及無處可逃。隔離和幽閉空間對各國的太空總署來說都是不容小覷的問題，加拿大、俄國、歐洲、美國的太空總署正耗資一千五百萬美元進行一項詳盡的心理實驗，讓六個人在模擬的太空船上進行登陸火星的假任務。他們的艙門明天就要打開了。

2

盒子裡的生活

隔離與幽閉的危險心理

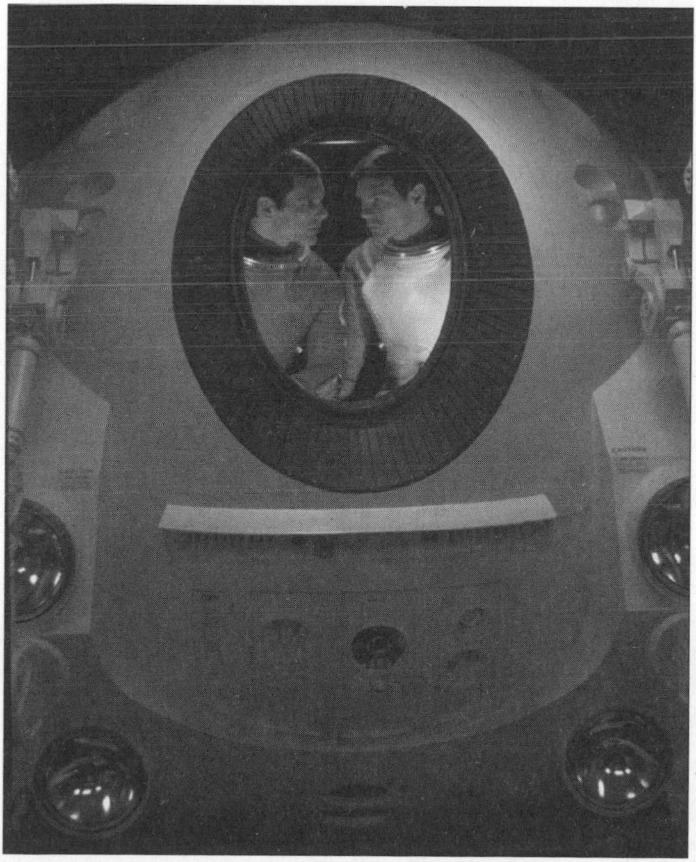

火星在樓上左邊。火星地表模擬裝置是五個互相連接並上鎖的模組之一，這些模組是所謂的「火星五〇〇」模擬任務——「五〇〇」指的是前往火星居住四個月後再回來所需的天數。模擬任務在俄國主要的航太醫學研究機構，莫斯科的生物醫學問題研究所一樓進行。受試團隊每人獲得一萬五千歐元的薪資，並且必須接受一系列心理實驗，目標是了解人與非自願選擇的室友共處於狹小人工環境時可能造成的有害影響，並找出相應之道。

今天他們要「著陸」了。電視工作人員匆忙地上下樓梯，尋找放置三腳架的最佳位置。一名在居住模組上方夾層就位的生醫問題研究所員工摸不著頭緒地說：「一開始記者都把三腳架放在下面，現在又都拿到這裡來放，看起來像很多座小蟻丘一樣。」

一段軍樂響起，宣告艙門即將開啟，記者們在最後關頭搶著卡住最好的攝影位置。六位男性走出來，對著攝影機微笑，他們已經很習慣面對鏡頭了，因為過去三個月裡，他們日以繼夜地受到監視（五百日模擬的短期隔離預演預定在二〇一〇年開始）。太空人團隊不停地揮手，直到這一切看來有點蠢了，才一個一個慢慢放下手臂。他們都穿著藍色的「飛行服」，但後來我前往地鐵站的途中經過附近的住宅區，看見那裡的工作人員也穿著一樣的藍色連身工作服，瞬間讓我有種俄羅斯太空人還兼職做園丁和雜工的錯覺。

隔離室實驗數十年來都是生醫問題研究所很賺錢的家庭工業。我看過一份一九六九年的報告，詳細描述一次長達一年，模擬目的地不明的模擬任務。當時的配置和「火星五〇〇」很像，只有一些微小但引人注意的差異，例如每天結束時的「自我按摩」。這篇文章收錄在一份學術期刊中，但你會覺得自己好像在讀一份男同志版的《婦女家庭雜誌》。照片裡有三名男性在準備晚餐，照顧溫室裡的植物，穿著高領上衣和毛衣背心聽收音機，還互相剪頭髮。期刊報告沒有提到任何爭執或適應不良的症狀，或是伯斯坎拿著理髮剪追尤里伯瑟夫的情節。這些細節很少出現在這類報告裡，記者會上也不會提到；記者會只會老調重彈，講一些樂觀的概括性說法而已。

火星五〇〇的指揮官萊雅詹斯基的說法就是個好例子：「我們沒有發生任何問題或衝突。」這場記者會在二樓舉行，也就是說大部分的攝影團隊都要把三腳架、充電器收起來放在樓梯間，才有空間讓生醫問題研究所的人歡欣鼓舞。這裡大約只有兩百張椅子，卻擠了三百個屁股在上面。

「大家都互相扶持。」在萊雅詹斯基滔滔不絕了十分鐘過後，一位記者率先發難：「我們媒體都想要有些八卦報導，所以你可以提供一些人際關係緊繃的例子嗎？」

他們給不出來。這些假太空人必須很慎重，因為他們其中很多人想成為真正的太空人。火星五〇〇的團隊成員包括一位想成為太空人的歐洲人、一位想成為太空人的俄國人、兩位等待飛行任務的俄國太空人。自願參加模擬任務讓太空總署知道，你至少擁有某些必要的能力：願意適應情況，而不是想改變情況，能夠容忍幽閉空間，接受被剝奪各種生活條件的環境，還有表現你的情緒穩定度。一個和樂的大家庭由此而生。

萊雅詹斯基不講他同伴的閒話還有一個原因。就像大部分自願進入隔離室的人一樣，他簽了保密協議。太空總署想知道你把人關在一個盒子裡，毫無隱私、睡眠不足、食物難吃時會發生什麼事，但他們一點都不想讓其他人知道。在加州NASA艾姆士研究中心研究長期任務團體心理學與生產力的卡夫醫師說：「如果有一個太空總署說：『喔，這些問題都發生了。』大家就會說：『喔，這些問題都發生了！那我們為什麼要上太空？這樣風險太大了！』所以太空總署都試圖維持最好的形象，否則他們就拿不到經費。」在居住模組裡發生的事，絕對不會外洩。

除非有人爆料，像生醫問題研究所上次的隔離計畫那樣。「太空站國際團隊模擬飛行計畫」在一九九九年引來媒體的小小關注，因為當時爆出成員喝醉鬧事、性騷擾等事件。這次的成員顯然受到指示，要謹言慎行。

萊雅詹斯基繼續說：「我們接受的個人訓練有助於避免任何衝突發生。每個人的情緒管理都相當值得尊敬，大家真的都很有禮貌。」整個房間裡的記者開始了解，他們千里迢迢來到這裡，什麼新聞都挖不到。椅子很快就夠坐了。

太空站國際團隊模擬飛行事件是隔離後三個月發生的，當時位在不同模組裡的團隊已經「對接」完成。其中一個團隊是由四位蘇俄人所組成的，另一個團隊則是（國際）跨文化摸彩箱：一位加拿大女性、一位日本男性、一位蘇俄男性，以及出生於奧地利、擔任指揮官的卡夫。在二〇〇〇年的元旦凌晨兩點半，蘇俄團隊指揮官路克尤克把加拿大團隊成員拉琵艾推出攝影機拍攝範圍外，不顧她的反抗，兩度對她舌吻。強吻事件發生前沒多久，另外兩位蘇俄受試者則拳腳相向，在牆壁上留下斑斑血跡。後來兩個模組間的艙門被關上，日本成員退出，拉琵艾向生醫問題研究所和加拿大太空總署申訴。她說生醫問題研究所的心理學家並不支持她，還指責她反應過度。儘管簽署了保密協議並且有志成為太空人，拉琵艾還是把這件事告訴了媒體。用生醫問題研究所心理學家古辛的話來說，她是「自取其辱」。

我聯絡拉琵艾時，她已經解決了這件「自取其辱」的事。她和我確認了一些基本事實，並將我介紹給她在太空站國際團隊模擬飛行計畫的指揮官卡夫。卡夫在閉路電視的兩端都待過，他曾在日本宇宙航空研究開發機構擔任隔離顧問，也曾在太空站國際團隊模擬飛行計畫接受隔離。他說他自願這麼做，是因為想知道他所監視的受試者的感覺。卡夫擁有旺盛且廣泛的好奇心，他在太空站國際團隊模擬飛行計畫的自傳裡表示他喜歡跳華爾滋、潛水、做黑櫻桃蛋糕，還照顧一座日式枯山水庭院。他很樂意從蒙坦夫由一路開車到奧克蘭和我談話，因為，照他的說法：「這件事很不一樣。」

卡夫對這起事件的描述和報紙的敘述有些微的差異。拉琵艾比較像是傳統性別歧視下的受害者，而不是性騷擾事件的受害者。俄國心理學家古辛的意思是，俄國男性覺得女性就該有女性的樣子，不該和男性平起平坐，就算他們都是太空人也一樣。蘇聯／俄國太空計畫歷史學家彼撒維托指出，美國太空人雪蔓在和平號太空站的團隊成員曾覺得她表現得太過專業（例如不和人打情罵俏），因而對她頗有微詞。自一九六三年捷列什科娃為蘇聯奪下「第一位上太空的女性」頭銜後，幾十年裡蘇聯只有兩位女性成為太空人。其中較早的薩維茨卡婭在漂浮通過蘇聯的沙留特號太空站艙口時，居然有人拿一件印花的圍裙給她。

生醫問題研究所的員工和心理學家打從一開始就對拉琵艾嗤之以鼻，他們一點都不把她的研究員身分當一回事。卡夫說，就因為她是女性。語言障礙讓情況雪上加霜：拉琵艾不太會說俄文，而「任務控制中心」又不太會說英文[1]。在蘇俄的模組裡，只有指揮官有流利的英文能力，他對拉琵艾很好，卡夫相信拉琵艾認為他能幫助她贏得俄國人的尊重，因此她盡力和他建立關係。卡夫說她的友善舉動是一般俄國女性少有的，例如坐在他的大腿上、親吻他的臉頰：「她渾然不知自己傳達了錯誤的訊息。」

卡夫說日本成員退出根本不是拉琵艾的錯。這位男性成員梅田宣稱他退出是為了和拉琵艾同進退，但卡夫說梅田關上艙門是因為他受不了俄國成員在看色情片，他只想找藉口脫身。

要是我，可能也會想找藉口脫身。除了遭到監禁、剝奪睡眠、語言文化鴻溝、缺乏隱私所帶來的龐大壓力之外，團隊成員還深受一些小事折磨，例如淋浴間有蟑螂但沒有熱水、每天的晚餐都是蕎麥片（拉琵艾稱之為「麥糊」）。卡夫在一封電子郵件裡提到：「地板下有老鼠跑來跑去，管線也長滿了霉。」他在郵件中附了六張照片，其中一張寫了「頭蝨」。頭蝨感染倒是沒有讓卡夫不滿，他說：「這算新鮮事。」而俄國團隊則是冷靜地剃了光頭。拉琵艾不只要處理頭蝨帶來的壓力，還要應付生醫問題研究所的員工。卡夫回想：「俄國人都說：『拉琵艾從加拿大打包了頭蝨帶來。』」

就像實境節目的製作人所知道的，想點燃悶燒的負面情緒，最好的方法就是讓他們泡在酒精裡。根據記錄，當時隔離室裡只有一瓶香檳，是生醫問題研究所為了慶祝二〇〇〇年的新年提供給團隊的。但其實他們有很多瓶，而且不只有香檳，還有伏特加和法國白蘭地。卡夫說這些酒進來隔離室，是為了賄賂受試者。他說，如果你要俄國自願者好好讓你研究，「最好把伏特加和薩拉米香腸列為實驗的一部分。」

顯然在蘇聯和俄國的太空實驗室裡也是一樣。和平號太空站太空人列寧格在回憶錄裡提到，他曾驚訝地在他太空衣的一隻袖子裡發現一瓶法國白蘭地，在另一隻袖子裡發現威士忌。（列寧格是太空探索裡的糾察隊長：「我嚴格遵守NASA的規定，勤務中絕對不碰酒精。」）卡夫說在長時間的俄國任務裡：「你最好把消毒劑藏好。」我在俄國的時候，一名不願具名的太空人給我看一張他在太空中拍攝的幻燈片，上面有兩個拿著吸管的團隊成員，各自漂浮在一桶五公升的法國白蘭地兩側，就像一起喝麥芽酒的青少年一樣。

雖然媒體對太空站國際團隊模擬飛行計畫的報導讓生醫問題研究所和各國太空總署有所警覺，但研究人員倒是很開心，原因如同ＪＡＸＡ心理學家井上所說：「出現了很特殊的結果。」畢竟這個研究就是關於跨文化任務的團隊互動。井上在電子郵件中告訴我：「這起事件讓我們在未來選擇與訓練成員方面，得到很有價值的思考方向。」他說的大多是一般視為常識的條件：確保他們有能力使用同樣的語言溝通，確認他們是否有良好的團隊合作，選擇能維持幽默感的人，給大家上跨文化禮儀速成課程。以拉琵艾為例，事前應該有人警告她，俄國男人在派對裡親吻女人「無傷大雅」（引述古辛所說）；如果你想要拒絕，打他一巴掌就對了，說「不要」就是「應該可以」的意思。至於俄國男人把對方的鼻子打流血則是「不傷感情的打架」。（卡大確認了這項令人驚訝的用語：「這是他們解決意見不同的方法，在和平號太空站上也是這樣。」）

不管你試著多麼詳細地預測所有可能的跨文化衝突，有些事你就是一定會忽略。哈維負責管理在南極偏遠地方追蹤隕石的團隊營地，他告訴我有一位西班牙隊員習慣拔下自己的頭髮，放進營隊的火爐裡燒。這個人解釋：「在西班牙，理髮師會燒掉你的頭髮末端，我喜歡這個味道。」第一個禮拜，和他同一間帳棚的隊員覺得很有趣，但這件事接著便成為摩擦的根源。哈維開玩笑說：「現在我們的

1 這是俄美太空合作中常見的問題。ＮＡＳＡ心理學家賀蘭說了一個故事：在進行和平號太空站計畫過程中，他載了一車的俄國人要橫跨莫斯科。當車道中的車子減速停下的時候，後座的俄國人問：「怎麼回事？」賀蘭很自豪地想用他新學會的俄文 *stopka* 來回答他，意思是「塞車」，但他卻說成了 *popka*，「後座是大屁股」的意思。

問卷上也多了這一題：**你會燒頭髮玩嗎？**」

卡夫相信媒體對太空站國際團隊模擬飛行的報導是有益的，因為報導對於這些受困太空的男女所產生的情緒提供了少見的如實描述。他對太空總署將太空人描述成超人的做法有些意見：「好像他們都沒有荷爾蒙，對其他人也沒有感覺一樣。」這又回到了同樣的顧慮，負面的公開形象可能會使他們的經費縮減；但避而不談隨之而來的危險是，當一個組織投入相當資源來粉飾心理問題，他們就不太可能花很多時間研究解決這些問題的方法。就像卡夫說的：「直到有一名太空人穿著尿布橫越美國時[2]，太空人突然就變成凡人了！」（在太空人諾婉克去找情敵希普蔓談判的醜事發生後兩天，NASA下令審視他們對太空人的心理篩檢與評估過程。）

雪上加霜的是，太空人自己也試圖隱瞞他們的情緒問題，因為他們害怕自己會被禁足在地球上。他們在任務期間可以找心理醫師諮詢，但團隊成員都很抗拒這麼做。俄國太空人拉維金告訴我：「對他們來說，每次溝通都表示你的飛行紀錄裡會出現一次特殊注意事項，所以我們都儘量不向專家求助。」《追尋》裡有一篇皮薩維多的文章，提到拉維金和羅曼年科進行的和平號太空站任務，文章主題是太空旅行的心理影響。皮薩維多說，拉維金提早結束任務返航的原因是「人際關係和心律不整。」（我隔天要和拉維金及羅曼年科碰面。）

這是很危險的情況，如果太空船上有人瀕臨崩潰邊緣，任務控制中心勢必要知道這件事。他們知道這件事，才能保護其他人的性命。這也許解釋了為什麼很多太空心理學實驗的重點，都是如何偵測一個不願吐露心聲的人的壓力與憂鬱程度。如果火星五〇〇任務測試的科技成功，太空船以及其他高壓、高風險的工作環境（例如空中交通控制塔台），都會裝上配有自動光學與談話監視技術的麥克風和攝影機，這些機器間諜能偵測到臉部表情與談話模式洩漏出的改變徵兆，希望有助於控制人員避免危機發生。

心理問題所背負的污名也使得研究面臨困難。太空人抗拒簽名同意成為實驗受試者，以免研究人員發現一些不太好的事。我最後一次和ＮＡＳＡ心理顧問芭絲金談話時，她正要開始一項比較兩種睡眠藥物與劑量的實驗。太空人會在熟睡中被叫醒，藉以觀察藥物對他們在模擬半夜緊急情況中的行為能力有何影響。我覺得這個實驗很有趣，所以我問她我能不能在旁觀察，芭絲金回答：「當然不行。我花了**一年**才說服他們參與實驗的。」

太空站是一個範圍廣大的怪物，是一個瘋子組裝的巨大吊車玩具組。拉維金和羅曼年科在和平號太空站核心模組的居住區一起住了六個月，這裡的空間約是一輛客運巴士那麼大，他們睡覺的地方與

2 她到底有沒有穿尿布？逮捕她的警官貝克頓在供述筆錄中表示，他在諾婉克的車裡發現了一個垃圾袋，裡面裝著兩塊用過的尿布。「我問諾婉克女士為什麼要使用尿布。諾婉克女士說，因為她不想要停車上洗手間，所以就用尿布收集尿液。」太空人都是這樣的，因為太空漫步時不可能停下來上洗手間，所以你會在太空裝裡穿尿布。

諾婉克之後否認自己穿了尿布。她現在的說法是，她的家人在瑞塔颶風侵襲休士頓的撤離行動中使用了那些尿布，不過那是兩年前的事。如果我是諾婉克，我才不擔心那些尿布，我擔心的會是同樣在她車上發現的隨身刀、鋼鎚、ＢＢ槍、手套、橡膠管，還有一個大垃圾袋。我一定會尿褲子的。

其說是臥室，不如說是個電話亭，而且沒有門隔開兩人的空間。我的翻譯蕾娜和我坐在莫斯科的太空人紀念館裡，一個仿造的模組之中，拉維金也在，他是紀念館現在的經營者。羅曼年科正在過來的路上。我覺得在這個差點把他們逼瘋的空間裡訪問他們會很有趣。

和帶著真誠喜悅的官方照片相比，拉維金現在有了一些改變。他親吻我們的手背，彷彿我們是皇室貴族一樣。這樣的親吻既不帶愛意，也不是為了挑逗，只是他那個時代教導俄國男人該做的事。他穿著一件米色的麻質長褲，灑了一點古龍水，腳上穿的是奶油色的夏天便鞋，是我這周在地鐵上看到經過我面前的男人都會穿的鞋子。

拉維金向一個膚色健康的細腰男子揮手打招呼，他穿著牛仔褲，把墨鏡掛在襯衫的V字領口。他就是羅曼年科。他很熱情，但不是親手背的那型，吸菸讓他的聲帶有些受損。兩人互相擁抱，我數了一下秒數：**一秒鐘、兩秒鐘、三……**看來不管當初發生了什麼事，現在已經煙消雲散，得到諒解了。

坐在這個仿造的空間裡，很容易想像這個大小的房間是如何讓長時間相處的兩位男性反目成仇。羅曼年科指出，要覺得自己和另一個人被困在一起，有時候並不真的需要一個封閉的空間：「西伯利亞是俄國一個很大的空間，但我們的獵人到森林半年後，就會想要各自行動，只要帶著一隻狗就好。」他坐在控制台左邊一張沒有椅背、只有放腳的橫桿的椅子上，這是他在和平號太空站裡的固定位置。（太空站後來乾脆不裝椅子，因為零重力根本不需要椅子。）「因為如果兩三個人一起行動，一定會產生衝突。」

拉維金露齒一笑：「而且這樣一來，最後你還能把狗吃掉。」

心理學家用「非理性的對抗」這個詞來形容兩個人共同被隔離超過六周後的情況。一份一九六一年的《航太醫學》報告提供了很好的例子，節錄一名法國人類學家和一位哈德遜灣毛皮商人在北極共度四個月的日記：

我一看到吉伯森就很喜歡他……他是個講究平衡和秩序的人，他看待生命的態度既冷靜又富哲學思想……但是隨著冬天逼近，周復一周，我們的世界範圍不斷縮小，最後只剩下一個捕獸陷阱般的大小……我的內心開始出現無名火，那些……一開始讓我覺得仰慕的特質，最終都讓我覺得可恨不已，最後甚至到了我無法忍受看見這個一直對我很好的人的地步。我過去所喜愛的冷靜，現在對我來說是懶惰的表現，他的哲學性沉著在我眼裡也成了感覺遲鈍。他這個謹慎、有組織的存在，根本就是瘋狂的老古板。我可以動手殺了他。

同樣地，伯德上將也喜歡獨自一人在南極大陸進行一整個冬天的氣候觀察。他在《一個人》裡寫道，儘管那裡的情況險峻，二十四小時都是一片黑暗，但這樣都好過「在另外一個人面前無所遁形，就連尚未成形的想法都能被對方預測；他自豪的點子都成了無意義的胡說八道，他吹熄壓力燈、靴子踩到地板上、吃東西的樣子都如芒刺在背般令人厭煩。」

「別人」的存在只是太空生活所帶來的心理折磨之一，卡夫做出很好的總結。我問他是否想過當太空人究竟是世界上最好，或是最糟的一份工作？「你的睡眠被剝奪，你必須有完美的表現，不然你可能就再也不能出任務。每當你做完一件事，任務控制中心就會叫你去做另一件事。浴室很臭，噪音無處不在，你不能開窗戶，你不能回家，你不能和家人相處，你無法放鬆，而且你的薪水還很差。你覺得有比這更糟糕的工作嗎？」

拉維金說他一九八七年在和平號太空站的工作期間，比他預期的還要辛苦一百倍。他說：「那是很辛苦、很骯髒的工作，而且又吵又熱。」他暈船一個多禮拜，而且完全沒有藥吃。他回憶起在剛開始的幾天裡，他去找指揮官，問他：「羅曼年科，我們要在這裡待**半年**？」羅曼年科喊了拉維金的小名：「沙夏，還有人在監獄裡待上十年，或者更久的。」

重點是，太空是個讓人沮喪、嚴酷的環境，而你受困其中。如果你受困的時間夠長，這種沮喪感就會轉換成憤怒，而憤怒需要出口和受害者，太空人有三種發洩的選擇：隊友、任務控制中心和他自己。太空人試著不向彼此發洩，因為這樣會讓情況雪上加霜。這裡沒有門讓你甩，也沒有地方讓你開車往外飆，你身陷其中。和鮑曼在雙子星七號的情人雅座共度兩周的洛威說：「而且你從事的是高風險工作，你們必須互相依賴才能活下來，所以你不能與另一個人為敵。」

拉維金和羅曼年科說，年齡與階級形成的明確等級制度是他們能成功避免摩擦的原因。拉維金說：「羅曼年科比我年長，太空飛行的經驗也比我多，所以他自然成為領袖，心理上的領袖，我當時追隨著他，並且接受這樣的角色。我們的飛行很平靜。」

這令人難以置信。「你從來不生氣嗎？」

羅曼年科回答：「當然會，但主要是任務控制中心的錯。」羅曼年科選擇了第二個選項，把沮喪感發洩在任務控制中心的人員身上，這是太空人長久以來的傳統，在心理學界稱為「情感轉移」。加州大學舊金山分校太空精神病學家卡那斯表示，大約在任務開始進行到第六周時，太空人會開始遠離他們的隊友，想要鞏固自己的領域，並將對彼此的敵意轉移到任務控制中心。

洛威似乎都把他的怒氣轉移到雙子星七號的營養學家身上。他曾經在任務進行中向任務控制中心說：「我要告訴錢斯博士，我們好像遭到牛肉三明治的麵包屑暴風雪襲擊。這一餐要三百美元！我覺得你應該可以做得更好。」七小時後，他又回到麥克風前：「我還有一件事要告訴錢斯博士，雞肉佐蔬菜，編號 FC680 這一道，開口根本是封死的，連擠都擠不出來……這段話一樣是給錢斯博士的，我剛剛把封口打開了，現在雞肉佐蔬菜全黏在窗戶上了。」

洛威的任務只有兩周，是不是因為座艙太小，加速了幽閉效果？卡那斯並不知道正式研究的結果，但他同意一般來說飛行器愈小，太空人會愈緊繃。

情感轉移也許能解釋，為何拉琵艾對生醫問題研究所和加拿大太空總署的怒意，超過她對俄國指揮官的憤怒。她將俄國指揮官的行為簡單解釋為跨文化的誤解，以及「男女的自然情況」。但她若是因為生醫問題研究所都是**大屁股**而將憤怒轉移到他們身上，也是很容易理解的。

羅曼年科至今還餘怒未消，他說：「幫我們安排工作的人根本不知道太空站上是怎麼回事。」他轉向和平號太空站控制台的位置：「假設你在這邊做事，結果有人下命令要打開別的東西，但他們根本不了解那個開關其實在另一邊，而我也不能丟下現在手上的事到另一邊去。」（這就是為什麼太空總署都傾向找太空人擔任「太空艙通訊員」。）根據齊默曼編寫的蘇聯太空站歷史，羅曼年科到了任務後期（拉維金離開任務以後）對控制中心愈來愈「不耐煩」，以至於他的隊友不得不接手負責和地面溝通。

拉維金則是選擇第三個選項，他把敵意吞進肚子裡。結果就像處理隔離受困人士的心理學家所熟知的，他變得非常憂鬱。在羅曼年科結束訪問先行離開後，拉維金才透露他當年的確數度考慮自殺。

「我想上吊，不過當然不可能，因為那裡無重力。」

羅曼年科預測火星任務會出麻煩：「**五百天**。」他的恐懼顯而易見。羅曼年科在拉維金離開後還待了四個月，齊默曼的紀錄顯示他變得愈來愈不穩定也不合作，並「把時間花在寫詩、寫歌」與運動。我要蕾娜問他這個階段的任務情況，之前我告訴她，我想聽一些羅曼年科在太空裡寫的歌，所以她也問他這件事。

羅曼年科開懷大笑：「你要我們唱歌？那得給我們五十公克的威士忌才行！」我向他們道歉今天沒帶酒來。

「我辦公室裡有。」拉維金說。

現在是上午十一點，不過我不是糾察隊長列寧格。

拉維金帶我們穿過紀念館，邊走邊為我們解說。這裡都是蘇聯火箭科學大師，每個玻璃展示櫃代表一位。今天稍早我去過莫斯科的一間自然歷史博物館，那裡的展示品不是按照分類法或生態棲位安排，而是按照不同人的探險紀錄的田野筆記本、製作的珍貴標本、沙皇頒發給他的勳章等。在這裡，火箭科學家大部分是以他們的用品來代表：他們的筆、手錶、眼鏡、燒杯等。

拉維金在辦公室裡坐下，在電腦裡找羅曼年科在太空站上寫的歌曲錄音。他的辦公桌幾乎是空的，前面伸出一塊附加的板子，像是跳水板一樣。拉維金站起身打開酒櫃，拿出一瓶格蘭威士忌和四個水晶小酒杯放在那塊板子上。原來那是吧台。你在俄國可以買到附吧台的書桌！

拉維金舉杯：「敬……」他想了一下英文該怎麼說，接著說：「心理健康！」

我們互碰酒杯，一飲而盡。拉維金又倒滿了酒，房裡播放著羅曼年科的歌，蕾娜翻譯給我聽：

「抱歉，地球，我們要向你說再見……我們的船要往上飛……但總有一天，我們會往下掉入一片藍，如晨星一般……」接著是副歌：「我要撲在草地上，讓肺吸滿空氣，我要掬一把河水喝下……」這首歌的曲調像流行歌，很朗朗上口，我坐在椅子上搖頭晃腦，直到我發現歌詞讓蕾娜感到很悲傷。「我要親吻土地，我要擁抱朋友……」歌曲結束時，蕾娜抹了抹眼淚。

除非你親近自然的權利被剝奪，否則人很難料到自己有多麼想念自然。我曾經看過文章說，潛水艇的船員會逗留在聲納室裡聽鯨魚唱歌或是一群蝦子急速通過的聲音，潛水艇的船長還會分配「潛望鏡自由權」——這是凝視雲朵、飛鳥、海岸線的機會[3]，提醒他們自己：大自然依舊存在。一名在南極研究站待了一個冬天的人曾告訴我，他和他的隊友回到紐西蘭基督城後，有好幾天的時間都只是四處閒晃，敬畏地凝視花卉與樹木。在某一刻，其中一個人看到一名推著嬰兒車的婦女，於是大叫：「**是嬰兒！**」接著所有人都衝過街去看寶寶，那名婦女馬上轉頭推著嬰兒車跑了。

沒有別的地方比太空更荒涼、更不自然。過去對園藝一點興趣都沒有的太空人，會開始花好幾個小時照顧實驗用溫室。俄國太空人沃科夫說：「他們是我們的愛。」他指的是在蘇聯第一座太空站沙留特一號的空間裡，他們共同擁有的小小幾株亞麻植物[4]。在軌道上，至少你往窗外看就能看到下方的自然世界，但在火星任務裡，一旦太空人看不見地球，他們往窗外看就是什麼都沒有。太空人湯瑪

---

3 這也是為了避免他們看遠方的視力退化。當你的目光最遠只有幾公尺的距離時，擠壓水晶體看近距離的肌肉最後可能會停留在會縮短肌肉壽命的「適應性痙攣」狀態。潛水艇近視的問題相當嚴重，因此進行長期任務後上岸的潛水艇船員，必須遵守為期一至三天的禁止駕駛時間。就很多方面來說，這都是一個很好的規定。

斯向我解釋：「陽光會持續籠罩你，所以你連星星都看不見。舉目所及全是一片黑暗。」

人類不屬於太空，關於我們的一切都是為了在地球上生活演化而成的。無重力的新奇讓人覺得很開心，但漂浮的人很快就會夢想自己可以走路。拉維金之前告訴我們：「只有在太空裡你才能了解，光是走路這件事，走在地球上，能夠帶來多麼無與倫比的快樂。」

羅曼年科想念地球的氣味：「你能想像被鎖在一輛車裡一周嗎？金屬的味道、塗料和橡膠的味道。女孩們寫信給我們的時候會在信紙上滴幾滴法國香水，我們愛死那些信了。如果你在睡覺前聞了一封女孩子寫的信，你就能做好夢。」羅曼年科喝掉他的威士忌，接著向我們告辭。他再度擁抱拉維金，然後和我們握手。

我試著想像NASA在補貨船上裝滿一袋袋的情書。拉維金說這是真的：「蘇聯各地的女孩都會寫信給我們。」

「敬女孩們。」我說。大家都舉起了酒杯。

拉維金告訴我們：「你會很明確地意識到沒有女人這件事。」羅曼年科離開後，他說話更沒有顧忌：「我們會做春夢，算是取代性。飛行過程中一直都有，我們甚至還討論過也許我們應該從情趣用品店帶點東西來。生醫問題研究所的確討論過這件事。」

我問蕾娜，他指的「是人工陰道嗎？」

「*Vagine*？」蕾娜用俄文發問，接著他們開始討論，最後蕾娜轉過來跟我說：「一個模型。」

拉維金突然用英語說話，他有時想修正翻譯時就會這樣：「一個橡膠女人。」原來是充氣娃娃。

他說任務控制中心對這項提議打了回票：「他們說：『如果你們要這麼做，我們就得把這件事列入你們的當日行程。』」

「我們還有一個笑話，你知道我們的食物都裝在管子裡。」我知道，紀念館的紀念品店裡有賣管裝的太空羅宋湯。「管子分成白色和黑色的，白色的管子上寫了『金髮妞』，黑色的管子則寫了『棕髮女』。」

「但請你了解，性欲絕對不是太空裡最讓人煩心的事，在清單上大約是這麼低的位置。」他把手比到膝蓋的地方。「但那會是很不錯的補充品。可是長達五百天的任務，這個問題的位置可真的就會往上攀升了。」他認為火星團隊應該要由夫妻組成，有助於紓解長期任務所形成的緊張。根據卡夫的說法，NASA曾考慮過讓夫妻上太空，但當他們詢問他的意見時，他則持反對態度。他的理由是，

---

4 如果那些植物能吃，可能就會引發衝突了。就像想念自然一樣，太空人也想念新鮮的食物。俄國太空人列別捷夫的日記裡，有一段關於一袋帶上沙留特太空站的洋蔥的故事。這袋洋蔥是用來調查零重力下植物生長情況的：「我們把補貨船上的東西卸下來時，發現一些黑麥麵包還有一把刀，所以我們吃了點麵包。接著我們看見那些應該拿來種植的洋蔥球，結果我們當場就配著麵包和鹽巴把洋蔥吃完了。真是太好吃了。隨著時間過去，生物學家問我們：『洋蔥生長情況如何？』

我們回答：『它們在生長……』

『它們發芽了嗎？』我們毫不遲疑地說它們還發芽了。通訊站當時歡聲雷動，因為洋蔥從來不曾在太空中發芽過！我們要求和領頭的生物學家私下談話。我們告訴他：『拜託你千萬不要生氣，但我們把你的洋蔥吃掉了。』」

這麼一來，太空人可能會發現自己面對兩難的抉擇：危害他的配偶或是危害這個任務。太空人湯瑪斯與同為太空人的薇可兒結婚，他告訴我NASA最後避免夫妻一起上太空的另一個考量是：若發生墜毀或爆炸，他們不想讓一個家庭承受雙重損失，特別是這對夫妻有小孩的情況下。

拉維金聽我這麼說後，修正了他的說法：「不一定要已婚的。」

蕾娜說：「沒錯，那裡的道德觀會不一樣。等回到地球後，你太太應該要了解那裡就像是另一個空間，有不一樣的規則，連你也不一樣。」

拉維金笑了：「我太太很聰明，她會了解的。她會說：『你連在地球上都不能專情，在太空裡也一樣吧。』」

卡夫應該會同意。他告訴我，他曾提倡讓非一夫一妻制的男女去火星，不管是異性戀或同性戀都可以：「（太空總署）應該對此抱持更自由開放的態度，怎麼排列組合都可以。」湯瑪斯覺得這會在火星任務中自然發生，就像在南極大陸的情況一樣：「那裡的人很容易配成對，在停留時間內發展出持續的性關係——這是一種相扶持的結構關係，讓他們得以度過這段經歷。季節結束後，他們的關係也隨之結束。」

南極基地曾經連續十七年都只有男性工作人員，理由是女性代表了麻煩：分心、混亂、嫉妒。直到一九七四年，美國的麥克默多站冬季人員裡才出現女性，其中一人是五十多歲的未婚生物學家，照片中的她在高領衣服外掛著一個金色的十字架。另一位女性則是修女。

現在美國在南極的工作人員裡有三分之一是女性，她們的生產力與情緒穩定度備受肯定。男女混合的工作團隊就像哈維所說的，是比較符合「常態分配的中間值」。成員比較不會打架或講關於放屁的笑話。「沒有人會因為搬太大的箱子而拉傷他的背。」卡夫告訴我，他曾在NASA的艾姆士研究中心進行純男性、純女性、男女混合的團隊表現比較研究，結果男女混合的團隊表現最好。（表現最差的是純女性團隊，卡夫很勇敢地說：「一直聊天怎麼做事。」）

拉維金說：「你能想像六個男人一起去火星會發生什麼事嗎？」我說：「我懂你的意思。」不過我並不確定我們想的是一樣的事。「你看看監獄裡的情況就知道了。」

「還有潛水艇，還有做田野調查的地質學家。」

我記下這件事，之後要問哈維。拉維金很快補充說，他不記得聽說過任何俄國太空人發生「男男戀」的例子[5]。說到最後，最不會出問題的火星團隊可能就是阿波羅號太空人柯林斯在回憶錄裡開玩笑提議的：「太監軍團。」

第一個航太隔離室裡只有一個男性，水星計畫和蘇聯第一艘太空船東方號的精神病學家並不擔心團隊成員會處不來，因為飛行時間只有幾個小時，最多幾天而已，而且太空人會單獨飛行。精神病學

---

5 俄國太空人蓋加林愛著蘇聯火箭天才科羅列夫，但不是那種對太空食物管的愛。在蓋加林因戰鬥機墜機意外身亡後，搜尋人員發現了他的皮夾，裡面只有一張照片（目前展示於莫斯科的星空城博物館，和損毀的皮夾並列），是科羅列夫的照片；不是蓋加林的妻子或小孩，也不是他深愛的母親，甚至不是與他有過一段情的義大利女星羅洛布莉吉達。「她親了他欸！」我們的熱情導覽員伊蓮娜邊說邊用塑膠扇替自己搧風，彷彿無法接受這個念頭。

家擔心的是太空本身，一個人單獨待在安靜、漆黑、無邊無際的真空裡，會發生什麼事？為了找出答案，他們試著在地球上仿造太空。萊特派德森美空軍基地航空醫學研究實驗室的研究人員，把一個約一百八十乘以三百公分的商用大型冰箱做成隔音空間，在裡面放了一張吊床、一些點心，還有一個琺瑯的尿壺，然後把燈關掉。在這間隔離室裡度過三小時，成為水星計畫太空人的資格考。我讀過一名有志爭取水星計畫的候選人尼可拉斯的記載，他形容這是候選人所經歷過最困難的測試，有些男飛行員才進去一兩個小時，就「出現暴力反應」。

負責萊特派德森測試的佛格翰上校倒是不記得有哪一位水星計畫候選人曾在隔離測驗裡出現暴力或其他「失控」行為。他記得他們都用這段時間補眠。

研究人員很快就開始了解，用剝奪感官知覺來模仿太空飛行，根本是種拙劣的做法。雖然太空是黑的，但還是有很多陽光，座艙裡也會有燈。大多數時間也都還能使用無線電聯繫，幽閉恐懼症和獨處才是比較值得擔憂的，在進行長期任務時尤其值得注意。這也就是為什麼在一九五八年，來自布隆克斯的飛行員法洛，願意在德州布魯克斯空軍基地航空醫學院的「一人模擬太空艙」裡進行兩周的模擬月球任務。《時代》雜誌的文章說，他的日記（可惜已經遺失）內容愈來愈淫穢，但他在報紙訪問裡卻只抱怨他很想抽菸，而且忘記帶梳子。根據我的理解，法洛最辛苦的部分應該是聽五〇年代電影《生死戀》的主題曲，以及其他堆在模擬艙裡的那些「軟調音樂」。

現在回頭看，當初會以為用一個改造的大冰箱，就能仿造出太空旅行的經驗實在是太傻了。想了解人單獨待在太空裡會發生什麼事，到了某個時刻，你就是得把一個人丟上去才行。

3

星際瘋狂

太空會讓你失去理智嗎？

站在兩公尺高柱台上的蓋加林，佇立在莫斯科大馬路旁的一片草地中間。從遠處就能憑著他手擺放的方式認出他：雙臂向外張開，手指併攏，像是飛行中的超級英雄。從這個紀念雕像的基座往上看，你看不到這個第一個上太空的人的頭，只能看到他英勇的胸膛和上方突出的鼻尖。一個穿著黑襯衫，腋下夾著百事可樂的男子也來到這裡，他的頭低低的，我以為這是他表達敬意的方式，但後來我看見他其實在玩自己的指甲。

暫且把國家主義者的榮耀放到一旁，蓋加林在一九六一年的飛行主要是一種心理上的成就。他的任務內容看似簡單，但實際上卻一點都不簡單：「請你爬進這個太空艙裡，我們要把它發射出去，你會孤伶伶一個人冒著極大的危險，飛出太空的邊界。讓我們把你拋到一個沒有空氣、可能會致命的虛無中，一個從來沒有人去過的地方。你很快繞地球一圈，再回來告訴我們感覺如何。」

當時眾說紛紜，蘇聯太空總署或是NASA，對於突破太空界線對於人類造成的獨特心理影響都有不同推測。急遽地衝進飛行員口中的「黑暗」裡，會不會讓太空人失去理智？聽聽一九五九年太空精神病學座談會上，精神病學家布若迪的不祥預言：「遠離地球，以及離開所有人類沒有意識到，但在象徵意義上卻非常重要的地球上的一切事物……就算是精挑細選，受過絕佳訓練的飛行員，理論上來說至少都應該會出現接近精神分裂症的恐慌症狀。」

當時有人擔心蓋加林可能會變得精神失常，毀了這項創造歷史紀錄的任務。為了避免這種情況發生，所以東方號太空船座艙發射前的動力開關是鎖在手動控制面板上的。但是萬一出了什麼狀況，通訊被切斷，這位飛行員兼太空人一號需要控制太空艙的時候怎麼辦？他的上司也想過這件事，而且似乎諮詢了遊戲節目主持人。蓋加林拿到一個**密封的信封**，裡面有解開控制面板的密碼。

這樣的擔心並不是杞人憂天。一份一九五七年四月在《航空醫學》期刊發表的研究指出，在受訪的一百三十七位飛行員裡，百分之三十五的人在高海拔飛行時都曾出現脫離地球的奇怪感覺，而且幾乎都是單獨飛行時發生的。一位飛行員這麼說：「我覺得我和地球這個球體的聯繫已經切斷了。」這種現象非常普遍，因此心理學家將之命名為「脫離效應」。對於這些飛行員來說，這種感覺大多不是恐慌，而是一種興奮。在一百三十七人中，只有十八人會用恐懼或焦慮來形容這種感覺。「感覺很平靜，好像你身在另外一個世界。」「我覺得自己是個巨人。」另外一個人說：「像是國王。」有三個人說他們覺得自己更接近神了。飛行員羅斯在一九五〇年代駕駛實驗飛機，創下一系列的飛行高度紀錄，他兩度回報自己有一種奇異的「狂喜感受，想要一直繼續飛下去。」

在《航空醫學》那篇文章刊載的當年，基廷格上校搭乘一個掛在氦氣球下，電話亭般大小的密封座艙，垂直升高到約三萬公尺的高度。此時座艙內的氧氣含量低得危險，基廷格的長官賽門命令他開始下降。「**來抓我啊。**」基廷格用摩斯電碼一個字一個字這麼回答。基廷格說他是開玩笑的，但賽門不這麼想（摩斯電碼從來不是表現幽默的好媒介）。賽門在回憶錄《人類高飛》裡回憶，他當時覺得「古怪但又有點可理解的脫離現象可能占據了基廷格的心智……以至於他……陷入了這種詭異的幻想中，想拚命地不斷飛行，完全不顧後果。」

賽門將這種脫離現象和「深海暈眩」相比。「深海暈眩」是一種醫學症狀，潛水員潛到約三十公尺深的地方時，會有一種平靜、覺得自己無所不能的感覺占據他的思緒。比較沒有想像力的說法是「氮氣麻醉」，或者「馬丁尼效應」（像是到了二十公尺深度之後，每十公尺就喝一杯酒的效果）。賽門推測，航太醫師很快就會來到要討論「所謂『太空暈眩』」症狀的一天[1]。

他是對的，不過NASA喜歡使用這個比較樸實的說法：「太空喜樂」。太空人塞爾南在回憶錄裡提到：「有些NASA精神科醫生警告我，如果我往下看到地球快速往下方移動，我可能就會陷入太空喜樂的症狀。」當時塞爾南很快就要在雙子星九號計畫中進行史上第三次的太空漫步。心理學家都很緊張，因為前兩次的太空漫步者不只表現出奇異的狂喜感，還抗拒回到太空艙裡，這點相當令人憂慮。列昂諾夫是一九六五年第一位在太空的真空中自由漂浮的人類，他身上只有一條空氣管與日出號太空船相連。他曾寫下：「我的感覺好極了，心情非常愉快，一點也不想離開這個自由的空間。至於準備獨自面對深不可測的宇宙時應該會產生的難以克服的『心理障礙』，我根本一點都感覺不到，甚至忘記可能會有這種障礙。」

在NASA第一次的太空漫步進行四分鐘後，雙子星四號太空人懷特脫口而出他覺得「超爽的」。他簡直找不到其他的話語來描述。「我……真是太棒了。」任務紀錄裡有些部分讀起來就像是一九七〇年代的交心治療小組的對話紀錄。這裡有一段懷特與指揮官麥克迪維特在太空漫步後的對話，他們兩個都是空軍成員：

懷特：那是最自然的感覺，麥克。

麥克迪維特：……你看起來像剛剛待在媽媽的子宮裡一樣。

NASA擔心的不是他們的太空人陷入極端的喜樂，而是這種陶醉狀態可能會讓他們失去理智。在懷特二十分鐘的狂喜當中，任務控制中心不斷試圖介入其中，最後太空艙通訊員格里森和麥克迪維特通上話：

格里森：雙子星四號，回來！

麥克迪維特：他們要你現在就回來。

懷特：回去？

麥克迪維特：回來。

格里森：沒錯，我們已經試著聯絡你一陣子了。

懷特：啊，長官，再讓我拍幾張（照片）。

麥克迪維特：不行，快回來吧。

懷特：……聽著，你不用硬把我拖回去，我就快進去了。

但他沒有進太空艙。又過了兩分鐘，麥克迪維特開始求他了。

1 每一種旅行方式都有專屬的心理失常症狀。單獨在靜止如玻璃的水面上狩獵的愛斯基摩獵人會受「空間扭曲」所苦，他們會出現船隻進水、前端沉沒，或是從水面上升起的幻覺。有興趣的話可參考〈格陵蘭西部愛斯基摩人『空間扭曲』初探〉，裡面討論了愛斯基摩人自殺的動機，並且指出在五十起自殺案件調查中，有四起是「認為他們的生命因年老而無用」的年長愛斯基摩人。裡面沒有提到他們是否像時有所聞的案例那樣，自我放逐到浮冰之間，也不知道在浮冰間流浪是否會出現獨特的焦慮症狀。

麥克迪維特：你就進來吧……

懷特：其實我只是要拍一張更好的照片。

麥克迪維特：不行，進來吧。

懷特：我現在要拍一張太空船的照片。

麥克迪維特：懷特，快進來！

又過了一分鐘，懷特才開始朝太空艙門移動，一邊說著：「這真是我人生中最悲傷的一刻。」與其擔心太空人不想回來，太空總署更該擔心他們有可能回不來，因為懷特後來花了二十五分鐘才成功從艙門安全回到太空船裡。對他的整體心智狀態更雪上加霜的是他知道萬一他的氧氣耗盡，或者他因為任何理由昏厥，麥克迪維特接到的命令是切斷他的聯繫繩，而不會冒著自己的性命危險去把他拖進艙門。

據說列昂諾夫曾在類似的掙扎中瘦了五公斤多。他的太空衣加壓的程度太大，以至於他的膝蓋無法彎曲，不能如訓練般地讓腳先進艙門，反而得讓頭先進；當他試著把身後的艙門關起來時，他的身體卡住了，所以必須要降低太空衣的壓力，才能移動身體進來，但減壓很有可能會致命，與潛水員太快往上游會造成的危險相似。

NASA歷史辦公室的紀錄中，有一條很符合冷戰時期氛圍的有趣小細節，當中宣稱列昂諾夫有一顆自殺藥丸，萬一他無法回到太空船，而他的隊友貝爾西耶夫必須「將他留在軌道上」時，就是藥丸的使用時機。一般觀念中的自殺藥丸都是氰化物，而這樣的致死方法比缺乏氧氣供應而死還要緩慢而且驚懼，所以應該不太需要這種藥丸。（隨著腦細胞缺氧而死，人會開始出現狂喜的感受，產生持續的強烈勃起。）

太空心理學專家強・克拉克告訴我，自殺藥丸的故事不太可能是真的。我曾寄信到克拉克在美國國家太空生物醫學研究所的辦公室，詢問在太空裝裡彈出藥丸的詭異裝備[2]，他也四處問了別人，結果他的俄國消息來源對另外一項太空人配槍傳聞同樣嗤之以鼻：若列昂諾夫不能回來，貝爾西耶夫必須要槍殺他。事實上只是因為列昂諾夫和貝爾西耶夫未按照計畫降落在原定的地點，而是落在狼群盤踞的地區，所以至少在後來的一段時間裡，輕型手槍也被列為俄國太空人野外求生的裝備之一。

在懷特的太空漫步之後，太空喜樂的報告就少了很多。沒多久，心理學家就不再擔心這件事了，因為他們有新的問題要擔心。「艙外活動俯視暈眩」（艙外活動就是俗稱的太空漫步）是親眼看見地球在下方三十二萬公尺處，可能會帶來讓人腿軟癱瘓的恐懼感。和平號太空站太空人列寧格在回憶錄裡寫到這種「可怕又持久」的感覺；他覺得自己「往地球落下的速度……」比他過去在跳傘降落時的速度「快了十倍或一百倍」。的確也是如此（不一樣的地方當然在於太空人掉落的路徑是圍著地球繞圈子，而且不會撞到地面）。

2　彈出藥丸的裝置和頭盔內的點心棒一樣，必須固定在頭盔內的支架上。成分與水果捲相同的點心棒必須固定位置，好讓太空人只要一低頭就能咬到，或者像太空人哈德菲爾德說的，一低頭就會黏在他們的臉上。水果棒旁邊還裝著飲料管，通常都會有點漏，所以會把水果搞得「黏糊糊」的。哈德菲爾德說：「我們只好停止使用這些裝備。」

列寧格如此描述他掛在長約十五公尺的望遠鏡機械手臂上痛苦的片刻：「我繃緊神經地抓著把手……強迫自己睜著眼睛，不要尖叫。」一名在漢勝航太設備公司工作的太空衣工程師說，曾有某位太空漫步者出了艙口後，就用穿著太空衣的兩隻手臂緊抓著同事的腿不放。

在美國國家太空生物醫學研究所研究太空暈眩與俯瞰暈眩的專家歐門指出，艙外活動俯視暈眩並不是種恐懼症，而是對一個新的、可怕的認知現實——以時速兩萬八千公里的速度在太空中墜落，所產生的正常反應。儘管如此，太空人還是不願意分享這種心情。歐門說：「回報是個大問題。」

訓練太空人太空漫步的方式，是讓他們穿上艙外活動衣，在巨大的室內游泳池內漂浮演練，這個游泳池稱為「中性浮力室」。漂浮在水中和漂浮在太空中的狀況不盡相同，但就練習作業與熟悉太空船外環境來說，已經是很恰當的模擬了。（國際太空站的部分模擬設施就躺在休士頓太空總署的水池底部，像是沉船的遺跡一樣。）但是訓練並不能避免艙外活動俯視暈眩發生。虛擬現實的訓練也許能有某種程度的幫助，但你終究無法有效地「模擬」在太空中呈自由落體的感覺。要稍微體會那是什麼樣的感覺，你可以爬到一根電線桿上（要綁好安全繩），然後試著站在平坦的、大約一個派大小的電線桿頂，有點像參加自我成長活動的人，或是應徵電話公司工作的人有時候必須做的事。歐門說：「電話公司受訓期的前幾周裡，大約有三分之一的人會放棄。」

現在心理學家把關注焦點轉到了火星。「脫離現象」似乎重新出現，只是換了一個包裝，「看不見地球現象」：

人類歷史上，沒有人曾經面對萬物之母的地球，以及孕育人類、讓人感到安心的所有層面……全部在空中縮小到微不足道地步的情況……這樣的現象若引發某種發自內心的與地球脫離的狀態，似乎很合理。和這種狀態相關的，可能有各種個人適應不良的反應，包括焦慮、沮喪反應、自殺意圖，甚至可能出現幻覺或錯覺這類的精神疾病症狀。此外也可能出現部分或完全脫離慣有的（與地球聯繫的）價值體系與行為常規的現象。

上面這段話出自《太空心理學與精神病學》。我把這段話大聲念給俄國籍太空人克里卡列夫聽。克里卡列夫是參加過六次任務的老手，目前在莫斯科郊外的星空城蓋加林太空人訓練中心擔任訓練主管。星空城是俄國太空人與其他太空專業人士工作與家庭居住的地方。

克里卡列夫不是那種會語出不屑的人，不過他的回答倒是有點這樣的意思：「心理學家總是得寫論文。」他告訴我，在鐵路系統發展的初期，也有人擔心大家會因為看到樹和田野在窗外飛馳而過而精神失常。「當時曾提議要在鐵軌的兩旁蓋圍籬，不然乘客可能會瘋掉。但除了心理學家，根本沒人討論這件事。」

你的確偶爾會碰到太空人描述只有在太空中會出現的焦慮感，那不是害怕（雖然顯然害怕太空與星星的太空恐懼症[3]確實存在），而比較像是在智能上的驚慌失措、認知上的負載過重。太空人列寧

---

3 一個恐懼症自救網站上，清楚有效地幫受恐懼症所苦的人澄清疑慮：「如果你沒有太空旅行的計畫……太空恐懼症對你的生活應該不會造成太大的影響。」

格寫過：「一百兆個銀河系的念頭讓人無法招架，我試著不在睡前想到這件事，因為我會太興奮、激動，或是出現其他難以言喻的情緒。心裡想著這麼龐大的數字會讓我根本睡不著。」感覺他在寫的時候也很激動。

俄國太空人哲斯卡羅伯夫說，他在蘇聯太空站沙留特五號上看著一顆星星時，突然發自內心地體會到：太空是一座「無底深淵」，而如果要前往那顆星星，會需要好幾千年的時間。「而且那還不是我們的世界盡頭，你可以旅行得很遠、很遠，這段旅程是無垠的。我當時感到震撼不已，背脊一陣發涼。」這趟一九七六年的任務提早終止，一篇太空歷史期刊文章解釋任務終止的原因是「心理／人際困難」。

哲斯卡羅伯夫住在烏克蘭，但我不屈不撓的翻譯蕾娜找到了他的隊友渥里諾夫。渥里諾夫現年七十五歲，住在星空城。蕾娜打電話給他，想知道他有沒有時間和我聊聊。這通電話的時間很短，有「心理／人際困難」。

渥里諾夫說：「我為什麼要跟她聊？好讓她利用我的故事賣很多書，賺很多錢嗎？她會把我當成金母雞利用。」

蕾娜說：「我只能說很抱歉打擾您了，渥里諾夫先生。」

渥里諾夫沉默了一下。「妳們到的時候打電話給我。」

這位俄國太空人剛去採買，我和蕾娜與他約在星空城超市樓上的餐廳碰面，他到超市幫來訪的孫兒買些東西。我們坐在餐廳陽台，從這裡可以看到高聳的公寓建築和訓練設施。星空城的面積大約六平方公里，比較像是一座小鎮而不是城市（「星空鎮」雖然比較貼切，但聽起來沒那麼風光）。這裡有一間醫院、幾間學校、一間銀行，但沒有大馬路。各棟建築以鋪了柏油的人行道與泥巴小路連接，沿路會經過長滿野花、松樹、樺樹林的田野。這裡的護照管制站瀰漫著熱湯的香味，建築大廳與庭院裡都有豪華的蘇聯時代雕像，牆壁上還有以太空為主題的馬賽克裝飾與壁畫。我覺得這裡很迷人。但為了搭乘聯合號從國際太空站回來而在此受訓的美國太空人，通常不覺得這裡有什麼好的。伴隨著迷人而來的，通常就是它的好伙伴：破敗。這裡的階梯已經破損不堪、支離破碎。雜貨店正門的泥灰也一片片掉落，像在脫殼一樣。我在博物館裡想上洗手間的時候，一位職員一邊揮舞著粉紅色、皺得像花一樣的衛生紙，一邊追著我跑，因為那裡的洗手間沒有供應衛生紙。

我從陽台欄杆間看見渥里諾夫，他有蘇俄人典型的寬肩，還有濃密、毫無稀疏跡象的頭髮。他的動作也不像七十五歲的人，他的步伐很大，帶著決心與堅毅（還有採買的雜貨）往前傾，身上還戴著他的勳章。（俄國太空人完成任務時會獲頒蘇聯英雄金星獎章。）之後我才知道，蘇聯政府取消了渥里諾夫的第一次任務，因為他們發現他的母親是猶太人。雖然他和蓋加林一起受訓，但他直到一九六九年才真的上了太空。

渥里諾夫點了檸檬茶。蕾娜告訴他我想知道沙留特五號的事，當時發生了什麼事？為什麼他和哲斯卡羅伯夫會提早回來？

渥里諾夫開始說：「第四十二天出了一個意外，電力被切斷了，沒有燈，一切也都停擺了；所有的引擎、幫浦都停了，只看得到軌道的一片黑暗。窗外沒有光線，也沒有重力。我們分不出地板、天花板，或是牆壁之間的差別，也沒有新的氧氣送進來，所以只能靠太空站裡剩下的氧氣量。地球上沒有人聽得見我們的聲音，我們和他們也沒有任何聯繫。有很多問題。跟我的頭髮一樣多。」蕾娜用兩隻手模仿他拉自己的頭髮。「該怎麼做？我們最後開始飛到通話器上方，結果可以和地面通話了，他們告訴我們……」渥里諾夫想到這裡就笑了出來：「他們要我們打開指導手冊，翻到某某頁。這當然沒有用啊。我們只好靠自己的腦袋和雙手，讓太空站重新運作。大概花了一個半小時的時間。」

「在那之後，哲斯卡羅伯夫就再也睡不著了。他因為壓力的關係開始頭痛，狀況非常嚴重。我們把所有的藥都吃完了，地面中心很擔心他，所以命令我們回來。」渥里諾夫說他強迫自己三十六個小時不睡覺準備降落艇。哲斯卡羅伯夫似乎崩潰了。

那天下午，蕾娜和我一起與俄國太空人心理學家博格達什維斯基在松樹林中散步。他在星空城已經住了四十七年了。他告訴我的事大多很抽象、難以理解。我的筆記大約是這樣的：「對人類社會中人際關係動態結構的自我組織。」但是他對渥里諾夫及哲斯卡羅伯夫的評論倒是很簡單明瞭：「他們因為工作量太大而筋疲力盡。人類這種有機體既需要緊張也需要放鬆，需要工作也需要睡眠。生活的原則是要有節奏。我們有誰能七十二個小時不睡覺，一直在工作？這樣會讓他們生病。」

不管是渥里諾夫或是博格達什維斯基，都沒說到沙留特五號上的人際關係困難。如果有的話，這場任務好像讓他們更親近了，就像災難發生或瀕死經驗的效果。渥里諾夫回憶當時救援直升機接近的情況：「哲斯卡羅伯夫先聽見聲音，他告訴我：『渥里諾夫，有些人是因為血緣關係成為你的親人，但有些人是因為你們一起做了些什麼而成為你的親人。現在你對我比我的兄弟姊妹還要親。我們降落了，我們還活著，生命就是我們的獎賞。』」

當渥里諾夫聽說蕾娜和我去過星空城博物館時，他告訴我們在後來的任務裡，他回到地球搭乘的聯合號太空艙，就和展示的那架一模一樣：「我現在還坐得進去。」我試著想像渥里諾夫穿著他的西裝，把自己擠進聯合號小得像母親體內胎盤的座位。

他自己的太空艙沙留特五號因為受損太過嚴重，並沒有展示出來。當初太空艙並沒有確實地從聯合號太空船分離，所以是跌跌撞撞、倒栽蔥地回到大氣層。渥里諾夫一個人「像乒乓球」一樣彈來彈去，太空艙只有一側有隔熱塗層，所以外層都被烤焦了，裡面像烤箱一樣。艙門上的封口橡膠也開始燃燒。「因為熱，你可以看到大氣球出現。」

「氣球？」

蕾娜向渥里諾夫確認後告訴我：「在沒有遮蓋的火上烤馬鈴薯的時候，馬鈴薯也會有一樣的現象。泡沫嗎？氣泡。」

「水泡！」

「**沒錯**，就是水泡。」

渥里諾夫等我們討論完後才繼續說：「我的太空船看起來就像那些馬鈴薯。」還發出火車一樣的噪音。他說：「我覺得腳下的地板就要打開了，而且我沒有加壓裝可以穿，因為裡面放不下。我心想：『完蛋了。一切就要結束了。』」如果太空艙最後沒有順利脫離，穩定降落在正確的位置，渥里諾夫就會死亡。

「直升機抵達時，我問機組員：『我的頭髮變白了嗎？』」

對於最早前往太空旅行的人，還有負責讓他們生還的人來說，心理健康不是他們最在意的事，因為有太多其他事要擔心了。

蘇聯英雄從口袋裡拿出一把梳子，他舉起手臂擺好姿勢，就像準備序曲演奏的指揮一樣。他梳理他豐盈的頭髮（當時沒有變白的頭髮現在已經蒼蒼了），彎腰拿起他買的雜貨：「我得走了，有人在等我。」

4

你先請

無重力生活的未來堪慮

世界上最早的火箭是納粹製造的，這麼一來，他們不用離開家就可以朝別人丟炸彈。火箭噴火的轟隆聲響只是運送某物的工具——可以送得又遠又快。當時的火箭稱為 V-2，最早的乘客是填充火藥的彈頭，在二次大戰時如下雨般惡毒地落在倫敦與其他同盟國城市裡。

火箭的第二號乘客是艾伯特。

艾伯特是一隻穿著紗布做的尿布，重約四公斤的恆河猴。一九四八年，在蓋加林、葛林或是太空猩猩漢姆開始為人所知的十多年前，艾伯特是第一個搭乘火箭，被發射到太空中的生物。美國二戰後的戰利品之一，就是三百節火車車廂載運的 V-2 火箭各部位零件，這些零件大部分都變成了將軍的玩具，但 V-2 卻讓一些科學家和夢想家的想像力無盡奔馳，這些人對於往上比落下更感興趣。

其中一人是賽門。他在口述歷史中描述自己與長官亨利的一段對話。這段典型的四〇年代對話發生在新墨西哥州白沙實驗基地附近，霍羅曼空軍基地的航空醫學研究實驗室裡，當時大家總是用「為什麼」還有「老天」做為句子的開頭。

亨利博士率先發難：「賽門，你覺得人類會有登陸月球的一天嗎？」我喜歡想像他穿著白色的實驗外衣，邊說邊若有所思地用二號鉛筆的橡皮擦端搔著下巴。

賽門毫不遲疑地回答：「為什麼不？當然會囉。早晚工程設計會做出來，等到那些問題都解決——」

亨利打斷他：「那你覺得如果有機會讓我們把一隻猴子綁在戰利品 V-2 火箭上，在無重力狀態下暴露一兩分鐘，然後測量牠對無重力的生理反應，這個主意怎麼樣？」這是一個很長的問題。

「喔！真是個好機會！我們什麼時候要開始？」就是這一刻，至少對我來說，預示了美國太空探索計畫的誕生。將人類有機體發射到未知世界的邊緣可能造成的後果，讓人既有古怪的興奮期待，又有擰著手的緊張感受。太空在當時還是地球上的人事物未曾涉足的環境，或者說就當時所有科學家所知，是沒有人能生存的地方。

亨利讓賽門負責艾伯特計畫。我正在看的這本書上就有這個計畫的照片，照片裡有準備發射的V-2，高度超過十五公尺；還有艾伯特，牠的臉頰兩側有恆河猴特有的大片落腮鬍，脆弱的眼皮像洋娃娃一樣垂著。下一張照片是艾伯特被綁在小小的擔架上，被推進一個臨時組裝的鋁製艙筒裡的樣子，這個艙筒之後會裝在原本裝彈藥的飛彈前端圓錐空間裡。你看不見抓住艾伯特的士兵的臉，只看得到他的身體中段：他的卡其褲拉鍊遮布和過短的襯衫袖口，髒髒的指甲，還有他的結婚戒指。他的妻子會怎麼想？他又是怎麼想的？他會不會覺得這很奇怪呢：要發射這個巨大的火箭，世界上最早的彈道飛彈，但上面什麼都不裝，只放了一隻被下藥的猴子？

也許他不這麼覺得。當時的航太專業人士對失去重力維繫的看法幾乎完全一致地悲觀：人類依靠重力的器官要怎麼作用？萬一他的心臟無法跳動，不能把血液送到血管，只能讓血液在原處攪動怎麼辦？萬一他的眼球改變形狀，造成視力大幅衰退呢？如果他割傷了，他的血液還會凝固嗎？他們擔心會產生肺炎、心臟衰竭，及讓人失去力氣的肌肉痙攣等症狀。有些人很擔心一旦沒了重力，內耳骨傳送的訊號以及其他與身體位置有關的線索都會消失，或者互相矛盾。航太醫學先鋒顧爾與合貝爾認為這樣會造成體內的混亂：「嚴重影響自律神經功能，最終因無法行動而造成劇烈的無力屈服感。」我上網查了一下「**無力屈服感**」（succumbence）這個字，但網站顯示：「你要找的是**武力屈服**（succlents）嗎？」

唯一知道答案的方法，就是送一個「模擬飛行員」上去──在迅雷般的 V-2 火箭前端放一隻動物，然後發射出去。前一次類似的事發生在一七八三年，當時發明熱氣球的孟格菲兄弟進行了一項很像童書故事的實驗，他們把一隻鴨子、一頭綿羊、一隻公雞放在一顆漂亮的氣球下方，讓牠們在夏天午後飛越凡爾賽宮的天空。牠們飛過國王的宮殿，也飛過站滿揮手歡呼的男男女女的花園。事實上，那是一次了不起的經過控制的實驗，探索「高」海拔（大約四百五十公尺）對活的有機體的影響。那隻鴨子是對照組，因為鴨子很習慣那樣的高度，所以這對兄弟可以假設鴨子如果受到任何傷害，就可能是其他因素所造成的。在三公里多的航程結束後，氣球完好無缺地降落。孟格菲兄弟中的伊提恩在飛行報告中說：「所有動物都沒事，只有綿羊在籠子裡尿尿了。」

但重力其實是艾伯特計畫裡最不需要擔心的事。「艾伯特」一共有六隻，像是好幾任的同名國王或是電影續集一樣，每一隻的名字後面都還有羅馬數字才能分辨牠們。創造歷史的是艾伯特二號（艾伯特一號在等待升空時被悶死了）。巨著《太空中的動物》中提供了歷史性的記錄儀器輸出資料：在艾伯特二號飛行到十三萬三千公尺高的過程中，監控牠進入零重力階段時的心跳與呼吸結果。這些數字並沒有異常（牠和其他艾伯特一樣都被麻醉了）。但這些數字也是牠最後留下的數字，因為火箭前端的圓錐體從降落傘脫落時掉進了沙漠裡，所以艾伯特二號最糟的情況就是死亡，最好的情況也是受嚴重的「武力屈服感」所苦（作者暗諷在前兩段裡提到顧爾與合貝爾自創的「無力屈服感」一詞，刻意使用網路的建議搜尋字彙「武力屈服」）。國家檔案室裡有艾伯特二號發射升空的影片，我沒有要求一份複本，因為光看分鏡表就夠了。

特寫：……拍一些準備讓小猴子搭乘 V-2 飛行的鏡頭，牠被放在盒子裡，頭伸出來接受注射……

晚間拍攝，發射 V-2

特寫：降落傘捲成一顆球掉到地上。

特寫：彈頭內的儀器和設備都被撞毀。

特寫：裝載猴子的火箭部分殘骸。

艾伯特計畫猛一看是難以理解的，這些人很認真地思考要把人類放在一車的化學爆裂物質上送進太空，但他們居然只擔心**重力**可能造成的傷害？

要了解艾伯特計畫的邏輯，你得花點時間思考重力的影響。如果你和我一樣覺得重力只是一些讓人煩心的小事：摔破的玻璃物品、下垂的身體部位等等。直到這周之前，我都不曾了解重力的重要性。重力和電磁學、強弱原子核力一樣，是推動宇宙運行的「基礎力」之一，因此假設重力對人類有某種我們尚未意識到的隱藏的影響也很合理。

讓我們複習一下重力：重力是一個有質量的物體作用在另一個有質量的物體上的可度量[1]、可預測的引力，參與其中的質量愈大，質量間的距離愈短，引力就愈強。月球距離地球超過三十二萬公里，但是它的質量大到可以不須刻意施加力量或藉助外力，就能將地球上的水，甚至板塊構造往月球拉，造成海洋與（極小的）陸地潮汐（地球對月球也有類似的作用力）。

重力是眾多恆星與行星一開始存在的原因，它簡直就是神。宇宙一開始是一片虛無，只有空曠的空間和巨大的氣體團。最後氣體冷卻，微小的粒子開始結合，如果不是重力使它們彼此互相吸引結合，這些粒子只會在太空中永恆地移動，互不搭理。重力是宇宙的色欲。隨著愈來愈多的粒子縱欲結合，這些天體也愈來愈大。物體愈大，作用的引力愈大。很快地（大約一千個世紀左右），這些天體開始吸引更大、更遙遠的粒子進入它們的重力影響範圍內，最後恆星就誕生了，它們大到足以拉住路過的行星與小行星進入它們的軌道。接著太陽系就誕生了。

重力是地球上有生命的首要原因。沒錯，生命都需要水，但是如果沒有重力，水也不會維持在地面上，空氣也不會。多虧重力拉住大氣層裡的氣體分子包覆在地球周圍，它們不僅是我們呼吸所需，也能保護我們不受太陽輻射傷害。沒有了重力，分子會和海洋中的水、路上的車子一起飛進太空中，你、我和電視主持人賴瑞金，還有速食漢堡店停車場裡的垃圾桶都無一倖免。

在火箭飛行的例子中，用「零重力」這個詞會有點誤導人。沿著地球軌道的太空人其實還好好地在地球的重力場拉力範圍內。就算是國際太空站那樣的太空船，位在軌道高度四十多萬公尺的高空中，那裡的地球重力也只比在地面上弱百分之十而已，所以他們才會漂浮移動。當你把東西發射到軌道上，不管是太空船、通訊衛星或是迷幻藥之父李瑞的遺骸（哈佛大學教授，曾進行迷幻藥實驗，罹癌後決定死後將骨灰灑在外太空），都是利用火箭的推進力發射出去的。強大的力量讓它一下子飛得又快又高又遠，地球重力的引力作用逐漸減緩物體的飛行速度，直到不再往前，物體會開始往下掉，但不會直接掉到地球上，而是在地球外圍繞行。因為它雖然會墜落，但地球的重力也會一直發揮引力，所以物體會一面向地面墜落，一面順著地球的引力方向航行，結果就是它會不斷繞著地球轉。（當然不是無止境的重複，在太空船運行的低軌道上還是有大氣層的蹤跡，這裡的空氣分子足以製造極小的阻力。幾年後，這樣的阻力就能讓太空船速度變慢。沒有了火箭引擎的推進，太空船就會掉出軌道外[2]。）為了完全脫離地球的重力，物體必須以地球的逃逸速度（足以克服地球引力之速度）猛衝；所謂「逃逸速度」相當於時速四萬多公里。天體的質量愈大，就愈難逃脫它的掌握。要脫離黑洞（巨大的坍縮星體）怪物般的重力，你必須要以比光速還快的速度前進（大約是時速十億公里）。換句話說，就連光都逃不出黑洞，這也就是稱為「黑」洞的原因。

回到失重這件事。重量是一種會令人產生錯覺的事物，我覺得自己的體重不論何時應該都是固定的數值，和我的身高或眼睛顏色一樣，體重是我的生理特徵之一。但其實不是這樣。我在地球上約重五十八公斤，但在體積小多了的月球上，因為那裡的重力只有地球的六分之一，所以我的體重就跟

---

1 利用一種很酷的東西——重力計測量。拿著重力計走過高密度的岩石區，你會看到重力的引力增加。（地球密度改變造成的重力變動，足以讓飛彈偏離原本的彈道達一公里多。地球的重力地圖在冷戰時期曾經是最高機密文件。）但如果高密度的岩石是一座高山，而你站在地表上方七八千公尺的位置，影響就會減低；因此如果你帶著體重計到聖母峰，你會發現你量的體重比實際輕一些，倒不是因為你顯然失去的一些理智，而是因為距離。

2 太空人把物體丟出艙外後，這些物體就會變成運行數周或數月的衛星，接著才失速掉出軌道。「衛星」這個詞可以用在任何繞著地球軌道運行的物體上。不論是太空站的垃圾袋，或是ＮＡＳＡ的抹刀。這種抹刀是測試太空梭外殼修補小凹痕技術用的。諷刺的是，造成外殼凹痕的，也是這些在軌道上運行的垃圾。不過你不必擔心被掉下來的抹刀或是迷幻藥大師打死，因為這些東西在重新進入大氣層時就會燃燒殆盡（李瑞博士就是在二○○三年某天被二度火化）。

一隻小獵犬差不多。但這兩個重量都不是我的真實重量。其實沒有真實重量這回事，只有真實質量。重量是由重力決定的，它代表的意義是萬一你像牛頓的蘋果一樣墜落時，你的加速度數值。（在地球上，如果沒有大氣阻力讓你慢下來，重力會讓你以每秒增加時速三十五公里的速度墜落。）如果你站在地面上，雖然你沒有加速，但是引力依舊存在。你不是墜落，而是在對地面施加壓力，因此加速度在體重計上就以體重的面貌顯現。當你沒有東西可以壓的時候，例如從軌道自由落下時，你就失重了。所謂太空人在繞軌道運行的太空船上經歷的「零重力」，簡單來說就是持續往地球落下的狀態。

如果有其他因素介入，造成重力加速度改變，那你的重量也會改變。例如在電梯啟動時量體重，你的體重數字就會短暫增加；不過把體重計帶到電梯裡，可能會讓你在這棟樓裡稍微出名一陣子。電梯向上升時，你的加速度方向朝下，地球的拉力增加；反之亦然，當電梯接近頂樓，速度下降時，減速會讓你稍微變輕一點。因為此時你的加速度方向向上，抵銷了一些往地球方向的拉力。

為什麼會有這種物體間的引力呢？我在網路上尋找一個適合讓我問問題，而且有耐心回答的機構，於是我找到了重力研究基金會。創始人是一位有億萬身家的生意人：火災警報器大亨貝布森。他在妹妹被重力拉進河底溺斃後成立了這個基金會，並且成為史上最健談的反重力運動者，曾出版過《重力：我們的頭號敵人》發表他的論述。如果我是貝布森，我可能會提名水或是渦流成為頭號敵人，但這個人在盛怒之下的想法無可動搖[3]。

貝布森已經過世，但基金會依舊存在。基金會已經不再強調「反重力」的立場，因為這個詞現在已經有「瘋子」的意味。基金會主席小羅德奧告訴二〇〇一年為該組織寫文章的記者：「我們既不『支持』也不『反對』重力。」他說他們只是試著盡可能了解重力。我聯絡小羅德奧，想請他解釋為什麼會有重力。他叫我去問物理學家。

於是我問了。這已經是我的嗜好了。我的問題是**為什麼**兩種質量會互相吸引，但我通常得到的答案是：「瑪莉，瑪莉，瑪莉啊。」一位物理學家說：「因為時空存在。」另外一個人說：「什麼叫做『為什麼』？」即使對了解重力的人而言，或許它都還是一個謎。我可以想像對於一九四八年，身處如荒漠般的航太醫學先鋒來說，要是重力變得亂七八糟會是多麼令人害怕的事。

儘管氣餒，賽門和他的團隊依舊不屈不撓地又發射四隻猴子出去。艾伯特三號的火箭爆炸了，艾伯特四號和五號像艾伯特二號一樣，成為降落系統失靈的受害者，艾伯特六號成功回到地面，雖然牠的生命跡象只有些微的改變，但牠在救援隊搜索火箭前端圓錐體時，死於心臟衰竭。最後空軍不再將這些倒楣的猴子命名為艾伯特——你可能會懷疑他們怎麼過了這麼久才做這件事。更重要的是，他們

---

3 為了激勵未來世代加入對抗重力的戰鬥，貝布森出錢在美國十三所著名大學裡建造紀念石碑。在科爾比學院的紀念碑後來被稱為「反重力石碑」，上面寫著：「此紀念碑的目的在於提醒學生，你們即將蒙受恩典，未來半絕緣罩的發明，將使重力得以被駕馭為自由力量，並減少墜機事件發生。」但學生卻受到了另一個方面的啟發：在後來發展出歡樂的「支持重力」儀式中，反重力石碑數度被敲倒，學院最後只好將石碑改放到比較不顯眼的位置。除了石碑之外，貝布森還留給學校一小筆獎學金，但沒有明確要求這筆錢是給反重力研究的。因為不想贊助沒有實質意義的「米老鼠」科學，科爾比學院用這筆錢蓋了連接兩棟科學建築間的空橋。學院發言人表示：「至少它不在地面上。」

開始放棄 V-2 火箭，轉而使用體積較小、問題較少的空蜂火箭[4]。

派翠西亞和麥可在一九五二年成為最早前往「無重力村」而且安全回來的猴子，這兩隻恆河猴的心跳與呼吸在飛行全程都受到監測，而且看來一切正常。這個時期的生物醫學研究似乎執著於脈搏與呼吸，當時公開的照片都是理平頭的醫生穿著白袍，手上拿著聽診器聽猴子窄窄的胸膛，無一例外。關於艾伯特的報告也就只有這些，但其實聽診器根本無法診斷出太多東西。對，這猴子還活著，但也就是這樣而已。在一九五〇年左右，你能從五十、八十、一百三十公里外高空傳回來的資料也就只有這麼多了。為了排除無重力可能造成的任何輕微影響，空軍需要一個可以面談的受試者：一個人類。為此他們需要一個更安全的方法。

一對兄弟想出了方法。德國空軍航空醫學的先鋒，富里茲和海因茲哈伯兄弟在一九五〇年想出了現在所謂的「拋物線飛行」技巧。哈伯兄弟的理論是，如果一位飛行員和未進入地球軌道的火箭一樣，以拋物線飛行（或是像棒球飛出去的拋物線一樣），乘客大約會有二十秒到三十五秒的時間會停留在最高點以及弧線往下的階段，這樣一來，他們就和猴子一樣經歷到無重力狀態。如果飛行員在飛機往下至低點時再度拉高，並且一再重複這樣的過程直到油料即將耗盡為止，就會累積數分鐘的無重力狀態可供科學研究——而且這樣的花費和建造發射火箭相比，只是九牛一毛。現在各太空總署還是會進行這種雲霄飛車般的零重力飛行實驗，測試設備、訓練太空人，或是對付鍥而不捨糾纏他們好幾個月的幽默作家（等會兒我會再解釋這點）。

接著把場景切換到南美洲。哈伯兄弟有一個同事叫做馮貝克，從戰後就住在布宜諾斯艾利斯。馮貝克從 V-2 和空蜂火箭的經驗學到，無重力對於生存不會有致命的影響，但是他懷疑無重力會不會讓飛行員失去方向感，或者讓他駕駛飛行器的能力受損。所以自然地，馮貝克到外面抓了幾隻蛇頸龜回來。阿根廷蛇頸龜和戰後的納粹主義一樣，原生於阿根廷、巴拉圭、巴西等國家。這種烏龜會像蛇一樣狩獵，把牠們過長的脖子蜷曲成S型，然後再以迅雷不及掩耳的速度攻擊獵物，極少失手。這就是馮貝克要測試的：「無重力會不會讓牠們錯失目標？」的確會。這些烏龜的動作「緩慢而且不牢靠」，無法攻擊直接擺在牠們面前的餌。此外，牠們游泳時會一再將水往上撥出罐子，像是一座「蛋形穹頂」。在這種情況下，哪能獵得到東西吃啊？

馮貝克很快地就從烏龜進展到阿根廷的飛行員。在分節標題「人體受試者實驗」下（如果我是前德國納粹雇用的醫生，我可能會修改一下這個標題），馮貝克提出飛行員在正常與失重飛行狀態下在格子裡畫X記號的結果。在無重力狀態下，很多的X都畫到了格子外面，顯示飛行員在空戰時操縱飛機和玩填字遊戲可能會有困難。

隔年，馮貝克被霍羅曼空軍基地的航空醫學研究實驗室網羅，這裡也是賽門和艾伯特計畫的家。賽門很想利用最新的拋物線飛行技術繼續他的零重力研究，他就少一個願意這麼做的飛行員，而只有

4　V-2的導航系統是出了名的不穩定。一九四七年五月，一枚V-2從白沙實驗基地發射出去，結果沒有往北飛，反而往南去，差五公里左右就會擊中墨西哥華瑞茲市中心。墨西哥政府對美國轟炸的反應倒是令人欽佩地悠哉，岡薩雷斯將軍和總領事米契爾和美國官員會面，美國官員向他們道歉，並邀請他們到白沙基地參觀「下次火箭發射」。這裡的墨西哥市民也一樣毫不在意。帕索時報的頭條是「炸彈爆炸也擋不住春日慶典」，指出「很多人以為爆炸聲是慶典開幕的禮炮聲。」

一個人自願。基廷格自願參加實驗，並「創造事業高峰」。基廷格在新墨西哥州太空歷史博物館的口述歷史檔案中表示：「除非你自願，不然就不會有真正好玩的事。」（基廷格對好玩的定義很獨特。一九六〇年時，他也自願在地球上空約三萬公尺，幾近無空氣的高空進行跳傘，測試在極高海拔位置跳傘的生存裝備。第十三章會有更多細節。）

基廷格會把飛機開到四十五度角，接著畫一個弧線往下猛衝，同時看著從機艙天花板垂下的線綁住的一顆高爾夫球。「那就是我們的測試設備。」基廷格這麼告訴我。當飛機到達零重力時，這顆高爾夫球就會開始漂浮。當然基廷格也是一樣，但是他被安全帶綁在座位上。此時在駕駛艙的後面，會像是活生生的達利畫作：馮貝克和賽門同時研究的項目之一，是貓在零重力狀態下矯正自己的能力。基廷格回想：「那些人把貓放進飛機裡，任由牠們漂浮。所以可能會有一隻貓漂到我這裡來，我得把牠推回去。有幾次機艙裡還有漂浮的猴子，我得抓住猴子把牠推回去。」

等到一切變得明朗，確認幾秒鐘的失重帶來的娛樂效果多過可能造成的麻煩後，航太醫學這群人開始把他們無窮的緊張能力轉移到長時間進行任務的情況。當太空人在地球軌道上進行三到四天的任務時，或是前往月球時，他們能不能吃東西？或者他需要重力幫助他進食？他要怎麼喝水？吸管在零重力的情況下有用嗎？稍後到了一九五八年，德州藍道夫空軍基地美國空軍航空醫學院的三位上尉強制徵收了一架 F-49C 戰鬥機以及十五位自願者，進行一項能回答上面這些簡單問題的計畫。不過為了寫成期刊論文的題目，這些問題被描述得比較不簡單一點：「對次重力的生理反應：攝取與吞嚥固體與液體養分的機制。」

但三位上尉不是很肯定實驗的結果，因為出現了新的、前所未有的危險。杯子裡的水變成「變形蟲似的物體」，從杯子裡浮出到空氣中「包住」人臉：「液體在受試者嘗試呼吸時……流到了鼻竇裡，使受試者嗆到——就是溺水的感覺，這種情況經常發生。」吃東西也一樣危險：「好幾位受試者回報，食物塊會卡在咽喉，還有一些回報說食物殘渣會向上漂到軟顎，進入鼻腔管。」他們說咀嚼過的食物會從食道逆流回嘴裡，「造成受試者嘔吐，感覺不舒服。」我會假設嘔吐是因為飛機胡亂飛行的緣故，或是與零重力對內耳前庭的平衡系統造成影響有關。不過研究人員堅持他們的瘋狂假設，並且創造了一個新的、完全不存在的現象：「無重力飛行反胃現象。」

時間快轉五個月，三位上尉已經升為少校了。他們又指揮了另一架F-94C戰鬥機，開始進行「一次重力生理反應：開始排尿」研究。這個憂慮相當合理。如果你反抗了重力的引力，膀胱還會確實排空嗎？根據杯裝水的零重力研究結果（「溢出得到處都是」），研究人員知道最好不要讓人類排尿在開放容器中，他們用氧氣罩的一小段管子還有小型氣候氣球做出一個密封式的尿壺。為了確保每個人都會上廁所，這些對空軍有超乎尋常熱忱的受試者都被要求在起飛前兩小時喝八大杯水。結果造成極嚴重的不適，以至於有幾位男性在起飛前就先去廁所了。最後，一切都沒有問題，尿液很正常地排出。

基廷格幫這些研究人員取名「小雞雞」。基廷格在他的口述歷史中表示：「當時有很多專家撰寫的科學論文都表示（零重力）會是讓人類無法上太空的一大限制。但我坐在旁邊都快笑掉大牙了，因為我熱愛這種感覺！我完全享受無重力的感覺。」

不能怪那些小雞雞，你要以當時的背景來思考他們的憂慮。太空和零重力都是未知的領域，所有我們熟知的規則都不適用。在歷史發展中，每次有新的、更快速的交通方式出現時，就會有同樣的焦慮出現。「當蒸汽引擎的技術臻於完美，促成鐵路運輸得以發展時，科學家就害怕火車的快速會對人體造成有害的影響。」這段話正是引述自一九四三年出版的航空醫學文章（當時的火車頭時速不超過二十四公里）。在一九五〇年代早期，隨著商務飛行變得可行，醫生也擔心搭機可能對心臟有害，對循環系統造成負面影響。當馬伯格醫生證明並非如此時，聯合航空還出於感激頒給他托特獎。

現在的太空總署還是會進行拋物線飛行，但受測試的已經不是人類，而是設備。每次ＮＡＳＡ發展出新的硬體設備，不管是幫浦、加熱設備、馬桶，都會有人把它拖到休士頓附近的艾林頓機場的飛機上，看看這些設備在零重力狀態下可能會出什麼問題。但每年會有兩次，比這些東西問題更多的傢伙也會被拖上飛機：大學生和記者。

5

拉不住

在NASA C-9 飛機上逃離重力

如果你不小心走進艾林頓機場的九九三號大樓，你可能會停下來，懷疑裡面是什麼東西。大樓前方的標誌既挑釁又可笑，簡直像是喜劇團體蒙提派森演出的《踩八字步的部長》裡那塊同名的銅匾額。這裡的標誌上寫著：**低重力辦公室**。我知道裡面是什麼，但儘管如此，我還是得站在這裡一會兒，任由我的想像力天馬行空奔馳。我想像裡面的咖啡壺都漂在半空中，祕書就像紙飛機一樣在空中飛來飛去。或者更好的想像是，這是一個傾全力認真看待根本不重要的事的組織。

「低重力辦公室」真正的工作內容是負責篩選爭取機會搭乘麥道C-9軍用運輸機，在拋物線飛行中進行零重力研究計畫的高中生與大學生[1]。這是由NASA用「高重力」（如果有的話）管理的辦公室。

我太晚到，沒趕上安全簡報。我以密蘇里大學科學技術小組的記者身分報名，該小組研究的是在零重力與低重力時的焊接。（「低重力」指的是類似月球上的情況，重力只有地球上的六分之一；或是在火星上重力只有地球的三分之一的情況。而NASA難以實現的夢想就是有一天能在這兩個地方進行焊接。）

安全講習的講師現在指著C-9飛機的機翼，這架飛機停在我們上課的停機坪中間。講師留著長長的棕髮，穿著孕婦上衣，她說：「過去有成年男子從約兩公尺外的地方，被引擎通風口吸進去的例子[2]。」這件事我早就知道了，因為參加手冊上有寫。參加手冊上用了**吸收**這個詞，好像這架飛機在這起事件中扮演的是主動、邪惡的角色。

她身後的牆壁掛著一根長柄工具，讓人想到過去捕鯨人用來處理木筏旁鯨脂的鉤子。旁邊的標示牌寫這是人體救援鉤，是救出觸電的人用的。電流會使受害者的手部肌肉收縮，觸電者會緊抓住使他致死的物品，所以如果你想抓住他的手臂拉他出來，你的手部肌肉也會收縮，然後你們兩個就都需要救援了。鉤子的柄不導電，有經驗的救援者能用它來救人，避免自己也加入觸電者組成的愈來愈長的觸電康加舞行列。同一面牆上還有一個危險標誌，列出可能意外引發這棟樓排放滅火泡沫的許多事項（我曾經看過一段這種影片，就像是巨人樵夫布楊在洗泡泡浴一樣），令人不安的是，「焊接」也是其中之一。

注意事項一件接著一件。在飛機跑道上一定要做聽覺防護措施，不能穿夾腳拖鞋或涼鞋，不能「大聲玩鬧」。

---

1 在我拜訪那裡的幾個月後，這些飛行計畫就外包給「零重力公司」了，使用的是七二七客機。大部分人都把這架飛機稱為「嘔吐彗星號」。不過NASA希望停止這種說法，要求我們把它稱為「無重奇蹟號」。這個名字更令人想吐。

2 幾周後，我向一位奧勒岡空軍警衛提起這件事，他告訴我他認識當時的受害者。他從座位往前傾身，告訴我：「我看過那些照片，基本上他根本從後面滑出來了。」如果你在 google 搜尋「Human FOD」（FOD是「外物損傷」的意思）這個關鍵字，你會找到一段一名年輕空軍被拉進 A-6 噴射機通風口的影片，意外導致火花四射，甚至射到飛機的另外一側，但那位空軍並沒有出來。在那天後來拍的影片中他才出現，意識清醒，還會說話。他的頭纏了繃帶，但沒有什麼大問題。一位飛行外科醫生告訴我，存活下來的技巧就是讓你的手電筒或扳手比你先進入那個可怕的深淵，這個物體會先被咬成碎片，讓引擎在你的頭到達前先停下來。另外一個基地推薦購買眼鏡掛鏈，以免眼鏡從臉上被拉掉。這個基地還說噴射機的通風口拉力可能強到能「把人的眼珠拉出來」，但是沒有推薦預防產品。

我拿到的媒體資料裡有一張 C-9 加速往上攀升呈拋物線弧形的照片，它的飛行角度非常荒謬，像是小孩拿著玩具飛機在空中飛的樣子。很奇怪的是，他們居然關心引發滅火泡沫和露出腳趾的鞋的危險，而不討論搭乘一架重複從神風特攻隊般的急速俯衝狀態下，再往上急遽拉高，引擎震動個不停的噴射機可能發生的危險。

這種極端的混合——對日常事物的偏執與對航空危險的漠視，似乎充分代表了政府出資的太空旅行世界。NASA的大樓裡貼滿了各種的警告標語，但都是一些微不足道的危險，到處都是注意不要**滑倒**、**絆倒**、**跌倒**的標誌。真的，到處都是。詹森太空中心餐廳廁所的衛生紙架上，還畫了讓衛生紙可以跟你說話的對話框：「美女，不要把我丟在地上。不然我可能會害人家滑倒、絆倒，或是跌倒喔！」大樓入口處也放了傘套供人取用，這是安全行動小組的好意，避免地面變得潮溼。好像NASA裡面全部都是像豆豆先生那樣沒救的人，隨時隨地都會跌倒似的。如果走廊有九十度角的轉彎處，就會出現一個大大的標誌，憂心忡忡地寫著「**視覺盲點：小心前進**」。

也許專注於日常生活的小危險，有助於太空總署處理他們在每次任務時必須面對的重大威脅：爆炸、墜毀、失火、失壓等等。和戰爭一樣，太空是一個可怕的怪獸，不管你多麼小心預防「萬一」發生的事，它都還是會奪走受害者的性命。雖然你無法控制天氣或重力，但你可以控制你的訪客穿的鞋，還有她雨傘上滴下來多少水滴。

但NASA值得稱許的一點是，拋物線飛行從來沒有失敗過。C-9 的前一代是 KC-135，其中一架還展示在外面草坪上的鋼架上，離地三公尺，頭朝著販賣部方向。它的拋物線飛行次數有五萬八千次，沒有任何一次「意外」[3]。太空人自己也這麼告訴自己——直到挑戰者號在大西洋上空一萬四千公尺處爆炸為止。

現在是下午六點，工程系學生拋下我去吃漢堡了，我買了一些外帶食物，準備看NASA電視台度過夜晚。我住在NASA對面的旅館，這間旅館人員接起電話時會自豪地說：「這裡是美國詹森太空中心延長居留處。」這裡電視的第一個頻道就是NASA電視台。我愛死了NASA電視台。這裡播放的節目通常只是太空站攝影機拍攝的原始畫面，你轉到這個頻道時，會看到十分鐘靜止的太陽能板陣列，固定在太空的一片寂靜中，下方則是迅速飛過的非洲、大西洋、亞馬遜河。我從中得到平靜。我聽NASA的人說他們覺得這很無聊，而且他們還試過用一些圖片或是有主持人的節目讓電視台活潑一點，但還好這些提議大多沒有採行。

今天太空站裡的太空人成功和日本的新實驗室模組「希望號」對接，在剪綵儀式與記者會之後，播了一段他們首度進入這個模組的影片。他們像是被放進鬥牛場的鬥牛一樣，因為突然有廣大的開放空間而四處亂竄。我看了很多NASA電視台的節目，這種放肆的景象非常少見。你會看到一個人在一塊圓形的板子上蜷曲著身體，一根腳趾掛在束腳帶下面，像一艘下錨的船一樣微微飄盪。或是看到團隊成員整齊地排排坐成兩列，面對著鏡頭，巧妙地回答媒體的問題。如果不是因為麥克風線飄在空中，或是有人的金項鍊浮在他的下巴前方，你很容易就忘記那裡是無重力的。

---

3 這指的是NASA所謂「第一級意外」，可能造成「致死的傷勢或病痛」。你或我定義中的「意外」（例如地板溼滑之類的事），連「第四級意外」都算不上。而是「小失誤」。儘管如此，小失誤也還是有書面文件要填寫，例如：詹森太空中心一二五七號小失誤表格。

我的麵條都冷了，因為我目不轉睛地盯著電視。有一個太空人在水平轉圈，彷彿NASA電視台雇用了在武術電影裡負責特效的人。太空人娜伯格像一顆撞球檯上的母球一樣彈來彈去：一會兒在牆壁，一會兒又到天花板，回到牆壁，到地板上。大家都沒穿鞋，因為沒有人的腳底會踏到地板上，就算踏到了地板，地上也不會有灰塵停留。日本太空人星出彰彥蹲在模組的開口處，等待一條清空的路徑讓他能跨越模組到另一頭。他推動身體，飛過無人的空中，像個超人一樣手臂前舉。我在夢裡也這麼做過。我在一座巨大的老建築裡，有挑高十五公尺的天花板以及精美的飾條。我推動身體離開一個飾條，滑到房間另一端，接著盪到對面的牆上，一再來回。不管拋物線飛行可能多麼危險，也不能減少脫離重力所帶來的喜悅。我像個聖誕夜期待禮物的六歲小孩般睡去。

早上我到的時候，小組成員已經把焊接實驗器材裝上C-9飛機。從外面看起來，這架飛機就跟其他的大型噴射機沒有兩樣，但裡面已經遭到破壞，只剩下後面六排的座位。焊接設備是一隻自動手臂，它被裝設在一個正面是玻璃的盒子裡，盒子再放進有門的櫃子裡。櫃子則固定在一輛小台車上，就像是魔術師會在舞台上推著走的那種。兩個學生和指導老師雙手雙腳著地，想辦法把台車的腳裝進固定在地板上的框架。尺寸偏偏差了少少的二．五公分。

團隊成員蕾妲解釋他們的計畫。雖然太空人在太空站進行零重力的建造工程已經幾十年了，但通常零件都是用鎖的，而不是用焊接的。火花和焊接的金屬讓NASA很緊張。如果一片過熱的金屬飄到太空人的太空衣上，可能會融化一層層的太空衣，造成洩壓。密封焊接與機械焊接槍雖然可行，但你得先確定零重力狀態不會影響焊接的強度。這就是為什麼密蘇里大學的學生今天要做這種測試。

巨大的聲響吸引大家轉過頭去，原來是負責焊接的其中一名學生硬把台車的腳塞進地上的框框裡，結果把腳折斷了。低重力計畫經理德洛梭頂著光頭，雙臂交叉地瞪著這群學生。你記得電影「國王與安娜」裡扮演國王的影星尤伯連納嗎？他就長那個樣子，只是穿著飛行裝。他冰冷而不耐煩地責問：「怎麼搞的？」

一個小小的聲音說：「我們……」

另外一個人接話：「一個焊接點壞了。」

焊接小組指出，台車的腳不是他們焊接的，是密蘇里科學技術小組金屬店的某人做的。有人用手機打電話給那個人，但那個人什麼也不能幫他們做，只能覺得自己很愧疚而已，或許他們現在想要的答案也只是這樣罷了。德洛梭才不管這是誰的錯，他指了指出口：「把那東西拿出去。」

不會吧，我忍受了兩天的NASA安全教育訓練，結果什麼都得不到嗎？現在換組是不是太晚了？我是不是得開始和「蛋白質奈米孔分析偵測小組」打好關係了？回到停機坪，我和其中一位密蘇里的學生聊天，他副修爆裂物，但個性有點刻薄，不愛和人打交道，不太適合副修這個科目。我問他，如果他們的小組修不好那隻腳，他們還會不會上飛機？

他不知道。他是地面團隊的人，本來就不會上飛機。他勉強對我擠出一個笑容。接著，他想起來某人告訴他的話：「沒關係，光是在這裡就是一種榮譽了。」

到了中午，焊接裝備又回到了飛機上，直接固定在飛機的地板上。太空焊接小組要準備出發了。

你從來沒想過你體內器官的重量。你的心臟是一個大約兩百三十克的響板，掛在你的主動脈末端；你的手臂之於你的肩膀，就像是掛在扁擔上的沉重水桶；你的結腸把子宮當成懶骨頭坐；就連你的頭皮都要分擔你的頭髮重量。在無重力的空間裡，這些都消失了。你的器官都漂浮在你的軀體內[4]。結果就是輕微的「生理喜樂」，脫離了某些一直都存在著，而你從未意識到的東西，那是一種難以言喻的感受。

如果你上NASA微重力大學網站，就會看到一張張專注於自己計畫的學生照片，其中很多照片的背景裡都有兩個咧嘴而笑的傻瓜，互相漂往對方的方向，像是烘衣機裡的襯衫一樣，那就是我和喬伊絲。喬伊絲是NASA華盛頓總部教育部門的人，她協助學生進行飛行計畫，但從來沒有實際飛行過。我真的應該要和我的小組一起腳踏實地，好好記錄發生了什麼事，但我做不到，因為我的筆記本就浮在我的臉前面，每頁都散開來了，我忍不住盯著它好一段時間。它在空中盤旋，沒有上升，也沒有墜落，就像是派對過了幾天後，氣球停在半空中的樣子。（當我回到我房間看自己的筆記，我發現我寫下來的都是無意義的東西。與其說我在寫筆記，不如說我是在試用我的費雪牌太空筆。我的筆記內容是：「哇」還有「好棒唷」。）

昨天晚上NASA電視台有一位太空人回答一個小學生的問題，他說零重力的感覺就像漂浮在水中。但不盡然是如此，因為在水裡，你會感覺到液體幫助你漂浮，支撐著你的體重；當你移動的時候，你感覺得到它的反作用力。雖然你在漂浮，但是重量還是在。可是在C-9上，每次無重力的二十二秒都能讓你不費吹灰之力地漂浮在空中，完全不需要幫忙，也沒有阻力。重力讓你通行無阻。

讓我們重重落下的是德洛梭。他要我們用單手抓住一條繩索，那表示每次我漂浮時，只要到達了韁繩的極限，我就會擺盪到左邊，進入堪薩斯大學的領空，他們研究的是電磁對接裝置。為了撤退回來，我得往下伸長腿，推動自己的骨架。德洛梭會大吼：「不要踢他們的實驗設備！」好像我是存心這麼做：**我討厭你們的電磁對接設備，吃我一腿吧！**可是我只是需要一點時間習慣這種漂浮的情況，不信你可以問摩林。任務專家摩林告訴我，他大約花了一周才適應漂浮狀態：「後來這種感覺就很自然了，自己像天使一樣飛在空中。我不確定這是不是回到子宮之類的感覺，但就是一種很自然的感覺。而且穿鞋子走路變成一個很奇怪的念頭。」

一個穿藍色飛行裝的人大吼：「把腳放下來！」這是要我們把腳放回下方位置的信號，因為重力又回來了。重力是慢慢回來的，你不會馬上從天花板掉下來，但是你也不想要頭下腳上地回到地板。我們有些人在兩倍重力的階段是仰躺著的，聽說這樣比較不會覺得噁心想吐。

重力再度消失，我們像從墳墓出現的幽靈一樣從地上浮起來。這裡像是每三十秒有一次狂歡派對一樣。無重力就像海洛因，或說是我想像中吸食海洛因的感覺。只要你試過一次，等到它結束時，你的腦海中就只剩下想再來一次的想法。但顯然這種狂喜會逐漸消逝。太空人柯林斯在寫給青年人的書裡表示：「一開始的時候，光是漂來漂去就很好玩了。但過了一段時間後，漂浮變得很討厭，你開始想要固定待在一個地方……我的手一直浮在我前面，我真希望我有口袋之類的地方能放它們。」太空

---

4 器官會移位到你的胸腔，讓你的腰圍縮小，這是怎麼節食都無法達到的效果。有一位NASA研究人員把它稱為「太空美容療程」。沒有了重力，你的頭髮會比較豐盈，胸部也不會下垂；會有更多體液流到你的頭部，從內部撫平你的魚尾紋。也因為人體的血量感測器只存在於上半身，所以你的生理系統會覺得你保留了太多體液，繼而排出你體內百分之十到百分之十五的水的重量。（我也聽過人家說這是「臉腫雞腳症狀」。）

人湯瑪斯告訴我，一直不能把東西放好有多麼讓人生氣：「每個東西上面都要有魔鬼氈才行，而且一直會有東西不見。我帶了指甲挫刀到和平號太空站，一直都很小心使用，但在任務結束前一個月，它從我的手中掉了出去，我轉身要抓住它，結果它就不見了。它跟和平號一樣往下掉。有一次我們弄掉了整個尖銳廢棄物安全容器，那麼大一個東西喔，但我們再也沒有看到過它。」

今天也有麻煩事。我們小組的電腦一直自動關機，因為它是那種堅固耐用的筆電，會在偵測到突如其來的加速度時自動關機。在地球上，這種現象只有在掉落時會發生，可是在這裡，那表示飛行員要從俯衝位置拉高了。

在所謂無重力的狀態下，所有東西的運作都應該會不正常。太空人哈德菲爾德告訴過我：「就連保險絲那麼簡單的東西都會有問題。」好像我真的知道保險絲是怎麼作用似的。不過現在我知道了：保險絲裡面有一條金屬線，在電流過多時會融化，融化的部分會滴下來，造成一段缺口，阻斷電流通過。但沒有了重力，該滴下來的就滴不下來，所以電流還是會通過，直到金屬沸騰為止，到了那個時候，設備也就燒壞了。零重力是NASA裡的物品價格標籤看起來都那麼誇張的部分原因。每一個任務需要使用的新設備，每一個幫浦、風扇、閥門、小機器的設備原型都必須先經過 C-9 飛行測試，以確保它能在無重力環境中使用。

設備過熱是零重力環境裡的常見問題，任何會發熱的東西都可能過熱，因為零重力環境中的空氣無法對流。在一般狀況下，熱空氣上升是因為它密度低、比較輕，此外，分子在熱空氣中會比較活躍地互相撞擊並向外延展，當熱空氣上升，冷空氣就會沉下來，填補熱空氣離開所造成的真空。但沒了重力，萬物沒有輕重之分，全部都失重了。熱空氣就會留在原位，愈變愈熱，最後對設備造成損害。

人體機能也會因為同樣的原因而過熱。沒有風扇，太空人製造的所有熱能都會停留在他們身上，形成一團熱帶沼氣，連他們呼出來的空氣也一樣。睡袋掛在通風不良位置的團隊成員，會產生二氧化碳過多造成的頭痛症狀。

不過以太空焊接小組來說，人的問題是他們出錯得最嚴重的一環。那不是用風扇就能解決的。

6

丟上丟下

不為人知的太空人慘況

C-9飛機的天花板上有一組紅色的數字顯示器，像熟食店櫃檯的叫號機一樣。不過飛機上的顯示器計算的是拋物線飛行的次數，目前是第二十七次，再三次就結束了。我們被告知不要「在機艙裡扮演超人」，但我怎麼能不打破規矩呢。當重力在第二十八次的拋物線飛行逐漸消失時，我彎起腳，蹲在玻璃窗上，接著輕輕伸展身體，飛越機艙內部。感覺很像在泳池裡踢牆壁前進，不過這個泳池很空，而且你划過的其實是空氣而不是水。這應該是我一生中最酷的時刻了。但對札克爾來說就不是這樣了。這位密蘇里大學的太空焊接工一直坐在座位的第一排，身上繫緊安全帶。雖然現在是失重狀態，但他看起來沉重得不得了。一個白色的袋子在他臉部附近盤旋。札克爾用兩手拉開袋口，像是演出者向群眾要小費的帽子一般。

「噁……哇……咳咳……」札克爾從第四次拋物線飛行開始就身體不舒服了，在第七次拋物線飛行時，飛官醫生過來幫助他在失重狀態下穩住身體，希望能讓他覺得舒服一點（醫生後來告訴我，這是為了讓他不會「無助地四處漂浮嘔吐」）。在第十二次拋物線飛行時，穿著藍色飛行裝的人幫札克爾打了一針，帶他到飛機的後段位置，接下來的飛行時間裡讓他在那邊休息。

一般來說，動暈症會在你最興奮的時候襲擊你，這是它最邪惡，也最狡猾之處。不論是落日時分在舊金山灣航行，小孩第一次坐雲霄飛車，菜鳥太空人第一次上太空[1]，從欣喜若狂到悲慘至極只有一線之隔，從「唷呼」到「噁」只需要一秒的時間。

在太空中，動暈症不只是讓人難堪的不愉快經驗而已。一個沒有行為能力的太空團隊成員，是全世界請病假成本最高的人。蘇聯的聯合號十號任務完全因為動暈症而流產。你會以為科學早該克服這件事，但他們真的不是沒試過。

為了找出避免動暈症的最佳辦法，你得先了解這種現象是如何引發的。航太研究就算在前者的成績不佳，在後者倒是成就非凡。而這方面的研究成果最輝煌的，大概就是位在佛州朋沙科拉的美國海軍航太醫學院。這裡是人類空間迷失裝置的誕生地。在NASA一九六二年資助的一項研究中，二十位軍校學生同意自己被綁在一張側邊連接著一根水平桿的椅子上。固定好以後，這些人就像烤肉串一樣，以每分鐘高達三十圈的速度旋轉。相較之下，串在電動烤肉叉上的雞肉每分鐘的標準轉速才五圈。二十位學生中，只有八個人能撐到實驗結束。

近年來引發動暈症的選擇是旋轉椅[2]。乘客會直挺挺地坐在椅子上，像是準備好接受命令一樣，小馬達讓椅子以底部為軸心開始旋轉。一開始這個動作還有種歡樂的氣氛，受試者好像自己在旋

---

1 或是一個作家搭乘湯姆克魯斯的兩人座雙翼飛機的情況。湯姆克魯斯的駕駛技術讓我們經歷了一系列的空中特技，而最後一個「鎚頭」的特技讓我完全招架不住。這架飛機的座艙是開放式的，我又坐在前座，所以我手肘旁邊那個隨風飄揚的嘔吐袋裡的東西要是飛了出去，就會直接砸在克魯斯先生古銅色的無瑕臉蛋上。而湯姆克魯斯是一位很重視整潔的人。災難即將降臨。還好最後我成功忍住就要吐出來的墨西哥捲餅，就差那麼一點點。

2 這並不是航太醫學的貢獻。十九世紀的精神病院經常讓病況比較嚴重的病人坐在旋轉椅上轉圈。一名醫師在一八三四年的報告中記錄了新的精神病治療技術：「病人做出一些非理性的惡意行為後，立刻被放上旋轉椅旋轉……直到他安靜下來、道歉，並且承諾會有所改進為止，或直到他開始嘔吐為止。」這是嘗試各種治療瘋子的方法的時期。其他的另類「治療」還包括「突然把人丟進冰水裡」。

轉——像在辦公室聖誕節派對裡喝醉的速記員一樣。當實驗者一聲令下，閉著眼睛的受試者就要在旋轉時把頭往左右傾斜。我在NASA艾姆士中心時，曾坐上太空動暈症研究員柯文絲實驗室裡的旋轉椅一下下。第一次傾斜頭部時，我覺得頭裡面有個什麼東西歪掉了。柯文絲說：「就算是塊岩石，我都能讓它暈眩。」我相信她。

而航太醫學從動暈症的多重折磨中學到了什麼呢？以初學者來說，我們知道了這種暈眩的成因：感官衝突，也就是你的眼睛和你內耳前庭的感覺不一致。假設你搭乘一艘上下搖晃的船，而你坐在下層甲板，由於你和牆壁與地面移動的方向一致，所以你的眼睛會告訴你的大腦，你是固定地坐在房間裡；但是你的內耳卻有不同的說法。當船隻讓你上上下下、左右晃動時，你的內耳石會記錄這些移動。內耳石是在內耳前庭成排細毛上的鈣化的細小石頭。舉例來說，當船往下進入波浪的低點時，內耳石就會上升；當船往上到達波浪的高點，內耳石就會往下。但是因為整個艙房都和你一起移動，所以你的眼睛不會發現船往上或往下了。此時大腦開始混淆，並且因為某種尚未釐清的原因，大腦做出的回應就是讓你感到噁心。很快地，你就開始暈眩了。（這就是為什麼站在甲板上會感覺比較舒服，因為你的眼睛可以看到船相對於海平面的移動。）

零重力代表一種很獨特並且費解的感官衝突。你在地球上站直的時候，重力會讓你的內耳石停留在內耳底部的細毛細胞上。當你側躺的時候，內耳石就會停留在側邊的細毛上。但在失重狀態時，內耳石在兩種情況下都只會漂浮在中間。此時如果你突然轉頭，他們就會在耳壁間來回彈跳。柯文絲說：「你的內耳的感覺就像你躺下了又站起來，躺下了又站起來。」在你的大腦學會怎麼判讀這些訊號之前，這種矛盾就會讓人覺得暈眩。

既然知道人類的內耳石是罪魁禍首，那麼頭部突然移動，用動暈症專家的術語來說，具有極度的「刺激性」，也就不令人意外了。在過去幾期的《航太醫學》雜誌裡，你可以看到二戰時的軍隊照片，照片上的人個個面目猙獰，頭卡在軍隊運輸機上加了墊子的垂直木條之間：因為有人想遏止嘔吐的浪潮。（在密閉的小空間裡，其他人的嘔吐物的味道也非常「有刺激性」。不過柯文絲比較喜歡「有啟發性」這個說法。）暈機和暈船的問題在戰爭期間相當嚴重，以至於政府在一九四四年還召集了「全美動暈症小組委員會」（政府後來也召集了「美國禽類營養小組委員會」以及針對沉澱作用的小組委員會）。歐門是美國國家太空生物醫學研究所駐所動暈症專家，他曾在太空人頭盔後方裝上加速度計，證實了反覆轉動頭部的確會造成危險。那些天生愛搖頭晃腦的人最可能在任務中發生動暈症。在彎曲道路上開車，也同樣必須遵守這個定律：不管你後面車子裡的駕駛長得多像山頂洞人，千萬不要猛然轉頭看他。根據六〇年代多產的動暈症研究者，蓋瑞拜爾的研究結果，對於極端敏感的人，儘管只是一次頭部移動，都會相當程度地增加他們的焦慮程度，也就是說，他們可能在下個彎道就會出現噁心症狀[3]。

歐門說：「我們真的建議過他們戴一頂會發出嗶嗶聲的帽子。」如果太空人頭轉得太快或是太多，他們就會聽見嗶嗶聲提醒他們。歐門沒記錄太空人對嗶嗶帽提議的反應，但我猜這種帽子應該就

3 腸道活動也被視為是嘔吐的初期警訊。一位太空梭太空人曾在任務期間內，在肚皮上裝著「腸道聲音監測器」。不用替他覺得難過，要替那些被指派監聽兩周腸道聲音的空軍安全人員覺得難過，因為他們要確保監測器沒有不小心錄到任何對話內容或機密資訊。

像他們說的那樣：「太刺激了」，因為後來並沒有任何給太空人戴的嗶嗶帽出現。倒是歐門成功地讓太空人同意在一次任務中試穿加墊的衣領，以抑止不必要的頭部動作，但這個衣領很快就被拆掉了。歐門哀傷地說：「他們覺得這種衣領太麻煩了。」

太空人必須要處理感官衝突之母：視覺再定位幻覺。這就是讓你從極度興奮，無預警地變成極端悲慘的轉折點。歐門在報告中引述了一位在太空實驗室進行任務的太空人的話：「當你在進行一項工作的時候……會直覺認定自己的腳所在的位置就是『下方』。但是當你一轉身，往往會發現整個房間根本不是你以為的方向，而是完全傾斜的。」（這可能也是札克爾碰到的問題，他告訴我他「明確地覺得失去分辨上下的感覺。」）這種情況最容易在沒有明確視覺線索的空間中發生，也就是無法分辨哪裡是地板、哪裡是天花板或牆壁的地方。最惡名昭彰的就是太空實驗室的通道。有一位太空人發現他每次經過那段通道一定會吐，所以他告訴歐門，他有時候會故意去那邊「嘔吐，好讓自己覺得舒服一點。」就連看一眼和自己方向性不同的太空人伙伴都可能引起噁心感。「很多參加拋物線飛行的成員都說過，當他們看到附近的其他成員頭上腳下地漂浮在半空中時，會突然開始嘔吐[4]。」不是因為討厭那個人的緣故啦。

歐門和其他這方面的專家對使用藥物的立場一直游移不定，不確定這是不是個好主意。在太空中就像在海上一樣，「恢復」其實是一種適應的過程。如果你像嬰兒一樣縮在床單下，你的內耳前庭就不會暴露在新的現實環境中；但如果做得太過火，也可能會跨過舒服的門檻，反而讓你覺得身體不適。藥物可以幫助太空人離開床鋪，讓他們能四處移動，做該做的工作。但如果藥物帶來了一種錯誤的免疫感，就可能會讓人用藥過量。抗動暈症的藥物不會讓你免疫，只是把覺得不舒服的門檻提高。

對於進行短程旅行的人，例如穿過通道或是搭乘 C-9 飛機，藥物就是答案。NASA就給我們吃了 Scop-Dex（抵銷莨菪鹼鎮靜效果的右旋安非他命，有亢奮作用）。儘管如此，大部分的飛行都至少會有一兩個被穿藍色飛行服的人宣告「完蛋」的人，札克爾甚至在拋物線飛行開始之前看起來就快吐了。他可能是那些因為過去有嚴重暈機或暈車的經驗，以至於一看到交通工具（在這裡就是飛機）就有制約反應的人。這種「看到船就暈」的人通常不是誇飾（放鬆和反制約技巧對這些病例會有幫助）。人對嘔吐物的味道也同樣發展出制約反應，歐門說：「這就是為什麼動暈症好像會傳染一樣。」

朋沙科拉的研究也證明，專注於某樣東西而非自己的感覺，對減少暈眩感也有幫助。從人類空間迷失裝置的烤肉串實驗裡倖存的八位學生，有的被要求「持續做心算」，有的要持續進行定時按壓按鍵的任務，這些事都占據了他們的心思。但要把注意力放在心理任務而非寫字，因為你在對抗動暈症時，最不想做的事就是閱讀。特別要避免閱讀〈嘔吐與腸胃道內容物分析〉這種論文。

但每一件不該做的事，施威卡特都做了。施威卡特是阿波羅九號的太空人，負責測試阿波羅十一號的成員在進行歷史性的月球漫步時身上要背的維生背包。施威卡特預定要背上背包，打開動力，進

4 頭上腳下地四處移動對你的隊友還有其他的壞處：當你嘴巴的位置倒過來時，會很難了解你在說什麼。在日常生活中，我們比自己想像得更依賴讀唇。太空人莫林告訴我，如果一個人傾斜超過四十五度角，就很難讀他的唇。他還說：「還會有那個下巴的問題。」他指的是下巴看起來會像鼻子，這樣真的很讓人分心。

入減壓的登月艙。因為他在拋物線訓練飛行時已經有身體不適的情形，所以他對攸關未來太空漫步的接下來三天相當謹慎。他在NASA的口述歷史中這麼說：「我的辦法是……讓我的頭維持不動，盡可能不要動來動去。」這是第一個問題：他讓自己延後適應環境。到了第三天，施威卡特必須穿上艙外活動裝，他自己形容這是「真正的軟骨功挑戰」，因為要一直往下鑽，再把身體折來折去。問題二來了：頭部移動。「突然間我非吐不可……這是很不舒服的感覺。但當然吐完以後你會覺得比較舒服。」吐完後神清氣爽的他繼續準備往登月艙移動。問題三出現：可怕的視覺再定位幻覺。「你已經習慣了某種方向感，但當你到那邊時才發現你的位置上下顛倒。」到達登月艙後，他必須等待隊友跟上他的工作進度。「基本上我沒事可做。」問題四。「突然間，你心裡最重要的事已經做完了，結果……腦袋裡馬上想到的就是不舒服的感覺，所以我突然又吐了。」

在太空動暈症的情況下，嘔吐的衝動會比平常更突如其來。一位接受歐門訪問的太空實驗室成員，回想起他曾經和一個正在吃蘋果的隊友並肩坐著：「他吃到一半突然發出『嘔！』的聲音，接著把蘋果丟在空中，然後就開始吐了。」發射台的工作人員升空前也會在菜鳥的口袋裡多放一些嘔吐袋。但儘管如此，如脫韁野馬般的嘔吐物還是很常見[5]。NASA的禮儀是要自己清理這些東西。就像接受歐門訪問的太空實驗室成員說的：「不會有人幫你做這件事——而且你也不想讓別人幫你做。」但是你不能說施威卡特的隊友沒有同情心，在此附上厚達一千兩百頁的阿波羅九號任務紀錄中，最感人的部分：

指揮艙駕駛員史考特：你何不把剩下的動力工作還有其他事交給我們，把衣服脫掉，清理一下，試著吃點東西然後回床上去？

施威卡特：好。清理一下應該會不錯。

史考特：拿條毛巾，清洗一下……那些東西。這樣你會覺得舒服一點。

施威卡特：好。你要觀察無線電嗎？

史考特：好，交給我吧。

出於某些我們等一下會討論的原因，NASA花了很多功夫讓他們的人不要在太空漫步時，吐在他們的頭盔裡。施威卡特和史考特還很認真討論過，要不要跳過這次艙外活動，直接告訴NASA他們已經完成了。阿波羅九號在登月競賽中是關鍵性的一步，阿姆斯壯和艾德林在月球上穿戴的艙外活動維生系統必須先經過測試，會合點、對接設備與程序也都要測試。施威卡特在口述歷史中說：「這時已經是一九六九年三月了，六〇年代即將結束……這次的任務就要因為施威卡特的大吐特吐而宣告失敗嗎？……我是說，當時我心裡覺得，我很可能使得甘迺迪總統無法完成在六〇年代結束前登陸月球並返航的挑戰。」

如果你在太空漫步時吐在頭盔裡會怎麼樣？施威卡特說：「會死掉。因為你無法把那些黏呼呼的

5 在拋物線飛行時，閃躲技巧是相當關鍵的。過去擔任NASA艙外活動管理辦公室主任的麥克緬告訴我，他曾有過一次經驗，一起飛行的伙伴突然就吐了出來。「我大約三秒鐘就發現他的嘔吐物以二G的重力撲到我身上，於是我馬上用盡全力左躲右閃。」一位NASA員工跟我保證，雙倍的重力會讓人更難吐出來。

東西從你嘴裡弄掉……嘔吐物會漂在你的口鼻腔內，你沒辦法把它弄走，讓你自己呼吸，然後你就會死掉。」

也可能不會。不論是在阿波羅時代或之後所使用的美國太空頭盔，裡面都有空氣管，每分鐘能引導臉上約一百七十公升的氣體往下流動，所以嘔吐物會從臉部被往下吹，進入太空裝的身體部分。對，很噁心。但不會致命。我和漢勝航太設備公司的資深太空裝工程師切斯討論過因嘔吐物致死的各種可能性，他一開頭就說：「嘔吐物進入太空人身後的氧氣抽回管的可能性非常低，而且抽回管共有五條，四條在四肢，所以就算其中一條被堵住了，也不太可能會讓系統完全阻塞。就算不知怎麼真的塞住了，團隊成員也可以關掉風扇，開始『清理』。他們可以從顯示器和控制模組的清理閥把穢物排出，繼續讓新鮮氧氣從他們的加壓槽流到頭盔裡。」切斯把他的風扇暫時關掉。「你看，我們真的仔細想過這件事了。」

就算嘔吐物在你的鼻子和嘴巴前漂浮不去，這樣會害死你嗎？也不太可能。如果你吸入你的嘔吐物，或是其他人的嘔吐物，也會引發氣管的反射性保護作用：你會咳嗽。如果一切都如同預想的那麼自然，嘔吐物在氣管口就會被吐出來。迷幻搖滾吉他手漢崔克斯之所以會因為吸入自己的嘔吐物（主要是紅酒）而死，是因為他醉到陷入昏迷，咳嗽反應也就失靈了。

無論如何，吸入嘔吐物基本上比吸入湖水危險，就算只是四分之一口的分量那麼少，都可能造成嚴重的危害。嘔吐物裡必備的胃酸很容易侵蝕肺的內側，嘔吐物也不像湖水（希望啦），裡面通常有一塊塊最近才消化的食物，這些東西可能會卡住你的氣管，讓你窒息。

既然胃酸會侵蝕肺，那想像一下它進入你眼睛會怎麼樣。「從頭盔彈到眼睛裡的嘔吐物會讓人極度不舒服。」切斯說。這是比頭盔內回流更實際的危險，嘔吐物灑在頭盔面罩上也會造成視線阻礙。

面罩上的糊狀物對太空人來說是很掃興的東西。用阿波羅十六號登月艙駕駛員杜克的話來說：「告訴你，當你的頭盔裡都是柳橙汁的時候，真的很難看清楚東西。」（其實是卡夫公司的沖泡式果汁粉「果珍」[6]。）當杜克在登月艙裡檢查太空裝時，太空裝裡的飲料袋開始漏了[7]。（太空裝裡的飲料袋是NASA版本的登山背包水袋。）任務控制中心推測這個問題和零重力有關，並且覺得在月球的重力影響下，這個問題自然會「搞定」。但沒有，或者說沒有完全搞定。在阿波羅十六號的任務紀錄中，杜克在月球上駕駛登月艙，經歷他生命的巔峰，他看到兩座名字怪異的火山口時是這麼說的：「我看得到『殘骸』和『陷阱』，還有柳橙汁。」

歷史上需要擔心吸入自己嘔吐物的不是太空人，而是早期的手術病人。三公升的紅酒之類的麻醉藥，既會讓你嘔吐，又能讓你的咳嗽反應失靈。這就是現代的手術病人手術前要禁食的原因之一。不

---

6 「果珍」果汁粉是由卡夫食品在一九五七年發明的，NASA雖然不是發明者，但雙子星號和阿波羅號的太空人卻讓它聲名大噪。儘管這種果汁粉三不五時會被討厭一下，NASA至今仍繼續使用它們。二〇〇六年，恐怖份子把果珍和土製液體爆裂物混合，企圖挾持跨越大西洋的班機。一九七〇年代，果珍被混入止痛藥美沙酮當中，藉此讓海洛因成癮者不再注射這種止痛藥解癮，但毒癮者根本無所謂。結果透過靜脈吸收的果珍引發了關節疼痛與黃疸病，不過蛀牙倒是少了一點。

7 雖然這種情況讓人覺得很煩，但總比從月球升空前，尿液儲存裝置上的集尿套管滑掉來得好。杜克不以為意地說：「你知道嗎，熱熱的液體沿著我的左腳流下來……我的靴子裡都是尿。」

過還是有很少數的情況是病人肚子吃得飽飽地進手術室，結果又吐出肚子裡的東西，所以醫生都會準備好抽痰機。以漢崔克斯的例子來說，急救人員用了「直徑四十五公分的抽痰機」。

你一定想看看大口徑抽痰機管子的模型。一九九六年，華盛頓路易斯堡麥迪根陸軍醫療中心的四位醫師做了一項比較，他們先用標準抽痰管抽出模擬平均一口分量的嘔吐物（約九十毫升），接著再使用新的、改良過的大口徑模型。根據《美國急救醫學期刊》的報導，後者的抽取速度比前者快了十倍，也比較不會傷到肺部。

也許你想知道醫生用什麼來當作「模擬嘔吐物」？他們用的是浦氏蔬菜湯。浦氏網站在「媒體報導」的頁面列出了《美食與酒雜誌》、《廚師圖解大全》、《消費者報告》等書籍雜誌，但當然沒有列出《美國急救醫學期刊》（這也是可以理解的）。從他們的網站來看，浦氏的人如果知道這件事應該會嚇死。他們對自己罐頭食品的評價甚高，甚至還推薦了適合搭配他們產品的紅酒。

在頭盔內嘔吐真的沒問題嗎？有人告訴我這曾發生在施威卡特身上，但我的消息來源後來改變了他的說詞。歐門告訴我，他只知道一起嘔吐在太空裝內的事件，而且「嘔吐量很小」。這起事件發生在國際太空站的氣閘，當時太空人正在為太空漫步做準備。歐門沒有洩漏這個反芻者的名字。在太空裝裡反胃嘔吐到現在都還是一種污名。

不過這件事的恥辱程度，已經沒有施威卡特那個時代那麼強烈。施威卡特記得當時阿波羅號裡大家的態度是「只有娘娘腔才會有動暈症。」塞爾南也同意他的說法：「承認自己不舒服，就像是承認自己的弱點，不管是公開承認、向其他太空人承認，甚至對醫生承認都一樣……」因為醫生可能會因此決定讓你停飛。塞爾南的回憶錄提到他在雙子星九號任務時曾感到身體不舒服，但他沒有表現出來。因為他不想讓同袍覺得他是「夏季航行時的弱雞」。

阿波羅八號指揮官鮑曼也掩飾了他的動暈症狀。我就讓施威卡特先開砲吧：「在太空人界，大家都知道鮑曼吐過一次以上……但因為鮑曼的種種原因，他從來沒有真正承認過這件事。」這也使得施威卡特被扣上了「史上唯一在太空裡嘔吐的美國太空人」這頂大帽子。（動暈症在水星和雙子星太空計畫裡比較少見，可能是他們的太空艙比較狹窄，根本沒有空間做出會造成暈眩的動作。）鮑曼很久以後才承認自己有動暈症，就像塞爾南在回憶錄裡寫的：「在去月球的途中，從頭到尾都難受得跟狗一樣[8]。」

在飛行任務結束後，施威卡特投身於研究太空動暈症。「我到了朋沙科拉，結果……我變成了實驗用的天竺鼠，或者說根本就是個針插，因為他們把各式各樣的針、探針，還有很多搞不清楚是什麼的東西都弄到我身上。時間長達六個月……我主要的工作是讓我們盡可能地了解動暈症。不過老實

8　到底多難受呢？要看是哪一種狗，還有旅行的方式而定。根據麥基爾大學在一九四〇年代做的研究，百分之十九的狗完全不會感到難受。有一次的實驗是在糟糕的天氣裡，把十六隻狗送到湖邊去搭船。其中有兩隻在前往湖泊的卡車上吐了，七隻在船上吐，還有一隻在卡車上和船上都吐了。雖然這次的搭船旅行讓這些狗「沮喪並顯然很悲慘」（不過應該沒有卡車和船的主人悲慘），而且後來還有另一次大型搖晃實驗讓更多的狗嘔吐，但「缺乏主觀證據證明狗覺得這個實驗讓牠們很不舒服。」使用狗來研究人類動暈症的原因是，這兩個物種易受到周圍環境影響的程度差不多；不使用天竺鼠是因為牠們和兔子被認為是唯二對動暈症免疫的哺乳類動物。

說，我們也沒了解到那麼多。而且不瞞你說，到了今天我們還是了解不多。」不過就算這樣的努力只是徒勞無功，至少施威卡特總算讓動暈症這件事被搬上檯面。塞爾南寫道：「施威卡特為了我們而犧牲，沒有人公開說過他的不好，但他從此再也沒有出過飛行任務了。」

但猶他州的參議員加恩就被公開議論了，他是第一位具有太空人身分的參議員。在全國發行的連環漫畫上，創作「杜恩斯比利」的漫畫家特魯多嚴厲譴責加恩在一九八五年搭乘太空梭飛行，是浪費公帑的無意義行為。當特魯多發現加恩在任務中的大多數時間裡都身體不舒服時，他筆下的一個人物就用「加恩」做為此後衡量太空動暈症的單位。（其實動暈症是沒有衡量單位的，只有一個量表，最低是「輕微不舒服」，最高是「直接嘔吐」。）

柯文絲笑得比誰都大聲。當加恩在接受訓練時，柯文絲提議教他由她發展出的生物反饋技巧，以避免太空動暈症發生。但他邊揮手把她趕走邊說：「是啦，我聽說過加州冥想之類的東西，難道會讓我的頭髮長出來嗎？」（雖然我覺得這種方法的效果相當不錯，但柯文絲直到今天都還苦於外界認為生物反饋過度感性的印象。就連她老闆都不用這種方法。「我跟NASA說：你聽過這個大公司嗎？『美國海軍』？他們現在就使用這種方法。」）

不管是加恩、施威卡特或是「直接嘔吐」先生，任何人在太空中感到不舒服，都無須覺得不好意思。大約百分之五十到七十五的太空人都曾受太空動暈症的症狀所苦。「這就是為什麼你很少在太空梭發射後的頭兩天看到相關新聞影片，因為那時候的太空人大概都在某個角落嘔吐。」NASA宇宙塵計畫負責人佐藍斯基這麼說。佐藍斯基本人在拋物線飛行時也難受得不得了。最慘的乘客，是讓太空人練習在零重力時抽血的人，因為他的手臂被綁住了，所以要靠別人把嘔吐袋放在他的臉前面。

技術上來說，動暈症並不是一種病，而是一種對異常情況的正常反應。有些人比較早發作，症狀也比較嚴重，但每個人都可能會暈頭轉向，就連魚在海裡都會暈眩。一位加拿大研究人員回想一間鱈魚養殖所的老闆告訴他的故事，老闆找魚販來把他養在水箱裡的一些魚海運出去：「船出海一段時間後，水箱底部全是牠們之前吃的飼料。」研究人員列出了目前已知所有會受動暈症影響的物種：猴子、黑猩猩、海豹、綿羊、貓，馬和牛都會有噁心感，但出於解剖學上的原因，牠們無法嘔吐。不過他說，各界對於鳥類的看法倒是不太一致[9]，研究報告作者表示他個人曾經目睹一隻在旋轉平台上的鴿子嘔吐。不過他補充：「這是很不尋常的。」我也這麼覺得。

唯一在意料之中對動暈症免疫的人類，就是內耳受損的人。當五位聽障瘖啞人士在波濤洶湧的海上航行，卻完全沒有不舒服的症狀時，科學家才第一次注意到動暈症和內耳前庭間的關係。當時是一八九六年，而在海上受苦受難的其中一人是名為麥納的醫生。麥納在他的論文中表示，他聽說有兩組聽障瘖啞人士，人數分別是二十二人與三十一人，他們經常出海航行，而且都不會受暈船所苦。在麥納的論文出版之前，醫界都認為動暈症的罪魁禍首是胃部內容物傾斜，以及腸道內的氣壓變動。當

---

9 出於奇異的巧合，我今天去聽了一場中午的演講，談的正是這個題目。（「禿鷹：事實或虛構？」）演講者還帶了他養的寵物禿鷹「友善」來，牠的味道比你想像的禿鷹還要臭。他說這是因為「友善」**在過來的路上暈車**，而且吐了。稍早他告訴我們，如果你去騷擾禿鷹，牠們也會吐。我坐在第二排，完全相信禿鷹的嘔吐物會讓人退避三舍。不過如果你是土狼就另當別論了，土狼認為禿鷹的嘔吐物是珍饈美食，會故意騷擾這種鳥類好得到嘔吐物當點心吃。

時英國醫學期刊《手術刀》的文章中，曾提出各種使用腰帶與皮帶的治療方法。讀者也回信分享自己讓胃部穩定的技巧：唱歌，在船到高點時屏住呼吸，還有「隨心所欲地吃醃洋蔥。」最後一個技巧背後的原因是這樣會在體內製造出氣體，讓胃部脹大，藉以穩定腹部的壓力。依照這些說法，也許當時聽障瘖啞人士出海航行免於受苦的優勢在於——聽不見其他人唱歌或是打嗝。

諷刺的是，NASA艾姆士中心動暈症研究員托斯卡諾自己的內耳前庭系統就有缺陷，但他一直到自己坐上了旋轉椅時才發現這件事。托斯卡諾的同僚研究員柯文絲說：「我們還以為椅子有什麼問題。」我和坐在旋轉椅上的托斯卡諾交談，他的聲音隨著每次旋轉而忽高忽低。這是他的超能力。

既然動暈症是對不尋常的變化，或感官受到混淆，抑或重力改變的環境的自然反應，那麼當太空人結束長時間的任務回到地球時，自然又得重新經歷一次這種感覺。在度過幾周或幾個月的無重力之後，他們的大腦已經把所有內耳石的訊號視為往某個方向加速度的意思。所以他們一轉頭，大腦就會告訴他們這是在移動。太空人薇特森這麼形容她第一次從國際太空站一百九十一天的任務回到地球時的情況：「我一站起來，整個世界都像繞著**我**，以每小時兩萬八千公里的速度在旋轉，而不是我以每小時兩萬八千公里的速度繞著地球轉。」這就叫做著陸暈眩，或是「暈地球」。（動暈症的其他奇怪衍生物還包括遊樂設施暈眩、寬銀幕電影暈眩、暈駱駝、暈飛行模擬器、搖擺舞暈眩。）

嘔吐雖然很討人厭，但是這個動作卻很值得你尊重。這是腸子的交響樂演奏，既複雜又天衣無縫地協調：「首先會出現一種強迫的靈感，於是橫隔膜會下降，腹部肌肉收縮，十二指腸收縮，心肌與食道放鬆，聲門關閉，喉頭往前，軟顎上升，嘴巴打開。」整個「催吐腦」（或稱為「嘔吐中樞」）這個小奇蹟，會完全投入這件事。我曾經讀過雷龍這種恐龍，腦的位置在牠的尾巴基部，協調牠的下半身動作。於是我想像有一個像腦一樣的灰色器官，安穩地待在恐龍的骨盆裡。現在我覺得我搞錯了，因為「催吐腦」不是真的腦，比較像是一個有停車場和信託董事會的「嘔吐中心」。它位在第四腦室，是寬度幾公釐的細胞核當中的一小撮。

當動暈症發生時，嘔吐不知為何會讓人難受得不得了。嘔吐是身體對有毒或是受污染的食物的合理反應——儘快把肚子裡的東西弄出來，但是為什麼也是對感官衝突的反應呢？歐門說，沒有特別的意義，只是一個演化上的不幸意外，因為催吐腦剛好在腦部掌管平衡的部位旁邊演化。動暈症就像是兩者對話的產物。柯文絲說：「這只是上帝的玩笑之一。」

在一九八〇年倫敦舞台劇版本的《象人》裡，主角約瑟夫·梅維克最後躺在床上自殺[10]，任由他異常巨大的頭掛在床緣，壓碎自己的氣管。這是因重力而成功的自殺，因為他的頭太重了，所以他的頸部肌肉根本撐不住。我曾經體會過那種感覺二十秒，當時C-9飛機從俯衝的動作往上拉，再次攀高，我們立刻加速撞上地板，重力大約是二G，是地球重力的兩倍。我的頭突然變得有十公斤那麼

---

10 研究梅維克的學者對於這是自殺或是意外眾說紛紜，但他們都同意象人真正的名字應該是約瑟夫·梅維克，而不是約翰·梅維克。根據我的印象，倫敦這齣戲使用的是大家比較常聽見的「約翰」。也許是為了避免在演戲的時候還要用注釋補充說明，就像我現在做的這樣。既然你都看到這裡了，我順便告訴你大衛鮑伊也演過梅維克。他當時既沒有化妝，也沒有穿戴義肢，幾乎連衣服都沒穿。但他像梅維克一樣彎著身體，讓你看了就心碎。

重，不是五公斤。就像梅維克一樣，我背部著地躺在地上，但不是為了自殺，而是因為他們說這樣比較不會感到噁心。感覺真的很奇怪，因為我沒辦法把頭從飛機地板上抬起來。

我曾經讀過，擱淺的鯨魚會因為重力過大而死。離開能讓牠們漂浮的海水後，牠們的肺和身體重量會重到壓垮自己。鯨魚的橫隔膜和肋骨肌肉都不夠強壯，無法讓牠的肺張開，也沒辦法提起在陸地上變重的鯨魚油脂和骨頭，因此這些部位會壓在牠們自己的身體上，使牠們最後窒息而死。

一九四〇年代的航太研究人員發現一種在地球上模擬重力增加的方法。他們把老鼠、兔子、黑猩猩，最後還有水星任務的太空人，放到離心機長長的旋轉手臂的末端。離心力會讓身體部位和體液往外加速，脫離離心機的中心。就像我們在第四章學到，而且很可能已經忘記的，重力是你的加速度值。為了模擬在重力過剩的環境中垂直站立的情況，研究人員會讓受試者腳朝離心臂外側躺著，離心機轉得愈快，受試者的器官、骨頭、體液就會愈重。

如果你想看老鼠體內的器官在重力到達十G和十九G的時候會是什麼樣子，可以參考一九五三年二月號的《航空醫學》第五十四頁，但我不建議就是了。航空醫學加速實驗室的一個海軍指揮官團隊發現一個聰明又可怕的「急凍技巧」，也就是把麻醉後放在離心機上的老鼠浸泡在液態氮裡。此時心臟裡的血液比平常重了十九倍，都集中在器官的底部，使得器官變重、拉長，像是一條拉長了的膠狀黏土一樣。腹部的器官會像沙袋一樣塞滿骨盆，頭會縮到肩膀中間；至於睪丸，我根本不想提。第二張照片上的老鼠面對的是另一邊——頭朝向離心臂的外側。變重的器官現在全部堆在肋骨下，壓垮肺部，剩下的軀幹則呈現古怪的空心感。

這些指揮官並不是為了找樂子，早期的航空醫學科學家會研究人類對過大重力的承受程度，目的是要了解如何保護戰鬥機飛行員以及後來的太空人。當噴射機飛行員從大角度俯衝的位置拉高，或從事其他高速特技時，必須承受多達八G到十G的重力。太空人在起飛的幾秒鐘內要忍受兩倍或三倍重力；在太空船著陸，重新進入地球大氣層時，他們還要忍受四倍甚至更大的重力。從沒有空氣的真空太空進入一堵由空氣分子組成的牆壁，會讓他們的飛行器從每小時兩萬八千公里的速度，降低到只有幾百公里的時速。就和任何突然減速的交通工具一樣，此時乘客都會往移動方向突然前傾。重新進入大氣層的危險就在於這種前傾（這段時間會有雙倍或四倍的重力），而且這種前傾最多會持續長達一分鐘，不像車禍時的幾分之一秒而已。

人體能夠忍受多少額外的重力而不會受傷，端看處於這種狀態的時間長短而定。如果是十分之一秒，人類通常可以忍受十五到四十五G的重力，依照他們與重力方向的相對位置而定。當時間拉長到一分鐘或更長，承受程度會以令人憂心的速度下滑。若你變重的血液聚集在你的腿和腳的時間過長，讓你的腦部缺氧，你就會昏過去。如果持續的時間更長，你就會死。葛林曾接受NASA離心機飛行訓練，他表示在十六G的重力下：「為了保持清醒，你得用盡每一分的力氣，使用每一項你所知道的技巧。」這就是為什麼太空人在重新進入大氣層時會躺著，這樣血液才不會積在腿和腳的地方。但是躺著又會讓你變成擱淺的鯨魚：胸骨下方會疼痛，吸氣也會很困難。國際太空站的遠征十六號指揮官薇特森搭乘聯合號回到地球時出了差錯，聯合號進入大氣層的角度過陡，速度也過快，因此她承受了整整一分鐘的八G重力，大約是一般重新進入大氣層的情況的兩倍。太空人在離心機上已經學會怎麼處理這種狀況——要急促呼吸，讓肺不會完全沒有空氣，還要運用比較強壯的橫隔膜肌肉幫助吸氣，而不是用肋骨上的小肌肉。儘管如此，薇特森還是覺得很痛苦。

人類一隻手臂的平均重量是四公斤。這表示在重新進入大氣層的過程裡，薇特森的手臂有三十二公斤重。航太醫學先鋒顧爾說：「一般來說，在超過八G的重力下，只有手腕和手指可以移動。」換句話說，太空人可能因為無法抬起手臂接觸控制面板而死亡。薇特森對她曾經歷過的危機輕描淡寫，但在我和她談話後的幾周，我碰到一位飛官醫生給我看事件發生後拍的照片，用他的話來說，薇特森看起來「枯槁憔悴」。他給我看的下一張照片，是聯合號座艙著陸所造成的泥濘坑洞。看起來就像有人想在哈薩克大草原中央挖個游泳池一樣。

回來就和上去一樣恐怖。

7

太空艙裡的屍體

NASA造訪墜毀測試實驗室

墜毀模擬的世界主要是由金屬和人組成的。俄亥俄州運輸研究中心的模擬器位在一個鏗鏘作響、飛機庫般大小的房間，這裡可以坐的地方不多，椅子上也都沒有墊子。房間裡除了墜毀拖車以外，幾乎沒有其他東西。拖車放在跑道中間，幾個戴著安全眼鏡的工程師，手上拿著咖啡杯走來走去。除了紅色、橘色的警告燈與危險燈號，這裡幾乎找不到其他顏色。

這具屍體就像回到家一樣自在。受試者「F」穿著藍色的水果牌內褲，光著上半身，像在自己家的公寓裡休息一樣。他看起來非常放鬆，就跟死人一樣，因為他就是死人。他輕輕靠著椅背，雙手放在大腿上。如果F是活人，他就不會這麼放鬆了。因為幾個小時後他就會被綁在一張椅子上，承受由粗得像紅杉木的活塞所射出的十四公斤加壓空氣。衝擊的力道和接受衝擊的座位位置，都可以隨著研究人員要求的墜毀情境而調整；無論是要以一百零五公里的時速頭朝牆壁撞過去，或是讓車子以六十公里的時速側面相撞都沒問題。今天要測試的是NASA新的獵戶座太空艙從太空墜落到海中的情況。F可以扮演太空人了。

在太空艙裡，每次的降落都差不多是墜毀。不像飛機或是太空梭，太空艙沒有機翼或著陸裝置，所以它不是從太空「飛」回來的，它是掉下來的。獵戶座太空艙有火箭推進器，可以校正它的軌道，或讓它減速到足以掉出軌道，但這個推進器無法讓著陸變得平順一點。當太空艙重新進入地球大氣層時，太空艙寬闊的底部會像犁一樣劈入厚重的空氣中，產生拉力，使它減速到一系列的降落傘能夠毫無破損地張開的速度。太空艙一般會漂到海面上，如果順利的話，這樣的著陸會有點小車禍的感覺——大約有二到三G的重力，最多七G。

在水面上著陸比在地面上的衝擊小一點。不過這個選擇是需要付出代價的，因為海水的情況難以預測。如果太空艙落下時，突然有一陣大浪打過來怎麼辦？這種時候就必須把乘客綁在座位上，不只是為了避免乘客因為墜落的撞擊力道而受傷，也為了避免側面著陸或是上下顛倒所造成的衝擊。

為了確保獵戶座的乘客在各種狂暴的海象威脅下都不會受傷，之前運輸研究中心在獵戶座的模擬艙裡放了撞擊假人，不過最近他們也開始用「屍體」了。著陸模擬是運輸中心、NASA和俄亥俄州立大學傷害生物力學研究實驗室共同合作的計畫。

F坐在活塞軌道旁一張高高的金屬椅子上，研究所學生康允石站在他後方，在他暴露在外的脊椎上用六角扳手裝了一個手錶大小的儀器；他身體前側的骨頭上也黏了很多測量衝擊力道的儀器。今晚稍後的掃描與解剖，就能揭露這種衝擊力道會造成多大傷害。康允石昨天為了處理屍體而熬夜，今天早上又很早就進來，但他還是很專注，而且興致高昂。他有那種快樂及高成就感的個性，這是很多自我成長課程號稱可以幫你培養，但很少真正創造出來的特質。他戴著長方形的眼鏡，額頭前留著左右晃盪的長瀏海；他戴著手套的手指因為沾滿脂肪而閃閃發亮，這些滑膩、大量的脂肪讓康允石的任務更加困難。他已經這樣工作半個多小時了，不過這個死人永遠都很有耐心。

F的側軸將會承受撞擊。想像一下手足球小人，就是桌上足球那個有一根鐵條從肋骨兩側穿過去的小木頭足球選手，那根鐵條就是身體的側軸。假設手足球小人去開車，在十字路口被另外一輛車從側面撞上。他的身體和器官（如果有的話），就會沿著這個鐵棍的方向往左或往右加速飛出去。如果另一輛車從正前方或是後方撞上來，器官就會沿著橫切軸的方向飛出去：從前面飛到後面，或是後面飛到前面。研究人員還會考慮的第三條軸是縱軸，也就是脊椎這條線。現在手足球小人跑去開直升機了，結果直升機熄火，垂直往下掉到地上，手足球小人的主動脈拉著往下掉的心臟，像是心臟在玩高空彈跳一般。不過這種事還是在極限運動玩玩就好了。

因為太空人在著陸時背部靠著地板，所以太空艙在海面平靜的情況下落到海上時，橫切軸會承受一股由前往後的力量，這裡目前也是身體最耐操的部位。（在有足夠的支撐並且被綁好的情況下躺著，他們可以承受的重力比坐著或站著時多三到四倍——在十分之一秒裡可以承受高達四十五Ｇ的重力。這時候是比較脆弱的縱軸在承受拉力[1]。）

伴隨撞擊而來的力道通常不只施加在單一軸上，而是同時衝擊兩個或三個軸。（不過模擬測試每次只針對一個軸進行。）如果把波濤洶湧的海浪放進太空艙著陸的計算式中，你就必須考慮朝多重軸線方向作用的壓力。從多重軸線的衝擊模式與難以預測性來看，最適合與ＮＡＳＡ相提並論的就是賽車事故了。上周我前往俄亥俄州時，全國運動汽車競賽協會的愛德華茲以接近三百二十公里的時速撞上另外一輛車；他的車高高飛到空中，像拋到空中的硬幣般翻轉了幾圈，之後才撞上牆壁。結果愛德華茲若無其事、輕輕鬆鬆地從那一團廢鐵中走了出來。這怎麼可能？用《斯塔波汽車撞擊期刊》裡一篇最近的論文裡的話來說：「這是非常具有支撐力並且完全合身的駕駛座包裝。」請注意它的用字：**包裝**。要在多重軸線衝擊下保護一個人，就跟運送一個花瓶所需要的包裝沒什麼兩樣。既然你不知道快遞公司ＵＰＳ的人會把包裹的哪一邊朝下丟，你就要讓這個包裹的四面八方都很穩固。賽車駕駛會被緊緊地綁在量身訂做的座位裡，除了大腿安全帶之外，他們身上還有兩條綁住肩膀的安全帶，胯下的綁帶則讓他們不會從大腿安全帶的下方滑出去。此外椅子上還有一個頭頸支撐裝置，保護頭部不會猛力往前甩；座椅兩側有兩個垂直的靠枕，讓頭部和脊椎不會左搖右擺。

葛門特是ＮＡＳＡ太空人團隊生存專家，他曾和設計賽車保護系統的人長時間討論，這次他和兩位同事特地從詹森太空中心前來運輸研究中心，監督本周的模擬測試。葛門特同意在康允石和其他三位學生幫F裝設儀器時，回答我一些問題。他有一雙藍色的眼睛，黑色的頭髮，還有德州人的機智與敏捷反應，不過他在對著錄音機說話時，這些都沒怎麼表現出來。他坐得直挺挺地、動也不動地回答我的問題，好像光是說到頭頸脊椎的固定，就能讓他好好地坐在椅子上了。

NASA稍早才放棄將賽車座椅裝在獵戶座號上的提案。理由之一是賽車駕駛是坐直的，而不是弓著身體。這對在太空中待了一段時間的太空人來說是個壞主意。躺著不只比較安全（前提是你不需要控制方向），而且也能讓太空人不會陷入昏迷。在一般狀況下，我們站著的時候，腿部肌肉裡的血管通常會收縮，避免血液全部集中在腳上。然而在幾周的無重力生活之後，身體就覺得沒必要做這檔子事了。加上身體的血量感知器都在上半身，這個問題又變得更麻煩。因為沒有重力，所以身體的血液會傾向集中在一起，這麼一來感知器就會誤以為這是血液過多所造成的，繼而送出減少血液製造的訊號。所以太空中的太空人體內血液會比在地面上時少百分之十到十五，但也能湊合著用。低血量加上懶惰的血管，使得長期待在太空中的太空人回到重力的懷抱後容易頭昏眼花。這就叫做「姿態性低

---

1 所以電梯掉落時，最能夠生存的方式就是躺在地上。坐著不好，但比站著好，因為屁股是天然的安全泡棉，肌肉和脂肪都可以壓縮，有助於吸收衝擊產生的重力。至於在電梯落地前往上跳到半空中的方法，只是讓無可避免的事延後發生而已，而且這樣一來你撞到地面的時候可能是蹲姿，而根據民用航空醫學研究所一九六〇年的研究，蹲在落下的平台會在相對的低重力情況下造成「嚴重的膝蓋疼痛」。研究人員饒富興味，但沒有顯著悔意地寫下這個注解：「顯然拉緊的肌肉……形成一個支點撬開了膝關節。」

血壓」，有時候還挺讓人難堪的。太空人在任務後的記者會上昏倒，已經是眾所皆知的常見情況。

但是穿著太空裝躺在很安全的座椅上也會有別的問題。葛門特回想：「我們把一個賽車座椅丟在地上，讓一個人坐進去，然後問他：『你出得來嗎？』結果他很像一隻無法翻身的烏龜。」幾個月前，我在詹森太空中心看了一場太空裝原型的水平脫離（從太空艙中出來）測試。「烏龜翻身」或者「我像烏龜翻身般起不來」，真的是非常確切的形容。

「快速往外移動」的能力，是出問題的時候最重要的考量。想想太空艙開始往下沉，或是起火的情況。最近一次出意外的太空艙是二〇〇八年九月的聯合號，當時艙中搭載著國際太空站遠征十六號和十七號的團隊成員回到地球。（在沒有太空梭的時代，NASA會付錢給蘇俄太空總署，讓他們把國際太空站的人員送回地球。）聯合號模組進入大氣層的時候位置偏離了——就像渥里諾夫一九六九年搭乘時那樣。位置偏離使得原本能托住太空艙，使其航線平穩進入大氣層並著陸的空氣動力無法順利發揮作用。在重新進入大氣層的過程中，全體飛行組員都經歷了整整一分鐘的八G重力，而不是一般習慣的頂多四G。他們著陸時的撞擊更產生了十G的重力。太空艙掉在離預定降落地點非常遙遠的地方——哈薩克大草原的一片荒地上，而太空艙墜地時的火光引發了野火燎原。

聯合號的座椅設計就像賽車座位一樣，頭的兩側和軀幹部位都有安全帶，雖然這樣的設計讓他們比較安全，但要緊急逃生時就不是這麼回事了。遠征十六號的指揮官薇特森在電話訪問中告訴我：「我本來都想好了，我打算『先解開帶子，這樣撐住我的手，接著把腳放下。』結果當然都做不到；我的頭和肩膀都被綁在聯合號的座位上，整個人跌到最下方，在座艙裡呈現頭下腳上的姿勢。」重力並沒有幫上忙。「經過六個月後，你會忘記東西有多重，連自己的體重都會忘記。」在度過了好幾個月的無重力生活之後，你也會忘記怎麼使用你的腳。「你的肌肉會忘記該做什麼。」而且太空人沒有賽車手那種維修團隊，可以衝過來幫他們脫離撞毀的車[2]。還好當時的風向沒有把火朝他們吹，火勢也很快就自行熄滅了。

因為擔心賽車的肩部支撐會讓太空人在危急的時候無法立刻脫離太空艙，葛門特和同僚只使用頭部支撐做了一些模擬，當時他們使用的是撞擊測試假人──也就是葛門特口中的「櫥窗模特兒」，這讓在我腦海中想像這些模特兒測試時還穿著它們在百貨公司展示的服裝，這樣會虧錢吧。葛門特一邊放慢動作影片，一邊和我解釋：「頭會維持不動，但身體會一直移動。我們其實很擔心那些模特兒會壞掉。」因此在妥協之下，肩部支撐還是在，但稍微調降了一些。

全國運動汽車競賽協會的賽車座椅是針對每個駕駛量身製作的，但如果幫每個太空人都這麼做就太貴了，因此聯合號的座椅採用折衷的辦法。他們製作了嵌入式座椅調整模型，讓座椅能符合每個太空人的身材。但是這種模型還是得裝在座椅內部，因此終究會對太空人的身材有所限制。葛門

---

2 出乎薇特森和她的隊員意料的是，真的有人來幫他們。著陸後不久，她感覺到有人把她從太空艙裡拉出來。「我心想：『太棒了，搜救人員已經到了。』他們把我放在鉋測量計旁邊的地上。這樣滿奇怪的，因為他們向來要我們遠離鉋測量計。所以我開始觀察搜救人員……發現其中一個人穿著用麻布袋縫成的褲子，他們是哈薩克當地人。」他們當中有一個人會說一點俄文，他問薇特森的隊員馬林臣科：「這艘船是從哪裡來的？」（降落傘已經被火燒光了。）「馬林臣科說：『這不是船，是太空船，我們是從太空來的。』這個人就說：『好啦，隨便你。』」

特憂慮地說：「俄國人能挑選的太空船成員身材範圍比較窄。」在我們在交談的當時，座椅（和太空裝）的規格必須符合前百分之一矮小的女性到前百分之一高大的男性之間的身材，換句話說，大約是一百四十五公分到一百九十五公分的身高，不過這只是最基本的限制而已。支撐並限制駕駛身體的座椅系統，從臀部到膝蓋的長度，也要符合百分之一到百分之九十九的人；坐著的胸高、腳長、臀部寬度，還有其他十七個解剖學上的參數都是一樣[3]。

但不一定都是這麼一回事。阿波羅號的太空人必須身高在一百六十五公分到一百七十八公分之間，簡單明瞭，沒有商量的餘地，就像在遊樂園器材前的標誌：**低於此身高不可搭乘**。只不過這個規定是政府版本的。這表示很多在其他方面都合格的候選人，會因為他們的身高而被拒於太空計畫門外。對現在那些講求政治正確的人來說，這種規定具有歧視的意味。

對葛門特來說，這種規定是有意義的。一如往常，NASA為了做出可以多樣化調整的座椅，必須花費數百萬美元與工作時數。而且座椅愈方便調整，通常表示它會愈脆弱，而且愈重。

和賽車選手相比，太空人還有更複雜的問題，因為他的衣服上會裝著吸塵器零件[4]——各種管子、噴嘴、聯結器、開關。為了確保太空裝上的堅硬零件不會在著陸顛簸時對太空人的柔軟部位造成傷害，F會穿上一件模擬太空裝：他的頸部、肩膀、大腿都繞著用電器膠帶綑綁的環狀物，這些環可以完全模擬太空裝的移動軸承，也就是關節位置。（明天的屍體現在還在解凍[5]，他在實驗裡將會穿一件附有維生管和聯結器等「臍帶」的背心。）今天的實驗重點是確認在側面著陸的情況下，移動軸承是否會和座椅的肩部支撐相撞，繼而產生足以使太空人骨折的力道，衝擊太空人的手臂[6]。

葛門特解釋環形關節的作用，以及太空人怎麼利用它們舉起手臂。加壓後的太空裝是一顆很重、身體形狀的氣球，幾乎比較像一個小小的充氣房間，而不是一件衣服。完全加壓後的太空裝如果沒有某種關節，根本就無法彎曲。目前的太空裝原型配有能互相摩擦、前後扭轉的金屬肩環，讓太空人能上下轉動整條手臂，就像舊型的洋娃娃一樣。這是我的類比，不是葛門特的。在稍早的對話中，我把NASA各種尺寸、可個別選擇的太空裝元件類比為最近可以混搭的比基尼上衣和下半身。葛門特小心地指出：「我沒買那種比基尼，不過聽起來滿像的。」

---

3 沒有人會因為陰莖尺寸而被排除在太空人團隊之外。一般假設，所有的男性都能在三種尺寸的集尿套管中找到適合自己的一種。這種套管接在艙外活動衣的內部，連接尿液收集裝置。為了避免太空人為了面子，明明是S號卻選擇L號，結果反而造成意外，這三種尺寸裡並沒有S。漢勝航太設備公司的太空裝工程師切斯告訴我：「我們只有L、XL、XXL三種尺寸。」但是在阿波羅號計畫中並不是這樣。在阿姆斯壯與艾德林留在月球表面的一百零六樣東西當中，就有四件尿液收集零件——兩個L兩個S。至於誰穿哪一種，眾人至今仍在揣測。

4 還有尿布。不過沒有尿布並不表示賽車選手就不會在賽車裝裡尿尿。女賽車手派翠克在《女性健康》的一篇訪問中說：「大家常常會這樣。」不過派翠克本人例外。她解釋：「我去年嘗試了。」她說當時黃旗被舉起來，所以似乎是個非常恰當的時機（黃旗通常是場上發生意外時，示意選手減速的訊號）。「我想……就做吧（Just do it）。」耐吉竟然沒有贊助派翠克！

5 你怎麼知道屍體什麼時候完成解凍？伯爾提會把一支溫度感測器放到屍體的氣管裡，當體內溫度超過攝氏十五．六度時，就算解凍完畢。如果沒有溫度感測器，也可以用「直腸溫度計」讓你了解解凍狀況。另外也可以移動手臂和雙腳，確認關節是否能自由移動。通常解凍兩、三天（拜託一定要放在冰箱裡）就可以了。

伯爾提不是前百分之一高大的身材，但他的體型很壯碩。當他開著我租來的小爛車的時候，我發誓他得往前弓著身體壓住方向盤才坐得進去。他一邊開車一邊讀簡訊，想知道他大兒子球賽的最新比數。我幾乎可以肯定就算他車子開偏了，車子翻覆之後，他還會面不改色地從殘骸裡走出來，嘴巴上說：「八局結束，九比三！」

伯爾提剛剛從俄亥俄州立大學過來，他是生物力學損害研究實驗室的負責人。他來這裡檢查學生的工作，並且協助活塞發射前最後階段的準備。他穿著醫院的手術用刷手衣，反戴著棒球帽。他正在幫F穿衣服，把這個死人的拳頭穿過束起的長袖內衣袖子裡。他說這個動作就像幫他的五歲小孩穿衣服一樣。

現在的挑戰是把F弄進拖車裡，差不多就像要把一個昏睡的醉漢弄進計程車那樣。兩個學生架住F的臀部，伯爾提則用手撐住F的背。F背朝下仰躺，彎著的腳被舉起來，就像人坐在翻倒的椅子上的姿勢。

活塞會從F的右側發射，使他接受側軸的衝擊。「側邊猛力撞擊相當致命，因為……」葛門特說到這裡停頓了一下，「我不該說『撞擊』的。」NASA的用詞是「著陸振動」（全國運動汽車競賽協會偏愛「接觸」這種說法）。進行到某個步驟時，伯爾提很不可置信地說：「NASA一定要訓練這些人。你問他們一個問題，他們就會定格，然後想答案想很久。」伯爾提就不是那樣。我那天最喜歡的一句話就是伯爾提說的：「他是不是從什麼重要部位流了很多東西出來？」

側邊「振動」為什麼會致命？因為「瀰漫性軸突損傷」。未受保護的頭部如果左右甩動，大腦就會來回撞擊頭骨的兩側，而大腦是很柔軟的器官，所以這樣會讓腦不斷壓縮和延展。側邊衝擊和正面迎頭直撞不同，此時大腦的延展會拉扯長神經元的延伸處，也就是負責連接大腦兩葉的神經迴路的「軸索」。這種撞擊會讓軸索腫脹，而如果腫脹得太嚴重，你可能會陷入昏迷然後死亡。

心臟的情況也很類似。心臟充血時可重達三百四十公克，比起正面直接撞擊，掛在主動脈下的心臟受到側邊衝擊時，會有更多左右來回晃動的空間[7]。如果主動脈拉得太長，同時心臟又剛好因為充滿了血液而夠重，兩者可能就會分開。葛門特說這是「主動脈分離」。正面的撞擊就比較不會發生這種事。因為胸腔在這種方向是相對平坦的，心臟會比較安穩地被夾在中間。在直升機墜毀這種縱軸衝擊的情況下，心臟也有可能會和血管分離，因為這時心臟有很大的空間被往下拉，容易超過主動脈的延展極限。

F終於就位了。我們到樓上的控制室看這次的行動。一排聚光燈帶來戲劇性的**登場效果**，但衝擊本身是反高潮的，因為是空氣在撞擊[8]，所以拖車測試出人意料地安靜，是一場看不見撞擊的撞擊。

---

6 注意中間的堅硬東西。一九九五年四月號的《創傷期刊》裡，有一篇論文描述一名男子邊駕駛BMW汽車邊抽菸斗，結果當安全氣囊彈出來，菸斗就夾在他的臉和安全氣囊之間。一塊菸斗的碎片飛進他的眼睛裡，造成「眼球破裂」。這篇文章的作者是一位瑞士醫師，他詳細地描述了傷患的眼球，還注明「地面上都是菸草」，而且傷勢類似「被尖銳的牛角刺穿」。這篇論文的結論是告誡大家「要舉止得宜」——不要「用杯子喝飲料……把東西放在大腿上，或是在開車時戴著眼鏡。」雖然應該要避免被尖銳的牛角刺穿，不過開車時戴著眼鏡可以避免的危險，一定多於可能造成的傷害吧。

7 它的移動距離能有多長？長到有時候你能感覺得到。在阿波羅號時代，一項針對突然減速的研究發現，二十四位受試者當中有五人表示他們感覺到研究人員所謂「腹部內臟移位」的不適感。

而且發生的速度很快，快到眼睛根本跟不上。影片是以超快速拍攝的，這樣之後才可以用超級慢動作重新播放。

我們都往前傾盯著銀幕看。F的手臂彎在肩部支撐的下方，就是之前放肋骨支撐的位置。手臂看起來好像多了輔助關節，讓手臂不該彎曲的地方也彎曲了。有人說：「這不太妙。」這是一個重複出現的問題。葛門特是這麼說的：「身體部位會填滿位置裡的空隙。」（結果F的手臂並未骨折。）

F承受的最高撞擊力是十二到十五G的重力，正好是造成傷害的臨界點。葛門特解釋，車禍受傷的受害者，傷勢嚴重程度不只依照重力多寡而定，還要看車輛多久後停下來。如果車子一撞到牆就馬上停住，駕駛在瞬間承受的最大重力可能達到一百G，但如果車子的引擎蓋凹陷（這是現在常見的安全設計），那同樣的一百G重力就會被逐漸釋放掉絕大多數，使得最大重力減少到十G左右，這樣存活的機率就很高。

車子花愈多時間停下來愈好——但是有一種危險的例外。要了解這一點，你必須先了解身體在撞擊時會發生什麼事。不同的身體組織加速的速度，會依照它們的質量而有快慢之分。骨頭的加速度比肉更快，所以在側面撞擊時，你的頭骨移動速度會比你的臉頰和鼻尖快。從側臉遭到重擊的拳擊選手臉部靜止畫面裡就看得出來[9]。正面撞擊時，你的骨架會先移動，骨架會奮力往前傾，直到肩部安全帶或是方向盤讓身體停下來為止，接著骨架會往後彈。在你的骨架開始往前的幾毫秒之後，你的心臟和其他器官也開始移動，這表示當你的心臟開始往前時，它就會撞到往後移動的胸腔骨。每個部位往前往後移動的速率都不一樣，所以器官會和胸腔撞擊，然後彈回。這些都是在毫秒間發生的事。因為發生得太快了，用**彈跳**和**回彈**來形容都不對，該說是**振動**。

葛門特解釋，最危險的是這些器官開始以共振的頻率振動。這麼一來，振動就會被增強。就像歌手唱到符合酒杯共振頻率的音階時，酒杯就會開始振動，而且還會愈來愈激烈。如果這個音唱得夠大聲、維持的時間夠久，酒杯就會自己振動到碎掉。如果你和我一樣老，你應該會記得美瑞思錄音帶找艾拉費茲潔蘿拍的廣告，還有廣告裡爆炸的酒杯。器官若在撞擊時達到共振頻率，同樣的事也可能會發生，共振可能足以讓器官把自己甩離原位。還有更糟的，在我反覆哄騙他告訴我更明確的解釋後，葛門特說：「實際上，你會被搖晃致死。」

你可能會懷疑：費茲潔蘿會不會讓你的肝臟爆炸？她不會的。玻璃的共振頻率很高，遠遠高於我們聽得見的聲波範圍。而身體部位的共振頻率則落在我們聽不見的長聲波，也就是超低頻音的範圍內。但是火箭發射會製造出強大的超低頻音振動，這些聲音會讓你的器官分崩離析嗎？NASA在六〇年代時的確做過這種測試。根據一位超低頻音的專家告訴我的，這是為了確保「他們不會把一團果醬送上月球。」

---

8 空氣撞擊聽起來很溫和嗎？不是的。想想看電影《險路勿近》裡的哈維爾巴登。如果你沒看過那部電影，那就想想看《今日醫學》裡描述的豬肉工人，他們會使用壓縮空氣的振動讓豬腦脫離豬頭。消息來源解釋：「這樣可以『乳化』腦部組織。」

9 在〈人類頭部撞擊加速的自發承受度〉這篇論文裡，有十一位受試者，其中至少有一位穿西裝打領帶。他們的頭部都接受了四到五公斤的擺槌撞擊。作者是這麼寫的：「臉部可觀察到顯著的扭曲，因為頭部的骨架會加速度離開較柔軟的部位。」我們真的該對這些人表達感激之情。在早期的頭部衝擊研究中，屍體的貢獻有限。因為你不能要他數到七就往回數，或是告訴你總統的名字，你也不會知道他的頭痛是哪一種。

伯爾提的學生把F放到擔架上，送進一輛白色休旅車的後車廂。他將回到俄亥俄州州立大學醫學中心接受掃描與X光檢查，接受和活人一樣的全套檢查：從四十五分鐘的等待時間還有讓人不滿的帳單都一應俱全。

葛門特的目光落在F身上，我無法判斷他眼神中的含意。這樣撞擊一個人體是否會讓他覺得不自在？他轉頭看著伯爾提，說出了我意料之外的話：「你有沒有想過把他們放在前座？這樣就能走高乘載車道了。」

我想到今天清晨的一個畫面，伯爾提的學生漢娜和麥克站在F的旁邊，一邊說笑，一邊解開從F的骨頭上裝的應變計拉出的細長電線。這個景象與其說是陰森，不如說有種自在熟悉的感覺，好像一個家庭在拆聖誕樹上的燈泡串一樣。這些學生的輕鬆讓我瞠目結舌。對他們來說，這具屍體像是處於一種存在的模糊地帶：他已經不是人了，但也不只是一團組織體。F還是「他」，但你不需要擔心弄傷他。漢娜對他的態度特別有趣。F那天晚上躺在斷層掃描儀上時，預錄的指令說：「屏住你的呼吸。」漢娜說：「這他很在行的。」這句話滿好笑的，但也間接肯定了死者的特殊才華與能力。

NASA團隊倒是沒有這麼自在。在測試的情境（還有高乘載車道的小玩笑）之外，他們很少提起他，通常也使用「它」這個代名詞。他們為了來這裡，已經和NASA公共事務主管通了好幾個月的電子郵件。在我今天早上抵達時，他們終於在好幾通緊張的電話與混亂中取得了同意。死人讓NASA很不自在。他們在文件與出版品中都不會使用**屍體**這兩個字，而是傾向使用一種新的委婉的說法：**死亡後的人類受試者**（postmortem human subject，更謹慎的說法是用縮寫：PMHS）。我猜部分原因是屍體會帶來的聯想。太空船裡的屍體會讓他們想起他們不願意回憶的事件：挑戰者號、哥倫比亞號、阿波羅一號的起火。部分原因也可能是他們不習慣面對屍體。在過去二十五年的航空醫學研究中，我只碰過一個使用人類屍體的計畫。一九九〇年，太空梭亞特蘭提斯號載了一個裝著放射量測定器的人類頭骨升空，幫助研究人員了解在低地球軌道上，有多少輻射會穿透太空人的頭。當時研究人員擔心太空人會因這個只有頭的隊友而感到不安，所以用粉紅色塑膠模型做了一張假臉，蓋在頭骨上面。太空人馬朗說：「結果那看起來比原來的骷髏頭還要可怕[10]。」

在阿波羅時代，NASA似乎認為利用死人來研究太空艙撞擊，比使用活人來研究還讓他們不自在。NASA在一九六五年和空軍合作進行了一系列測試，和現在的測試相當類似——不過他們使用的是自願的活人。來自霍羅曼空軍基地的七十九位人員穿戴著頭盔或是太空裝的某些部分，搭乘裝在拖車上的模擬阿波羅太空艙座位。這些人忍受了兩百八十八次的模擬著陸：頭朝地右側朝上落地、背後落地、前傾落地、四十五度角側面落地都有。這些受試者承受的最高重力達到三十六G，是現在的受試者F所承受的十二到十五G的兩倍以上。

斯塔波上校是人類衝擊承受度研究的先驅，他在新聞稿裡輕描淡寫地總結了這次計畫：「我們可

10 NASA避免屍體研究還有另外一個可能的原因：太空人。馬朗說：「我漂到睡袋裡，把我的手臂伸出手臂孔，接著把我的頭縮在袋子裡……派普和史考特把頭骨貼在我的頭上面……他們靜靜地提著袋子漂到駕駛艙那裡，把我放到正在操作儀器面板的凱斯伯後面。當他轉身看到向他揮手的骷髏頭時，簡直嚇得呼天搶地的。後來我們就把骷髏頭鎖在廁所了。」如果你一輩子只看一個太空人的回憶錄，那一定要看馬朗的。

以說，靠著幾個人的脖子僵硬、背部扭傷、手肘瘀青，以及偶爾出言咒罵，搭乘阿波羅太空艙首度飛向月球的三位太空人可能面臨的未知危險已經克服得差不多了，太空艙也已經夠安全了。」

我和一位曾戴著頭盔搭乘霍羅曼空軍基地的「雛菊號」拖車六次的人談話，他曾經歷多次不同的落地姿勢。克萊現在已經六十六歲了，他最後一次搭乘是在一九六六年，承受重力有二十五G。我問克萊他有沒有受到長期的傷害？他回答我，他沒有任何不適，但是在交談的過程中，症狀漸漸浮現出來。到了現在，他承受側邊衝擊的那邊肩膀還是會疼痛。他退出計畫時被診斷出心血管破裂，還有一隻眼睛「略為移位」。

克萊很含蓄地對另外兩人表示同情，其中一人中耳破裂，另外一人搭乘阿波羅座椅時是頭下腳上地墜落，「下半身懸在半空中」，而且胃部破裂。

克萊表示，他既不怨恨也不後悔，更不會申請殘障補助：「我對我的貢獻感到自豪，我覺得他們進行阿波羅任務時，他們的頭盔之所以絲毫不會搖晃或是出任何問題，那是因為我測試過這些頭盔了。」在斯塔波發表「幾個人的脖子僵硬」那篇新聞稿的同時，一位叫作托維爾的受試者在報紙訪問中也表示了相同的感受：「只要我知道這可以讓我們的阿波羅號太空人在著陸時不會受傷，幾天的脖子僵硬睡不著覺，對我來說完全不成問題。」托維爾承受了二十五G的重力，三節脊椎骨周圍的軟組織都受到壓迫傷。

讓他們更有動機的，是一筆優渥的危險工作津貼。布瑞茲是霍羅曼空軍基地的獸醫，當時他每個月可以多領一百美元。克萊每周最多搭乘拖車三次，可以領到六十到六十五美元的津貼。他當時的每月基本薪資是七十二美元，相較之下，參與實驗的收入是一大筆錢。克萊告訴我：「我過的生活就跟軍官沒兩樣。」而且還有一大票人在排隊等著成為「雛菊號」拖車的自願受試者。但是在丹佛的史坦利航空就不是這麼回事了。NASA和這間公司簽訂了著陸衝擊研究合約，這裡的模擬太空艙會先被吊在半空中，接著被丟到具有各種不同壓縮性質的表面上，藉此觀察當太空艙脫離航道，沒有落在水中，而是落到泥地、碎石地，或是連鎖超市停車場時，太空人可能會受到的傷害。布瑞茲告訴我，那裡的測試薪水只有二十五美元，「他們找的是貧民窟裡那些流浪漢！」你可能以為這些無償受試材料的醜聞，對NASA來說會比使用屍體可能帶來的評論還要可怕，但是以前的人並不這麼想。在那個時候，流浪漢是「廢人」「乞丐」，屍體則是躺在絲緞枕頭上安息長眠的。

第一個從太空艙著陸失誤中存活的美國居民，承受的重力比任務計畫人員預估的多了三G。他的太空艙飛行的弧線高度比計畫的高了六萬八千公尺左右，著陸的位置偏離原先軌道七百一十公里。當搜救船在兩個半小時後找到太空艙時，太空艙已經進水三百六十多公斤，半淹沒在水中。在一片驚慌不安中，艙門打開了。這位太空旅行者還活著！一回到基地，他就跳進在空軍基地等待已久的士官長迪特米的雙臂之間。這位太空旅行者是一隻三歲大的黑猩猩，漢姆。（迪特米是漢姆的訓練員。）漢姆當然不只是第一次發生著陸失誤的太空艙乘客，牠還是第一個搭乘太空艙進入太空，而且活著回來的美國居民。也因此，牠讓水星任務的太空人理應享受的光芒，稍微變得有些黯淡。漢姆的這趟飛行廣受報導，也讓所有人知道了：太空人不會駕駛太空艙，是太空艙載著太空人飛。漢姆還有一位太空猩猩伙伴艾諾斯，牠早葛林三個月繞著地球軌道航行。這兩隻猩猩正是一個爭論至今的議題化身：太空人真的是必要的嗎？

8

人類毛茸茸的一步

漢姆與艾諾斯的奇異生涯

斯塔波航太公園裡到處都是會讓你受傷的東西。有十一枚歷史悠久的飛彈放在多刺的沙漠植物之中展示；當你走過碎石步道，會看到小小的名稱標示牌，上面寫著：**仙人球**、**小喬**、**紅刺蝟**。光看這些名字，有時候真的很難猜出這是火箭還是仙人掌的名字。**羽毛頭**是仙人掌還是會爆炸的火藥？從丘陵再往前走二十二公尺，又是個讓人摸不著頭緒的地方。這裡的旗杆基座上有通往公園和鄰近的「新墨西哥州太空歷史與國際太空名人堂」的入口標示，還有一個銅製墓碑和人行道齊平，上面寫著：**世界上第一隻太空猩猩漢姆**[1]。太空猩猩是棘手的拼裝怪物，人類不知道該怎麼看待牠們。牠們到底是猩猩還是太空人？是研究用動物還是國家英雄？人類到現在還無法做出決定。有人在墓前放了一個花籃，也有人放了一把塑膠香蕉。

你不能怪大家覺得混淆，因為漢姆和艾諾斯在一九六一年全副武裝，為美國首次進入高度較低的地球次軌道（一月份）以及地球軌道（十一月份）進行飛行演練；就某些方面來說，這兩隻黑猩猩的職業生涯和薛波與葛林根本相去不遠。雖然這些黑猩猩和兩位跟著牠們步伐進入太空的太空人並非一起接受訓練，但內容非常相似。他們在同樣的高度室中度過許多時間，在相同的拋物線飛行訓練中體驗無重力，而為了習慣起飛時的噪音、震動以及重力，他們也搭乘過一樣的旋轉離心機與振動桌。在大日子來臨時，太空猩猩和太空人都全副武裝，坐上同一部「氣流」公司製造的拖車前往起重架。

對這兩個物種來說，駕駛的責任也都輕鬆到根本不存在。水星任務太空艙就像漢姆的獸醫布瑞茲說的：「不是飛行器，是子彈。」只要往上空發射，打開降落傘，看著它們回來就好[2]。至於人和黑猩猩，布瑞茲說：「他們都是搭乘太空船的有機體。」水星計畫使用的科技是V-2飛彈、空蜂火箭，以及拋物線飛行的延伸成果。此時航太生物學家已經確認，人類在無重力狀態下可以正常運作幾秒鐘。但是如果是一個小時、一天、一周呢？生活在太空猩猩時代的布瑞茲說：「大家會問**為什麼要用猩猩**來做實驗？瑪莉，因為我們不知道會發生什麼事。」太空旅行的無重力和宇宙輻射，究竟會有什麼長期影響？（自從大霹靂過後，高能量的原子微粒就一直以驚人的速度畫破太空，地球的磁場會讓這些宇宙射線轉向，保護我們不受影響。但到了太空裡，這些無形的子彈就會通行無阻地直接穿透細胞，造成細胞突變。這個問題嚴重到讓太空人被列為輻射工作人員。）

過去那些艾伯特為水星計畫的飛行員鋪了路，漢姆、薛波以及其他成員，則為雙子星計畫的太空人鋪路，一個接著一個：雙子星計畫為阿波羅計畫鋪路，六個月的太空站任務為最終的火星長征鋪路。在這樣的過程中，每次的太空計畫都是行星科學進一步發展的機會。但以更宏觀的太空探索角度來說，每次的計畫基本上都是為未來時間更長、路途更遠的旅程所做的練習與準備。

零重力依舊是NASA的夢魘。葛林在一九六七年的媒體聯訪中表示：「最恐怖的就是無重力。很多眼科醫師覺得零重力會使得眼睛變形，造成視覺改變，所以人類在太空中可能根本看不到。」因

1 如果有逗號就好多了。「太空猩猩漢姆」很可能讓人聯想成「一塊用死掉的研究用動物做成的火腿」（「漢姆」音同英文的「火腿」）；不過就算真的是火腿，牠也不是第一個。一九五二年，一個令人訝異的「烤肉計畫」讓空軍的對外公關大受打擊。當時空軍用豬隻來測試安全帶安全，而在拖車墜毀測試中死去的豬隻，當晚就變成了伙食餐廳裡的菜色。

2 太空人**可以**利用方向推進器駕駛，但這並不必要。太空艙能夠以自動駕駛模式飛行，由地面操縱。用太空人柯林斯的話來說，這是「猩猩模式」。

此，如果你往葛林的太空艙裡看，會看到儀表板上貼了一個縮小版的視力檢查表。葛林被指示每二十分鐘就要看一次視力檢查表，此外船上還有色盲測試以及散光測試裝置。當我聽見葛林的歷史性飛行時，我心想：「老天，不知道身為第一個繞行地球軌道的NASA太空人是什麼感覺？」不過現在我知道了：就像是去看眼科醫生。

重力過大——在發射與重返地球時的數倍重力——也是NASA擔心的。太空人必須在出問題的時候，還能夠使用儀表板，但如果他伸出的手臂重達三十一公斤，而不是平常的四公斤，他還有沒有力氣舉起手臂？這就是為什麼漢姆（以及之後的艾諾斯）要花幾周的時間，學習操作讓牠們在飛行過程中會往儀表板伸手及拉拉桿的一套流程。拉拉桿也能讓研究人員追蹤黑猩猩在飛行過程中，認知能力是否會衰退。他們的目標是確保零重力以及其他尚未發現的未知因素，都不會讓太空飛行員失去判斷力，或是拉長他們的反應時間。

由於水星任務的飛行員都是以黃金標準遴選的超厲害的軍隊測試飛行員，這樣的憂慮似乎站不住腳。這些人雖然沒去過太空，但已經在進入太空的門檻邊晃盪得夠久，所以他們信心滿滿，覺得自己不會有問題。在爬升與俯衝訓練中，這些測試飛行員已經忍受過比水星任務更嚴苛、時間更長的重力。雖然他們不擔心自己的能力，但是足以讓他們憂心的，就是他們搭乘的工具。在發射前兩個月，負責將薛波的太空艙帶進太空的紅石火箭，導航系統一直出問題，而且硬體方面還有七項修改尚未在實際飛行中測試過。這就是NASA先送黑猩猩上太空的另外一個原因。（後來，他們為這樣的謹慎感到後悔。因為在薛波升空前三周，蘇俄太空人蓋加林搶先成為第一位進入太空的人類。）

漢姆的飛行相當於公開宣告，這位太空「人」、這位美國英雄，不只是一隻受到褒揚的黑猩猩而已。布瑞茲告訴我：「被一隻黑猩猩超前，對他們的自尊是一大打擊。」太空人一定寧願NASA進行的是另一次安靜的假人升空。在漢姆飛行的前幾個月，一個太空艙搭載了一個「會呼吸的模擬成員」[3]升空，因為它會消耗氧氣，製造二氧化碳，測試艙內的感應器。雖然這種測試也可以解釋成假人就可以取代人類的工作，但是媒體對假人測試飛行的報導，並不如報導黑猩猩飛行般熱烈。薛波和葛林進入太空船時，發給猩猩香蕉藥丸的機器已經拆除，但是這個污點卻揮之不去。就像戰鬥機飛行員「太空先鋒」葉格著名的那句話：「我不想在我進入座艙時，還得先從椅子上掃掉猴子大便。」

雖然漢姆、艾諾斯和接替牠們的人，都在甘迺迪太空中心裡太空人生活和工作的著名S停機棚旁的拖車受訓，但布瑞茲說，他記得自己只和薛波交談過一兩次：「我們不怎麼打交道。」艾諾斯的獸醫芬格也同意：「他們不想承認我們也在那裡。」關於猩猩的笑話接受度也很低。布瑞茲告訴我，當初太空猩猩和太空人搭乘去發射台的休旅車裡貼了一張公告，「上面畫了薛波的飛行軌道，而我們仔

3 模擬太空人是從人造衛星時代就開始的傳統，當時蘇聯使用一個取名為伊凡諾維奇的假人模型進行測試飛行，有時也會用錄音帶測試聲音傳輸。一開始有人提議用一卷人類唱歌的錄音帶，這樣一來西方竊聽站就會知道這不是間諜。但有人指出，這樣會引發蘇俄太空間諜發瘋了的謠傳。這卷錄音帶最後被換成聖歌合唱團的聲音，因為就算是最好騙的西方情報員都知道你不可能把一個合唱團放到史潑尼克號飛船衛星上。另外他們還放了一段朗誦俄國湯品食譜的錄音。模擬太空「人」艾諾斯進入地球軌道時，太空船上也有一卷檢查聲音傳輸的錄音帶，錄音內容是：「船長，這是太空人，現在看著窗外，景色優美……」這段話使得甘迺迪總統向全世界宣布：「黑猩猩在十點零八分升空，牠回報一切都很好，萬事順利。」難怪俄國情報單位KGB會謠傳美國總統瘋了。

細地把漢姆的軌道畫得更高又更遠。（因為儀器故障，漢姆的飛行高度比預計的高了六萬八千公尺左右。）結果這真的惹毛了一些人。那張紙一分鐘後就消失了。」水星任務發射台主任溫德特曾經斥責薛波，威脅要用給香蕉就能工作的那些傢伙代替他。據說薛波氣得拿菸灰缸丟他的頭。

葛林對黑猩猩的笑話比較沒那麼在意，反應不像薛波那麼激動。因為艾諾斯不像當初漢姆那樣備受媒體關注。當漢姆升空時，蘇聯的貝爾卡和斯特雷爾卡兩隻狗已經繞行地球軌道結束，平安活著回來，所以媒體對美國進入太空的里程碑已經等得有些不耐煩了；也因此當漢姆活著落地時，媒體不是把牠當成實驗用動物報導，比較像把牠當成一個矮一點、毛多一點的太空人。這隻黑猩猩穿著網狀飛行衣[4]，出現在《生活》雜誌的封面，標題是「信心滿滿的『漢姆』從太空回來了」。民眾都瘋狂搶購這期雜誌。漢姆在飛行後回到霍羅曼空軍基地的黑猩猩住所，那裡湧進了大批的信件、花束、禮物。大家還把自己買的《生活》雜誌寄過去，要求漢姆幫他們「簽名」。霍羅曼的工作人員也很有毅力地遵命行事，把牠的小手一而再、再而三地壓在印泥上，數量多到現在有漢姆「簽名」的《生活》雜誌在拍賣網站上只有四美元的價值。（而且有可能是造假的。布瑞茲告訴我，當初因為怕漢姆會「累壞了」，工作人員「過了一段時間後，就開始用其他猩猩的手蓋章代替漢姆。」）

在新聞資料庫裡，關於漢姆的報導通常是關於艾諾斯報導的五倍。芬格說：「艾諾斯沒有那種魅力，而且牠也不是第一隻。」所以葛林的光芒比較少被這位猩猩前輩給搶走。此外，葛林也用自嘲的方式轉化這種惡意的比較。他告訴國會聽眾，他曾經很難堪地被甘迺迪總統的小女兒卡洛琳問道：「猴子在哪裡？[5]」當時總統就站在旁邊。

艾諾斯不受歡迎的程度，差可比擬漢姆受寵的程度。你可以從新聞報導中看出來，芬格竭盡所能地用正面的方式來描述艾諾斯。現在芬格提到艾諾斯用的是「頑固」和「壞脾氣」這種詞，但當時他都說牠是「安靜、沉默，擔任團體支柱的類型。」

芬格在我們談話時回想對艾諾斯的印象：「牠很卑鄙。」他說員工都叫牠「艾諾斯老二」，「因為牠根本是個痞子。」

「你的意思是牠很會耍流氓？」

「對。」

---

4 漢姆和艾諾斯在加壓的空間裡進行太空旅行，所以牠們不用穿加壓的太空裝或戴頭盔。儘管如此，他們還是發展了一些猩猩太空裝的原型，其中之一是「SPCA裝」——由縮寫為SPCA的「防止虐待動物協會」認證過的人道太空裝。《美國太空裝》一書的作者之一麥克曼在電子郵件裡告訴我：「要證明太空裝對人類而言是安全的，我們必須在猩猩身上先測試；但要證明太空裝對猩猩來說是安全的，我們就必須在人類身上測試。這讓人覺得很不可思議。」

5 這件事是大家對卡洛琳揮之不去的印象。三個月之前，大約是艾諾斯升空的時候，賈姬甘迺迪為女兒第一次在白宮的生日會租了一隻猴子，這件事在當時被各家新聞通訊社大肆報導。除了活生生的猴子之外，這場生日會還有「果凍三明治」、哨子、「在白宮地板上上下下的」三輪車，以及賈姬的鎮靜劑——希望真的有。卡洛琳一定很想要自己的太空猩猩。這是很合理的期望，畢竟赫魯雪夫都把太空狗狗之一的斯特雷爾卡送給她母親賈姬當禮物了。這隻小狗是禮物，但也是示威的物品，因為斯特雷爾卡比艾諾斯早一年進入軌道。根據《太空中的動物》書中所述，這隻狗被送來時，不只受到白宮員工的詳細檢查，還照了X光。「檢查牠身上有無任何蟲子或是可能帶來末日的裝置。」

不過在《太空中的動物》這本書裡，作者對「艾諾斯老二」這個綽號的起源有全然不同的解釋。書裡說「艾諾斯老二」這個名字是因為這隻黑猩猩很喜歡手淫。在牠繞軌道飛行時，NASA在牠的陰莖上裝了氣囊導管，部分原因就是要阻止牠這麼做（漢姆和艾諾斯的飛行全程都受到錄影）。飛行途中因為拉桿故障，所以艾諾斯在反應正確時得到的不是香蕉藥丸而是電擊，生氣的艾諾斯便拔掉導管，「開始在攝影機前自慰。」至少故事是這麼說的。

我在政府檔案館辛苦找了好幾天艾諾斯的限制級影片，結果我找到漢姆的飛行影片，還有艾諾斯準備升空的影片，但是找不到艾諾斯在太空艙裡拉拉桿的影片——不管是牠拉自己的「拉桿」或NASA的拉桿都沒有。所以我又聯絡了芬格。

他說：「我不知道這是哪來的說法，我和艾諾斯共事了好幾年，從來沒看牠做過那種事。牠之所以有這個名字，是因為牠的脾氣不好。」

「所以裝尿管不是為了讓牠不能自己來？」我通常不會這麼委婉，不過芬格是那種會用「後面」這種間接字眼的人，例如：「我有一張他咬我後面的照片。」結果那個導管是裝在猩猩的大腿動脈（監測牠的血壓），而不是裝在尿道的位置。

我對這件事還是有點懷疑，所以我打電話給芬格的同事布瑞茲，他是漢姆的獸醫，不過也和艾諾斯工作過。

布瑞茲說：「哪有這回事。雖然大部分的公猩猩都會自娛，但是牠根本做不到。」布瑞茲解釋，太空艙裡的座椅就設計成黑猩猩不能碰觸到腰部下方身體的形態，這樣在飛行過程中，牠們才不能拔掉插在動脈上的導管。布瑞茲同意芬格的說法：艾諾斯沒有這種問題。

我聯絡了《太空中的動物》一書的作者之一達伯斯，想知道這種說法究竟從何而來。他轉寄給我一篇文章，是同書作者在烏巴迪博士的網站上看到的。烏巴迪的版本裡還有相當有趣的新細節：「在後續的記者會上，艾諾斯一開頭就扯下了牠的尿布。NASA的人嚇壞了，擔心接下來可能會發生的事。還好艾諾斯有格調，克制了自己的行為。」

烏巴迪博士回覆的電子郵件裡說他在二〇〇七年的《太空競賽》一書中看到這個故事。在這個版本裡，艾諾斯更不受控制了：「牠一脫掉褲子，照相機就紛紛按下快門，閃光燈像鑽石一般閃耀，讓艾諾斯的名字不只因為牠的航空成就，更因為牠的獨特嗜好而永存在世人的記憶中。」我向作者詢問，但沒有得到任何回應。不過 google 書籍搜尋引擎則讓其他的引用資料接二連三出土。二〇〇六年出版的《月球的黑暗面》一書中描述：「在結束飛行隔天的記者會上，牠讓NASA的教練嚇壞了。因為牠把自己的尿布扯掉，然後開始自慰。」這裡引用的又是另外一本關於阿波羅競賽的書：史卡夫特在一九九九年出版的《競賽》。

「（艾諾斯）在訓練當中會脫掉自己的尿布，開始手淫。牠的教練和獸醫認為，如果他們裝一根導管讓牠排尿，而不是使用類似保險套接著管子的裝置，牠就會停止這樣的行為。結果沒有用……後來他們設計了一種更進步的導管，上面裝著一個小小的充氣囊，增加拆除的困難。」在那短短的幾行裡，史卡夫特讓自己成為某位書評口中「不因描述事實而讓故事顯得枯燥乏味」的作者。保險套管裝置聽起來像是設計給水星任務的太空人在太空飛行時使用的尿液收集裝置，但這從來不曾用在猩猩身上過，而且也很難想像有人願意承受幫黑猩猩裝導尿管的巨大風險及麻煩，只為了讓牠在訓練期間不要自娛。至於氣囊導管則是在一九六三年取得專利的東西——是艾諾斯升空**之後**兩年的事。氣囊導管是清除血栓的工具，不是阻止黑猩猩手淫的設備。《競賽》這本書沒有任何參考資料或參考書目，史卡夫特本人則死於二〇〇一年。

有意思的是，史卡夫特從來沒說過艾諾斯曾在太空飛行期間手淫。他只說牠把自己的導管拔掉；他也沒有說過艾諾斯在飛行結束後的記者會上自慰（這場記者會順利地在距離艾諾斯的太空艙發現地點不遠的百慕達金得利空軍基地舉行）。史卡夫特描述事件在甘迺迪太空中心發生，不是在記者會上。當時艾諾斯正在幾個記者和NASA官員面前，走下從百慕達回來的飛機階梯。而且牠只是脫掉尿布而已。

這個故事就像很多故事一樣，每次被人重複講述時都會被添加更多細節，有更多變化，直到艾諾斯成為世界上第一隻進入地球軌道的有機體，生還後還厚顏無恥地在一片相機海和閃個不停的鎂光燈前手淫為止。

參加完百慕達這場聲名狼籍的太空艙落海後記者會，美聯社記者的報導是這樣開頭的：「由霍羅曼空軍基地訓練、從外太空回來後首度公開露面的太空猩猩，在周四的記者會上連空翻都不願意表演給媒體看。芬格上尉表示：『牠很喜歡擺酷，不是那種愛表演的類型。』」

艾諾斯，你的名聲恢復清白了。

一陣熱風吹上漢姆墓前的花束。我頂著中午的烈日瞇著眼，一邊吃我的三明治，一邊讓自己解凍，我在冷氣強得像冰庫一樣的博物館待了一早上。現在我知道銅牌背後的故事了。在漢姆生前環繞著牠的謎團，直到牠死後都沒有解開。國際太空名人堂接到來自媒體和大眾轟炸般的詢問（這是他們自己說的），想知道漢姆遺體的命運。這是一件令人很困窘的事情。對於一隻死去的太空猩猩，到底怎麼處理才恰當？讓牠進忠烈祠還是焚化爐？

從柯萬上校草擬的一封信當中，可以看到空軍基地的明確立場：漢姆是具有歷史意義的物件。柯萬不斷地以「屍體」指稱漢姆的遺體，並且建議在解剖驗屍後，漢姆的骨頭應該要從身體內取出，讓史密斯森研究中心的噬肉甲蟲清掉殘餘的血肉，再送到美國軍方病理學研究中心檔案館保存。

漢姆的毛皮已經先取下，如果史密斯森中心想製作標本就可以使用。我覺得這不是個好主意。我看過漢姆升空後十年的照片，牠在退休生活中胖了四十五公斤以上，而且還掉了幾顆牙齒，其他沒掉的牙齒也以奇怪的角度突出嘴巴。一點都認不出來牠就是《生活》雜誌上那隻穿著飛行服，臉色紅潤的年輕猩猩；牠看起來比較像《飛狼》影集裡的老演員阿尼斯特伯尼。

但是沒有人問過我的意見。史密斯森中心宣布他們計畫將漢姆的毛皮填充成標本，讓它成為國際太空名人堂「室內漢姆展」的展品之一，這個展覽當時的內容是「一張漢姆的照片」。民眾對此的反應非常激烈。檔案館裡保存了其中的一些信件：「各位：漢姆是國家英雄，不是一件東西……你也會提議要填充葛林的遺體嗎？」「黑猩猩**不是**甜椒鑲肉。」等等。《華盛頓郵報》的標題照例用了雙關語：「錯到這步田（填）地」，而該報專欄作家一篇影射史密斯森中心有共產黨傾向的特稿，更是對全民的憤怒火上加油。「我們唯一想得到被填充長久展示的國家英雄，只有蘇俄的列寧和中國的毛澤東。」（依照共產黨人喜歡填充英雄人物的傾向，蘇聯太空狗貝爾卡和斯特雷爾卡也並肩站在莫斯科太空人紀念館的玻璃櫃裡，頭抬得高高地，彷彿望著天空或是等著被餵食。）

因此，後續的聲明稿很快出爐，說明漢姆不會被填充處理，而是會在名人堂旗杆座前方的一小塊空地為牠舉行「英雄的葬禮，類似森林防火宣導熊『煙燻』[6]那樣。」而漢姆解剖後留下的遺骸、取出的骨架、剝除的皮毛等東西的下場就很難想像了。無論如何，你也只能假設那就是放在這些花朵下的東西。

這麼一來，博物館就得規畫適當的告別式。他們需要一位受尊敬的公眾人物願意出席，為漢姆對美國的人類太空探險貢獻說幾句話。他們的公關顯然火燒屁股了，居然寫了一封信邀請討厭漢姆出了名的薛波來致詞。這封信提到薛波應該會很享受「來自全國各領域媒體的關注」，說得好像薛波這位第一個進入太空的美國人會想要或是需要媒體的關注；而且還是在一個他的鋒頭可能又得被一隻猩猩給搶走的場合。這封信的作者承認：「關於這個情況，會有些笑話以及有時『不好笑』的幽默說法。」作者在此使用引號實在有欠考量，因為看起來很像她本人覺得這些笑話很好笑。

回信的信紙是總部在德州的酷爾斯啤酒經銷商用紙，薛波在這間公司擔任董事長。信中感謝博物館「體貼的邀請」，並表達他無法出席的遺憾，由薛波的祕書打字，署名JC。而且信上沒有簽名。不屈不撓的名人堂公關接著找上了葛林，這時他已經不只是太空人，而且還是參議員和總統候選人。葛林以已有預定行程為由，有禮貌地拒絕了。

《阿布奎基日報》有一則關於葬禮的簡短報導。從文章旁的照片來看，旗杆座旁只有大約四十位的零星民眾參加葬禮。「斯塔波上校發表了簡短的致詞，阿布奎基女童子軍三十四團在小小的紀念牌上獻了一個花環。」斯塔波負責霍羅曼空軍基地的拖車撞擊研究計畫，不論是航太或汽車安全研究，只要是對空軍人員太過危險的測試，都經常使用霍羅曼基地的那些猩猩，因此選擇斯塔波來致詞，既可說合適，又可說不合適。他對於這些人類近親的壯烈犧牲再清楚也不過了，但他也是在同意那些犧牲的文件上簽名的人。他的致詞儘管缺乏感情[7]，但還是表達了尊重之意——這是少見的提及大量重力數值的悼念詞。

艾諾斯沒有葬禮。霍羅曼空軍基地的猩猩登錄簿裡[8]，附注艾諾斯的「遺骸在史密斯森中心」，但那裡好像沒有人知道牠最終的下落。《太空中的動物》一書作者達伯斯訪問了負責切開艾諾斯眼

---

6 說來奇怪，防火宣導熊「煙燻」（Smokey）也葬在新墨西哥州。「煙燻」是一隻森林保育卡通吉祥物的名字，但實際上墓地裡面埋葬的不是這隻卡通熊，而是一隻在新墨西哥州火災時喪生的小黑熊，並以宣導熊的名字「煙燻」為牠取名。這個吉祥物的官方名字引起很多困惑，因為用的是像食物名稱的「煙燻熊」（Smokey Bear），而非比較像名字的「大熊煙燻」（Smokey the Bear）。就像新墨西哥州的官方名稱是「魅惑大地」（Land of Enchantment），不是「穿褲子的動物紀念館大地」（Land of Pants-Wearing-Animal Memorials）（現在有許多擬人化的動物紀念場所都位於此州）。

7 這不是說斯塔波沒有感情，這位上校會為他在美國芭蕾舞團擔任舞者的妻子莉莉安寫十四行詩和情詩。這些詩作都收錄在斯塔波的詩集中，以一本五美元的價格在新墨西哥州太空歷史博物館的紀念品店販售。斯塔波在漢姆的葬禮上並沒有朗誦自己的作品，不過他寫過的某句話其實很適合這個場合：「如果黑猩猩能說話，我們會希望牠們閉嘴。」

8 漢姆曾經兩度出現在登錄簿上，第一次的名字是「張」，第二次是「漢姆」（漢姆的英文 Ham 其實是「霍羅曼航空醫學」的縮寫）。當牠被選為升空的最後人選時，政府官員決定重新幫牠取名，以免一隻名字是「張」的猩猩冒犯了中國人。為了保險起見，之後的猩猩都以霍羅曼基地的員工為名，或是以牠們本身特色取名，例如「醜醜」「緊張小姐」「大壞蛋」「大耳朵」等等。

球，研究宇宙放射線影響的女士之子，但他表示自己對這隻猩猩的其他殘骸一無所知。看來牠的身體被切割成了不同部位以供研究。這也是研究用動物常見與適切的命運。

不論如何，這就是漢姆和艾諾斯的意義。牠們在這個國家努力探索太空的過程中扮演了關鍵的角色，但我不會稱牠們是「英雄」。原因很簡單，牠們做的事都沒有「勇敢」可言。「英勇」應該是當事者了解相關的危險後，依舊選擇從事這樣的行為。但就漢姆所知，一九六一年的一月三十一號，只不過是牠在金屬小房間裡又度過的奇怪的一天。也許薛波的專業沒有在測試駕駛時派上用場，但他確實很有膽識。他讓自己被綁在一枚飛彈尖端的小空間裡，利用爆炸力衝進太空中。在當時來說，全世界只有另外一個人和他有一樣的勇氣，進行這麼瘋狂又危險的事。

決定讓一隻黑猩猩在太空人升空前先進入太空，不管就哪方面來說，也都不是一個簡單的決定。在要勝過蘇聯的龐大壓力下，NASA必須權衡水星任務成員將面臨的危險。此外，他們對自己的硬體也缺乏信心。阿波羅計畫的早期也同樣瀰漫著緊急與謹慎交織的氛圍。眼看蘇聯在太空中頻頻先馳得點：第一個人造衛星、第一隻進入地球軌道的活體動物（萊卡）、第一次從軌道生還的動物（貝爾卡和斯特雷爾卡）、第一個進入軌道的人類、第一次太空漫步，美國下定決心絕對要先登陸月球。當甘迺迪總統宣布了登陸月球的最後期限，NASA更是如火如荼地進行他們的工作。到了一九六〇年代尾聲，美國終於能把人類送上月球了。或說，很接近了。

第一面插在月球上的美國國旗，可能是猩猩放的。

從一九六二年五月到一九六三年十一月之間，美聯社資深記者威廉斯送出了四份報導，描述他採訪霍羅曼航空醫學研究實驗室，參觀新的猩猩設施的情況。他所謂的「猩猩學校」是斥資一百萬美元，從過去訓練水星任務的漢姆、艾諾斯及其他猩猩的骯髒訓練中心所延伸加蓋的新建築。這裡有二十六位員工，由室外跑道連接的全新籠子「宿舍」，還有一間外科手術室、一間廚房，以及「新的複雜的祕密的」任務課程。威廉斯的系列報導在美國數十份報紙上連載，每家報社的標題各異，但內容大多如同上述，而且幾乎所有報紙都強調登月任務的可能性：「第一次從美國到月球？太空猩猩[9]認真進行祕密太空計畫。」「霍羅曼基地的猴子可能搶先登陸月球。」「太空猩猩學校畢業生可能登陸月球。」

威廉斯描述這間學校的「博士」巴比喬坐在假儀表板前，努力不懈地操作一根操縱桿，讓十字線停留在圈圈裡。威廉斯的嚮導雷諾茲少校說：「牠一定可以引導太空船進入太空，再讓它返回地球。」雷諾茲少校是貝勒醫學院的未來院長。在另外一次的採訪中，威廉斯透過一艘「模擬太空船」的窗戶凝視猩猩葛蘭達。葛蘭達已經在裡面睡覺和工作三天了，和正常太空人的輪值時間一樣。她還有兩天要待。

「五天」是阿波羅十一號太空人抵達月球，插上美國國旗所需要的時間。這是真的嗎？NASA

---

9 在暴怒的詞源學家寫信抗議後，霍羅曼基地就不再使用這個詞了。「太空人」的英文字尾 naut 源自希臘文和拉丁文，指的是船隻與航行。「太空人」（Astronaut）意思是「太空中的航行者」。「太空猩猩」（Chimponaut）意思是「穿著水手服的猩猩」。

和空軍是否計畫把訓練過的猩猩一去不回地送上月球，打敗蘇聯？來回是絕對不可能的。讓太空船從月球起飛，再和人造衛星對接，已經遠遠超出黑猩猩的能力。但如果是直接把太空艙發射到月球著陸，那就完全可以由地面中心控制，就像現在遙控登陸的無人漫遊車一樣。

最麻煩的部分就是，如果有黑猩猩英雄喪生，他們要怎麼巧妙地處理公關問題。最好不要照著蘇聯的劇本走。一九五七年十一月，一隻成熟又有耐心的莫斯科流浪狗[10]萊卡什麼裝備都沒穿，就被放進加壓的太空艙裡發射出去，成為第一隻繞著地球軌道運行的活體動物。遺憾的是，他們沒有任何讓牠安全回來的計畫或方法。蘇聯官員對這件事三緘其口了一個多禮拜，拒絕談論萊卡的死活。他們無視來自媒體與動物權團體的疑問。直到所有的紛擾與怒氣，已經掩蓋了他們的成就所應得的光芒，於是在發射九天後，莫斯科電台終於承認萊卡已經死亡，但詳細情況依舊有待眾人揣測。一九九三年，萊卡的訓練師葛詹珂告訴《太空中的動物》作者之一，萊卡應該在升空四小時後就死於因故障而過熱的太空艙內。

也許送一個自願的人類上太空比較不丟臉。一九六二年，威廉斯交出他前往猩猩學校採訪報導的同年，周日增刊報紙《本周》的一篇文章暗示，蘇聯正在考慮讓太空人進行單程登月任務；太空歷史學家篤林和《飛彈與火箭》《航空周與太空科技》《航太工程》等資訊來源在同一年也都詳細描述了NASA內部有類似的任務提案。「單程單人」的月球探險是貝爾空間系統兩位工程師柯爾德和希爾想出來的。柯爾德說：「這樣比較便宜、比較快，可能也是唯一能打敗蘇俄人的方法。」篤林指出，當時所收集到的情報顯示，蘇聯可能早在一九六五年就有能力將太空船降落在月球上（美國在一九六九年登陸月球）。

不管是蘇聯或是美國的版本，都沒有提議讓這個可憐的太空人在月球上死去。可能一到三年後就會有人來接他——他們一知道怎麼做、怎麼製造硬體，就會馬上出發。在他升空後，還會有九次的發射計畫，送出生存模組、通訊模組與設備，還有建造模組所需的設備，以及他們預計他在等待下一班車的期間內，維生所需的四千五百公斤的食物、飲水和氧氣。

誰會同意做這一趟旅行？柯爾德和希爾寫道：「我們誠心相信，就算生還的機會渺茫，還是會有符合資格而且有能力的人自願參與這項任務。」我相信。就算是現在，也有太空人很樂意簽名同意進行單程的火星任務。目前的情況並不保證一定可以回來，不過這些隊員可以在無人駕駛的補給登陸艇的協助下度過餘生。太空人東巴爾向《紐約客》作家古魯普曼表示：「我這輩子都在接受上太空的訓練，如果我的生命在火星任務中結束，倒也不是什麼壞事。」泰勒斯可娃是第一位上太空的女性，她在二〇〇七年的訪問中表示，登陸火星是早期俄國太空人的夢想，她也相當樂意以目前七十二歲的高齡，親自實現這個夢想：「我準備好一去不回了。」不過要持續發射數年或數十年的補給船的費用或困難度，可能不會比想辦法利用火星資源製造上升引擎所需的燃料技術來得少或是輕鬆；其實也可以在無人駕駛的補給艇上，裝載回程所需要的燃料與硬體設備，而不是生存物資。

篤林認為，NASA不可能有人確實認真考慮過柯爾德和希爾的單程登月任務提議。但是這個提

10 太空歷史學家席迪奇表示，蘇聯比較喜歡訓練狗進行太空旅行，因為猩猩太容易激動，也太容易感冒，而且「比較難幫牠們著裝。」另一個原因是蘇聯的太空計畫主導人科羅列夫很喜歡狗。美國和蘇聯都會為無名士兵建造忠烈祠，但只有蘇聯會為這些無名狗修墳（就在聖彼得堡外），紀念這些犬科研究用動物的貢獻。

議讓人開始相信，航太界可能真的很短暫地考慮過讓猩猩進行單程升空任務。

我回頭讀了威廉斯的美聯社報導。在標題之外，其實沒有任何明確提到登月任務的文字。難道是報紙[11]編輯自由發揮，好讓報導更吸引人？我需要其他的消息來源。但是雷諾茲少校已經死了，芬格在一九六二年離開了霍羅曼基地，他和布瑞茲都說他們想不起來聽過這種事，不過布瑞茲記得他在聖安東尼奧附近的布魯克斯空軍基地裡看過恆河猴接受使用操縱桿的訓練。他在電子郵件中告訴我：「他們想試試看猴子能不能真的駕駛，而牠們的表現很好！」布瑞茲不知道當時這個計畫的最終目標是什麼。我知道黑猩猩直到一九六四年都還在布魯克斯基地接受太空相關的任務訓練，因為我找到一篇論文，內容提到一隻黑猩猩在模擬太空船中受傷，因為牠腳上的金屬板失靈，送出比慣例「輕微但不舒服」的電擊更大的電流。

空軍歷史學家普利費卡多正在撰寫一本以萊特派德森空軍基地為主題的書，這裡是六〇年代航太醫學研究的重鎮之一。我和他聯絡，他回答：「當初非常可能真的有把猩猩送上月球的計畫。」他補充說，大部分的靈長類研究都依舊列為機密，這麼一來，芬格和布瑞茲（還有普利費卡多）都不能說出他們知道的事。所以是誰告訴美聯社記者的？普利費卡多說，可能是訪問對象說溜了嘴，讓他意外得到消息。

霍羅曼空軍基地距離新墨西哥州太空歷史博物館只有十分鐘車程，說不定基地裡保存的檔案會有答案。博物館館長豪斯給了我一個電話號碼，讓我碰碰運氣。我的電話被那裡的員工轉來轉去，像是他們手上的燙手山芋，直到他們找到「專門對媒體說謊的人」為止。這位「專門對媒體說謊的人」表示，目前存放基地所有過去檔案的房間是上鎖的，只有管理員有鑰匙，不過霍羅曼基地目前沒有管理員。顯然新任管理員的第一件工作，就會是**找到打開檔案室的方法**。現在我確定了：把猩猩送上月球的檔案一定就鎖在那裡，艾諾斯的色情錄影帶以及斯塔波上校穿著芭蕾舞蓬蓬裙的照片也在裡面。阿布奎基是最早測試原子彈的地方，距離羅茲威爾還有空軍祕密飛行器實驗場兼幽浮轉運中心的五十一區也不遠，偏執與妄想已經是這裡的生活方式。豪斯說內容包含**靈長類**這個字的電子郵件都在寄往他的電腦的途中神祕消失了，我寄出的一些郵件也包括在內。但是豪斯不覺得這與猩猩的祕密登月任務有關，他說這是「善待動物組織」所發起的法律訴訟所導致。這起訴訟並不是控告空軍本身，而是控告在一九七〇年代空軍不再使用這些猩猩時，負責照顧猩猩的那些單位，不過說「照顧」還太抬舉這些單位了。原來是這樣。

我回到飛彈花園，再度翻閱我影印的文件，此時我注意到一件先前忽略的事。有一篇文章寫，在猩猩葛蘭達被拉出太空艙之前，牠「必須重新適應地球大氣層的衝突。」這表示葛蘭達的模擬任務是來回的，不是單程的。

我猜葛蘭達是模擬雙子星任務的太空人（一九六五到一九六六年的雙子星太空計畫是阿波羅登月任務的前導任務）。從一九六四年到一九六六年初，「猩猩學校」裡的靈長類都被用來尋找各種問題

11 這些不是什麼大報紙。頭條盡是些誇張的報導，像是「黑牌獲選為最佳啤酒」或是「科學能治好痔瘡」之類會讓讀者誤以為廣告是新聞報導的報紙。更別說還有令人疑惑的「小偷得手漢姆」。我一開始以為這是太空猩猩的綁架案，結果是兩個人偷偷把超市的後門打開，竊取了一打約一．四公斤重的黑鷹牌罐裝火腿（音同「漢姆」），還有半打的兩百二十公克裝的威爾森罐裝火腿（這個牌子顯然比較不優）。

的答案。例如：如果太空人在艙外時加壓裝破掉會怎麼樣？為了回答這個問題，有一系列猩猩團隊模擬艙外活動。負責報導的美聯社記者說：「過去科學家相信，直接暴露在太空的真空中會讓人死亡，因為血液會沸騰，缺乏大氣壓力可能也會造成身體膨脹，最後爆炸[12]。」這又是霍羅曼基地不能打開檔案室的門的另一個原因。

由猩猩擔任駕駛進行登月任務的可能性確實曾經被認真列入考量，因為這個提案曾刊登在新聞中，藉以說明阿波羅太空計畫的政治性。目標是什麼？簡單明瞭：搶先一步登陸就對了。第一次登陸月球要進行的科學任務比較像是馬後砲：**到那邊的時候順便拿點石頭回來，知道嗎？**直到進行了六次登月任務後，第一位地質學家才搭乘阿波羅十七號踏上月球。

冷戰已經結束了，太空探索的目標表面上好像也回歸科學本質，因此有些人覺得這些科學研究如果由機器登陸艇進行，會比較有效——或至少比較符合成本效益。不過使用人類進行太空探索與行星科學研究的主要原因，其實是要維持大眾對此的興趣，繼續支持這些計畫。就像俗話說的：「沒錢沒英雄。」

但也有人持不同意見。行星地質學家哈維說：「如果你的問題很明確，例如：火星上的岩石有多硬？那讓機器人去找答案是最完美的了。如果你的問題比較宏觀，像是『火星的歷史是怎麼發展的？』就需要很多很多的機器人；但這種問題交給人類，一到兩個人就夠了。因為人類有一種很棒的工具，叫做直覺。人類的直覺是由各種經驗所組成的，他們能即時運用這些過去的經驗。只要看著一個景象一分鐘（不管是在火星或是在犯罪現場），人類就會知道這裡發生過什麼事。」哈維曾協助規畫月球遠征研究內容。

哈維負責主導南極隕石研究計畫二十三年，因此他非常清楚在極端艱困的條件下進行地質研究是怎麼一回事。我訪問他的時候，他剛從NASA高達航太中心回來。他在那裡協助規畫即將在二〇二五年進行的橫越月球計畫[13]。

為什麼在月球遠足要花**十五年**的時間計畫？等等你就知道了。

12 和一般的看法相反，就算太空裝破掉或太空船失壓，太空人的血液也不會沸騰。他的身體可能會腫脹，但不會爆炸。某種程度上來說，身體就是一種血液加壓裝，讓溶解的氣體維持在液體形態。只有直接暴露在真空下的體液才會沸騰（就像NASA在一九六五年的一位穿著有縫的太空裝進入高度室的受試者所說，他在失去意識前記得的最後一件事，就是他的口水在舌頭上燒滾的感覺）。此外，為了能夠在產生撕裂或漏縫的情況下有補救的機會，目前艙外活動太空裝的設計是施以比實際所需更大的壓力。總之底線是：假設太空人還有氧氣供給，在太空裝裂開減壓時，他有大約兩分鐘的時間可以找出並解決問題，超過兩分鐘，他就麻煩了。這是從真空室實驗裡得到的結論，不過如果你知道實驗細節，你可能也會血液沸騰。

13 也可能不會，前提是NASA二〇一〇年的預算要通過才行。

9

下個加油站：三十二萬公里

籌畫遠征月球很難，但籌畫模擬遠征更難

很久很久以前，太空人駕駛開放式的雙人電動車環繞月球，也就是你在高爾夫球場會看到的球車，或是邁阿密的熟食店好意接送年長顧客到停車場的那種電動車。這種車使得七〇年代的人覺得月球探索很輕鬆，像是退休後的社區生活的感覺。但現在不是這麼一回事了。NASA新的漫遊車原型看起來比較像未來露營車，整輛車的內部都是加壓狀態，這是好事，因為太空人在車內就能脫掉笨重又不舒服的白色泡泡頭艙外活動裝。NASA對加壓內部的簡單說明是：「穿襯衫的環境」，不禁讓我想像穿著馬球衫但沒穿褲子的太空人模樣。如果NASA在月球上建立一個境外軍事基地[1]，太空人必須負責巡邏的範圍將是前所未有的廣闊，複雜度也是過去經驗難以匹敵的。探索團隊必須搭乘兩輛車出發，每日會合，每次巡邏都要兩周後才能回到基地。新型的漫遊車可以容納兩個人在裡面睡覺，還配有溫熱食物的設備，以及一個附「隱私簾」的廁所和兩個杯架。

真正的加壓漫遊車原型在類比環境（與月球表面相似的地表）測試前，NASA先進行了粗略的剪接版測試，也就是從十四天的全境探索中「節錄」兩天，利用類似尺寸的地球車輛進行探索。模擬全境探索可以幫助NASA確實了解「績效與生產力」，例如能完成多少工作、要花多少時間、可行與不可行的事項等等。這個夏天的小型加壓漫遊車[2]模擬器是一台橘色悍馬吉普車，要在加拿大高緯度極區丹佛島上的霍盾火星計畫研究站進行模擬。（丹佛島和火星的某些地方很相似，因此這裡也是模擬火星全境探索的地點。）

簡單來說，丹佛島是不使用火箭所能到達的最像月球的地方。寬度將近二十公里的霍盾坑大小就像是能套住月球上沙克爾頓坑的套環，而NASA從二〇〇四年起就開始計畫在沙克爾頓坑邊緣建立一座基地。沙克爾頓坑是由一些流星體[3]所造成的，它們從不知名的地方，以超過十六萬公里的時速畫破宇宙，撞擊月球表面。因為月球不像地球上空有大氣層，摩擦力能使這些隕石減速或燒毀，所以就算只是小流星體也會在月球表面撞擊出坑洞，一顆小石頭都能撞擊出直徑將近一公尺的坑洞。行星科學家對隕石深深著迷，因為它們是自然形成的開挖者，能揭露過去時期的地質資料；如果沒有隕石，開挖通常需要龐大的經費，而且困難重重。

---

1 直到二〇一〇年二月歐巴馬首次編列NASA預算前，美國都預定在二〇二〇到二〇三〇年間建立月球基地。但這個名為「星宿」的計畫目前已經被腰斬，現在我們的目標是接近地球的小行星以及火星。不過國會還沒批准這個預算計畫，所以在我寫作的此時也很難確定我們的漫遊車接下來到底會在哪裡出現。

2 巡邏六個月後，NASA發現了一個打好公共關係的機會，所以要把「小型加壓漫遊車」改名為「電動月球漫遊車」。其實一開始的名稱是「彈性漫遊遠征器」（Flexible Roving Expedition Device，簡稱「佛萊德FRED」），但後來NASA總部否決了這個名字。否決的原因就和他們把「阿波羅登月旅行艙」裡的「旅行」拿掉一樣——聽起來太輕佻了。另外還有一個大型的月球住宅原型，名稱是「全地形六腳外星探索器」（All-Terrain Hex-Legged Extra-Terrestrial Explorer，簡稱「ATHELETE」，同英文的「運動員」），最近倒是逃過了NASA的輕佻探測器。不管這個探測器是誰，他一定很徹底地執行他的工作。我翻閱了NASA整整五十三頁的簡稱名單，裡面沒有一個是有趣的字（和有趣最沾得上邊的是「企業管理人」）。

3 流星體是一塊垃圾，通常是行星的碎片，在太陽系中呼嘯奔馳而過。只要體積大過一顆鵝卵石就算是小行星。如果流星體的任何一個部分在快速穿過地球大氣層的過程中沒有燒毀，成功完整無缺地抵達地球，就變成所謂的隕石，而隕石穿過大氣層時的可見軌跡就是流星。如果被流星體打到，太空人就沒救了，因為只要番茄大小的流星體就能穿透太空裝。

丹佛島和月球或火星還有一個共同點，就是都非常不方便，這裡距離地質考察所需要的所有設備大約有幾千公里。丹佛島是無法居住的地區，這裡沒有電，沒有手機收訊，沒有港口機場或超市。這些也是吸引科學研究在此進行的部分原因，在這裡進行科學研究需要極端詳盡的計畫。利用這裡做為月球或火星的模擬場地，而不是前往真正的星球本身，能幫助科學家了解三個人是探險團隊比較恰當的人數，而不是兩個人；他們會知道漫遊車要橫越一個充滿障礙物的地區，需要花費的時間其實是計畫安排者預想的兩倍；或是了解攀爬隕石坑斜坡的鬆散石堆時也需要兩倍的氧氣量。在昨天的橫越計畫事前會議中，有個人說得很對：「這裡是讓我們犯錯的地方。」

丹佛島就像月球一樣，除非你開始接近它，否則你不會覺得這裡是個有趣的地方。從低飛的海獺式雙渦輪螺旋機窗口看出去，在衛星影像上看起來一成不變的泥巴地，其實是一片有河流蜿蜒的古銅色、灰色、金色、奶油色、鏽紅色的土地。極圈冰層融化的水，雕刻侵蝕這片土地，為它上色，讓你覺得自己好像飛行在一張攤開來有義大利花崗岩圖樣的紙張上空。

踏上這片土地，你很快就了解為什麼行星地質學家會千里迢迢來到地球最北方的這裡。雖然也有其他地方因受到隕石撞擊，形成和霍盾坑類似大小的隕石坑，但是那些地方大多被森林或是購物中心給覆蓋了。高緯度極區的景色只保留了最自然的元素：土地和天空。從霍盾隕石坑中心往外延伸，是一片「噴發物毯」，月球上的坑洞也都是如此，當流星體撞上其他天體，衝擊的能量會同時讓底下的岩石粉碎並且融化，造成類似岩漿的燉岩石湯，從衝擊口向外爆發，落在周圍的地面，冷卻後看起來就像牛軋糖一樣，形成所謂的「衝擊角礫岩」（聽起來像是義大利甜點一樣）。接著這些角礫岩就靜靜地躺在地上三千九百萬年，直到某天一個穿著登山靴、頭戴太空盔的人前來把它撿起來為止。

今天這裡有兩個戴頭盔的人。小型加壓漫遊車模擬器的駕駛座上，坐著行星科學家兼霍盾火星計畫主持人李。一九九七年時，李受到NASA、外星生命探尋研究所、火星研究院，以及其他合作伙伴的支持，在霍盾隕石坑建立了霍盾火星計畫研究站。坐在副駕駛座的是安伯寇比，他是NASA「艙外活動生理學系統與表現計畫」裡的人。安伯寇比金髮、臉上有雀斑，長得很好看，還好他彷彿頂著滿頭銀幣的奇特銀白捲髮和滿口粗話救了他，讓他不至於像是真人版的巴斯光年——活力十足的標準美國人。夾在李和安伯寇比中間的是霍盾火星計畫實習生尼爾森，以及李形影不離的犬類伙伴「乒乓」。三輛全地形越野車跟在悍馬車後面，載著營地技師韋福、太空裝工程師切斯，還有我。我們六個人是小型加壓漫遊車A組的隊員，「任務控制中心」對我們的簡稱是「SPR-A」。走另外一條路線，預計在今天結束時和我們碰面的是SPR-B組。

我們開得很慢，維持真正的漫遊車應有的十公里時速。這裡低矮、多碎石的山丘顏色，比島上其他地方都還要一致：一片灰濛濛。這種景象很像一九七二年時，阿波羅十七號太空人在月球上駕駛漫遊車探索的金牛座利特羅谷。戴著球狀有帽沿的頭盔，坐著全地形越野車環繞這片荒蕪的土地，我發現（雖然很不好意思這麼說）要假裝自己在月球上，一點也不困難。李毫不掩飾他對這場遠足的興奮：「你能相信我是拿薪水在做這件事嗎？真的很難相信吧？」現在我很容易了解他為什麼會這樣了。這裡讓我們都變成了怪人。

不過我們的技術人員是例外，韋福從來不欣賞外面的風景。但我會，而且幾乎是目不轉睛，昨天我差點就撞上我眼前的全地形越野車車尾。月球的景色可能會讓阿波羅號在降落時分心，所以憂心忡忡的任務計畫人員在以分鐘為單位的時間表裡，還安排了「驚訝時間」。在阿波羅十七號準備降落到月球上時，塞爾南提醒施密特：「我們可以快速看窗外兩次。」

李停下悍馬車，研究GPS。我們已經抵達第一個「地標」：一個由地質坑洞代表的停車點，我們穿上太空裝、爬上峭壁、採集樣本。李和安伯寇比站在車外調整他們的通訊耳機，讓他們可以互相通話，或和在霍盾火星計畫基地的「任務控制中心」通話。切斯已經在悍馬車後面的兩張墊子上放好了模擬太空裝的元件，如果這是真正的漫遊車，那麼這些太空裝就會掛在車子後方切割出來的一對太空裝凹槽裡。太空人可以從漫遊車內部直接鑽進太空裝裡，扭動身體，解開太空裝固定在凹槽的鎖之後就能離開。回來的時候只要把程序倒過來，讓太空裝像動物脫掉的外殼一樣掛在外面就好。這樣一來太空裝就不用塞在狹窄的車內，外面的塵土也不會跑進車裡。

塵土是月球太空人無法逃脫的報應。因為沒有水或風讓塵土變得平滑，所以這些細小又堅硬的月球岩塊非常尖利。在阿波羅號任務中，它們不只刮傷了控制面板和攝影機鏡頭，破壞了軸承，還塞在設備的連接處。可是只有笨蛋才會在月球上清理塵土。地球的磁場會讓太陽風造成的帶電顆粒偏離，但是月球沒有這種條件，所以這些顆粒紛紛轟炸月球表面，使得地表充滿靜電，因此月球的塵土就像在烘乾機裡拿不出來的襪子一樣，緊抓著物體不放。穿著像棉花糖一樣閃著微光的太空裝從登月艇出來的太空人，幾小時後回來的樣子就像是礦工一般。太空人洛威告訴我，在阿波羅十二號任務中，因為太空裝和長內衣褲都變得太髒了，所以隊員一度「把內衣褲全部脫掉，大家在回程裡有一半的時間都是裸體的。」

把月球塵土留在漫遊車外還有另外一個原因。由於重力很小，吸入的粒子會難以下沉，所以會被吸入肺部更深處，到達更脆弱的組織部位。NASA曾經在塵土研究和減少塵土上投注大量經費，甚至支撐起整個月球塵土模擬產業[4]。（月球的岩石和小石頭被分類為「國家寶藏」，無法販賣，但是塵土不在此限，不管是真的或模擬的都一樣。這也解釋了為什麼一塊滿布塵埃的阿波羅十五號任務臂章，可以在一九九九年的加士得拍賣會上賣到三十萬美元。）

為了本周的模擬，李曾經考慮在悍馬車後面也挖個洞，弄出放置模擬太空裝的位置。這主意把韋福嚇壞了：「我告訴他，你**不准**切開這輛悍馬車。」這位霍盾火星計畫的技師是田納西州的高中生，連鬍子都還沒長齊，但他邋遢的外表下有著非常堅毅的沉著性格。李認識韋福的媽媽，當他看見韋福重新組裝技術型越野機車馬達時，決定給他一個史上最棒的暑期打工機會。

切斯正在準備把模擬可攜式維生系統（太空人那個白色的背包）降下來放到李的身上，此時李跪在其中一張毯子上，伸長手臂，像在禱告，又像在表演百老匯的歌舞場面。切斯為漢勝航太設備公司工作，製造實際使用與模擬使用的太空裝，而且兩者都需要有人幫忙才能穿上。（太空漫步比較沒那麼英雄的部分之一：要有人幫你拉褲子，你才穿得起來[5]。）正當切斯和李手忙腳亂地裝上可攜式維生系統，韋福從口袋裡拿出一包駱駝牌香菸。對他來說，艙外活動多少有點像抽菸的休息時間。他愈來愈接近飛行生涯，不過是在無人區飛行的那種飛行員，而不是太空人。

---

4 NASA以噸為單位買這些塵土，但你也能以公斤為單位購買（每公斤二十八美元）。你可以到 eNasco 教育產品網站上看，不過如果你容易嘔吐，那還是不要比較好。網站上推銷剝皮貓的廣告詞是「讓實驗室時間更有效率！」eNasco 的解剖標本區裡提供十種不同的剝皮貓產品，證明了的確有超過一種方法可以剝皮。

既然加拿大有氧氣，你可能會懷疑模擬維生背包裡面有什麼？主要是避免頭盔鏡片起霧的一個電扇。其實裡面有什麼根本不太重要，模擬的重點是讓穿戴的人感受到重量，限制他們的行動與視野，就像太空人面臨的情況一樣。接著再給他們一些工具，看看會發生什麼問題。

就像在阿波羅號上一樣，要進行的工作都寫在一塊用魔鬼氈貼在袖口的板子上。外太空是一個清單的世界：袖口的工作清單、月球表面清單，還有任務規則與「超前」清單。傳真或電子郵件是軌道上的早晨序曲，內容是更新到最後一秒的變動的當天行程表和工作。執行時如果有任何誤差，都必須回報任務控制中心。除了被規畫為「睡前時間」的一兩個小時之外，太空人清醒的每個小時都有規畫，就像旅遊書籍一樣。

安伯寇比翻閱他的袖口工作清單。他在上面放了薄塑膠片，因為丹佛島經常下雨，而且他懂得未雨綢繆。我對安伯寇比了解不多，對NASA這方面的了解也不夠，但就我所看到的，我可以想像他成為NASA負責人的一天。他很認真嚴肅地進行這些模擬，他有一份六十六頁的實地測試計畫，內容包括時間軸、目標、四頁的危險分析，還有確切的情況解決樹狀圖；他還為每次的模擬巡邏列出優先的科學任務、機會目標、超前任務、任務規則，並且發給所有任務成員每人一份，但不見得每個人都真的讀過一遍。

安伯寇比站進一套白色的泰維克連身工作服裡，這是穿著壓力裝前的準備。乒乓咬著李的手套，在他腳邊跳來跳去。「乒乓也想進行艙外活動嗎？」李用他每次和乒乓說話時特有的拉高的音調這麼說。安伯寇比打斷他們：「我們應該要討論超前任務與機會目標。」

韋福透過香菸的煙霧看著他們：「你們看起來像是一群油漆工。」

他們戴上頭盔和維生模擬器後，切斯拍了一些影片。安伯寇比看起來有一點點不舒服。李對這樣的打扮倒是一點問題也沒有。有人告訴我，不過我不太相信：穿著太空裝（就算是假的）可以吸引很多女孩。現年四十五歲的李還是單身，他在太空圈子裡可是萬人迷。

李拿著鑿岩錘登上山丘的斜坡，安伯寇比拿著樣品袋跟在後面。我們小組的工作是效法阿波羅時代的艙外活動，也就是挑選岩石與土壤樣品，裝袋、拍照，還有讀取重力計和輻射計的數字。

只有一個阿波羅太空人是地質學家，他是施密特。其他人都是飛行員，只上過速成月球地質課，幫助他們知道該注意什麼、怎麼判讀這片土地。訓練課程的內容包括在NASA的地質實驗室裡，觀察地球的玄武岩和角礫岩、模擬月球岩石的上色保麗龍，以及阿波羅十一號帶回來的月球土石樣本。地質課的校外教學則前往拉斯維加斯西北方約一百零五公里處的內華達州測試站。原子能委員會五〇年代曾在當地測試核子彈，因此在沙地上留下了大大小小的坑洞。那裡的岩石至今仍有放射性，因此太空人不能把石頭撿起來研究。可是好像沒人在意這件事，因為根據歐文在阿波羅十五號月球表面日誌裡的說法，大家都「急著要回到拉斯維加斯。」

5 還要穿尿布。現在叫做「超強吸水衣」，而且「超強吸水衣」已經取代了吸收力不足的「拋棄式吸水防堵片」。在阿波羅時代，太空人穿的是包覆式的「排泄物防堵裝置」與「保險套式尿液收集裝置」。讓我們看看太空人杜克在NASA阿波羅十六登月日誌中對這些系統的解釋與評論：「排泄物防堵裝置就像穿上女生的束褲，前面有開口，這樣你的老二就會露在外面，再套上保險套式尿液收集裝置……我想可能還有類似運動員的鼠蹊部護具，前面也有洞放老二，然後你把尿液收集裝置捲上去，扣起扣子或是甩在護具上。」

今天的巡邏重點之一是計時。漫遊車的行動是否確實遵守時間軸？他們和任務控制中心應該多久聯繫一次？萬一有一組落後了，你要怎麼快速更新計畫？我們小組必須記錄每次巡邏的起迄時間，看看是否比預期工作時間更長；如果是，又是被什麼原因耽擱了。實習生尼爾森將會交出一份「生產力矩陣」報告，讓NASA的管理者對於他（她）撥給今年夏天極地模擬計畫的二十萬美元預算感到比較放心。目前看來，這代表了許多這樣的對話：

尼爾森：你要什麼？著裝時間？

李：不，基本上當我們開始穿太空裝……

尼爾森：所以你要的是著裝時間。

李：著裝時間是這個意思？

尼爾森：準備和著裝不一樣。

安伯寇比：那我們有「靴子觸地時間」嗎？

對於在外星球的地表閒逛的太空人來說，時間相當關鍵。如果不知道跨越某種地形上一段距離所需的步行或開車時間，就很難知道太空人需要多少氧氣或電池壽命。阿波羅號的太空人必須要遵守「回程限制」。為了知道這種時間限制是多少，他們先把某人送到某個模擬月球的土地上，丟在距離基地五公里的地方，讓他穿上模擬太空裝，記錄開始時間，然後要他走回來。阿波羅號的太空人不可以開車到登月艇安全範圍以外的地方，也就是要留在如果漫遊車拋錨，太空人還能在氧氣耗盡前步行回來的距離內。（所以需要兩輛漫遊車，如果一輛拋錨了，另外一輛可以來接這些無助的隊員。）

可步行回來的距離限制，是阿波羅號任務規畫人員憂慮的源頭，也是太空人沮喪的原因。因為月球上沒有樹木或建築讓人產生距離感，所以很難精準地估計距離。為了安全起見，他們的估計都很保守，有時候保守到讓人發瘋。在阿波羅十五號艙外活動的回程，史考特發現一塊不尋常的黑色岩石孤伶伶地躺在地上。他知道如果他向任務控制中心提出停車過去撿石頭的許可，他們一定會要求他繼續開車，因為當時艙外活動的進度已經落後了。可是任務控制中心聽得見他們的對話，所以史考特決定捏造安全帶故障的狀況。那塊岩石後來稱為「安全帶玄武岩」。

史考特：唉呀，那有一小塊的玄武岩呢。老天！你覺得……等一下，我們一定得……

歐文：好，我們停車。

史考特：讓我修理一下安全帶……它一直鬆開。

歐文（馬上知道他在耍什麼花招）：不然你把安全帶給我好了？

史考特：等一下……讓我找一下。（沉默）找到了。（沉默）你幫我拉著一會兒。

歐文：好，我拉住了。（很長的沉默）

傍晚了，我們已經抵達當天任務結束的會面點。李和安伯寇比會在悍馬車後座的簡單行軍床上過夜，剩下的組員則開車回到營地，明天早上再回來。放眼望去，B組還沒有來。所以我們四處閒逛，幫每個人拍張站在山谷旁的照片。事後當我看這些照片時，會像是我去參觀了廢棄的礦坑。我很難解釋為什麼我覺得丹佛島很美，但是偶爾，當你一個人在這裡散步，被強風逼著低下頭時，你會看到地上隆起的苔蘚，上面的紅色小花就像杯子蛋糕上的糖粒，這樣的景色會讓你感動。也許是因為，看見這麼脆弱的生命居然在這麼嚴苛的環境裡生存，讓人有在意想不到之處看見偉大事物的感受；也許那只是顏色所帶來的驚喜。昨天我們行走在另外一個灰白色的峽谷時，一隻大黃蜂飛了過去，牠的黃色看起來像是幻覺，是在黑白照片裡被畫上去的顏色。有人說：「哇，老兄，你走錯路了嗎？」

開始下雨了，所以我們回到悍馬車上。李和安伯寇比興致高昂，因為他們完成了NASA第一次小型加壓漫遊車模擬器巡邏的第一天。安伯寇比說：「太好了，世界上地形和規模與月球這麼相似的地方不多——」

收音機傳出聲音：「地面中心，我們是B組。」NASA地球物理學家葛拉斯是SPR-B組巡邏任務的隊長，他唸出他們的座標與最新的天氣。其實不是**唸**，比較像是**吼**或是**喊**。他們那邊下著很大的雨，所以他們只能看到前方一百公尺的範圍。B組坐的不是悍馬車，而是用川崎小型拖拉機模擬漫遊車；這是比較大型的全地形越野車，車後方的載貨區短短小小的。他們的火星塞在過溪時弄溼了，因為這些溪流在衛星照片裡看起來比較淺，而且其中一個備用的火星塞尺寸又不對。所以他們曾經一度落後進度兩個小時。

韋福拉起連帽上衣的帽子，蓋住自己的頭：「聽起來那一組不是很好玩。」

霍盾火星計畫的早晨是以拉開帳棚拉鍊的聲音揭開序幕。這裡的宿舍區是三十個盤踞在山丘上的尼龍帳棚，在這座島上的顏色當中顯得特別突出。大家都在差不多的時間起床，因為每天早上都要先開會。今天早上的會議在主要的辦公帳棚舉行。依照NASA開會的習慣，丹佛島上真的也設置了NASA的電話系統，在加州NASA艾姆士中心的員工只要打四碼的分機號碼，就能用內線電話的費用聯絡遠在距離北極幾百公里處的李。（霍盾火星計畫也是網路世代怪現象的地點之一，而且令人驚訝的是這種情況並不少見：這裡有網路電話但是沒有抽水馬桶[6]。）

霍盾火星計畫的網路攝影機裝在角落的三角架上，讓世界各地的人看見安伯寇比是如何努力維持巡邏後的「學習檢討會議」的秩序與禮儀。霍盾火星計畫的另外一項研究目標是了解「封閉的居所中延伸出的人際接觸，對人類動態有什麼影響。」希望今天早上除了我以外，還有別人做了筆記。

葛拉斯抱怨：「第一次艙外活動後，沒人告訴我們本組進度落後了。根據報告上的時間軸，我們還提早了十分鐘。」葛拉斯後退的髮線和他唇上及下巴周遭的鬍子造型，不禁讓我想起伊莉莎白時代的探險家雷利爵士，我很輕易地想像出他在極地刷毛衣上套著那個時代的大領子的樣子。葛拉斯說任務控制中心為了畫出一條更快的路線，讓他們等了快兩個小時。「我……」他輕輕吐了一口氣，「我覺得我們刻意被拖延，好讓A組的人可以及時回來吃晚餐。」

李堅持A組完全不知道發生了什麼事。

6 以這個例子來說，丹佛島感覺起來就更像火星或月球了。（生物廢棄物有助植物生長。）每一季都有約十四個一百九十公升容量圓桶分量的尿液從島上排出，男人會直接用漏斗尿到桶子裡，女人則會先蹲坐在尿壺上。這些透明塑膠容器也被用來裝營地酒吧裡的酒，整個周六晚上就是不斷地重複著倒「酒」這個動作。在馬桶上解決的固體排泄物會裝在塑膠袋，讓你拿出去丟在垃圾堆裡。你和你自己養的狗一樣。

葛拉斯說：「是啦，因為……」他轉頭看安伯寇比：「李把他的鉱衛星電話調成靜音了。」

「是震動模式！」

安伯寇比說：「我們能不能討論學到的教訓？」

葛拉斯繼續抱怨任務控制中心「奪命連環扣」地打電話給他們，不停確認他們的情況：「每次我都得停下手邊的事，找個沒有風聲和馬達聲干擾的地方，拿下頭盔……」

這就是任務控制中心該學到的教訓：探險人員會很感激你給他們一些自主空間。在行星表面的短時間艙外活動，通常都有嚴格規畫的時間軸，但如果NASA想進行兩周的火星艙外活動遠足，那麼就該將這種典型的狀況鬆綁。「自主性」也是目前太空心理學家熱烈討論的問題。太空人經常會向飛行醫生抱怨他們不能自己規畫工作上的行程或做決定，就像葛拉斯一樣，有些人覺得任務控制中心什麼都管，讓人覺得沮喪、打不起精神。加州大學舊金山分校的太空精神病學家卡那斯曾經研究過在三種不同太空模擬任務中，高度自主與低度自主對人員的心理影響。在高度自主的情境下，卡那斯研究的對象整體而言都比較快樂，比較有創意，不過任務控制中心的人例外，他們回報「對自己的工作角色感到混淆。」

這次的會議沒有要結束的跡象。韋福已經進入睡前模式，霍盾火星計畫的營地主管是以放任式管理出名，他自己像隻脫皮的北極熊般靠著門框幫背抓癢。葛拉斯還不罷休：「……我們只有棒棒糖當午餐，A組帶了很多東西——」

李說：「不可能，我們總共只有兩個三明治。」

安伯寇比聲音平板地說：「學到的教訓是：多買一些麵包。」

廚師邁克說話了：「有些麵包在雷索路特被偷了。」（飛到丹佛島的飛機是從伊努特人的雷索路特城起飛。）邁克必須一個人在三天內規畫三十幾個人在六周的實地調查季節裡所有的餐點，還要負責購買食材。NASA巡邏計畫辦公室應該要雇用廚師邁克。現在規畫遠征計畫比四十年前更麻煩的原因之一，就是NASA這個組織變大了。當廚師人數太多，光是討論怎麼煮高湯就沒完沒了。也許就如同傳聞中，阿波羅號的幕後策畫者馮布勞恩對登月任務的評論：「如果我們人多一點，我們就會失敗了。」

塞爾南在阿波羅十七號月球表面日誌的太空人意見裡，對於現在NASA典型的永遠做不完的準備和問不完的「萬一」表示可惜：「我不知道我們……到底有沒有那種心態——我不想說『膽量』，足以承擔我們第一次（登陸月球）的那些風險……這是一個哀傷的評語。」畢竟，不管你計畫得多麼詳細、設計得多麼精細，問題永遠都會出現。第八次阿波羅任務的安全經理曾經說過很有名的一句話：「阿波羅八號有五百六十萬個零件……就算所有零件都有百分之九十九點九的機會正常運作，我們都還會有五千六百個缺陷。」

但另一方面，就像他們說的，做了失敗的計畫就是打算讓計畫失敗。

幾年前，我為了寫一篇太空人團隊接受的太空漫步訓練（也就是太空人漂浮在太空船外，維修或加裝硬體的艙外活動）的文章，訪問太空人哈德菲爾德。我問他是否覺得NASA的演習與計畫做得太過火也太久了？為了六小時的艙外活動，哈德菲爾德在中性浮力實驗室裡接受了兩百五十個小時的訓練。（中性浮力實驗室是一個巨大的室內游泳池，裡面有國際太空站的模擬部件；穿著太空裝漂浮在水裡勉強算得上接近太空漫步的情況。）哈德菲爾德說：「對，其實還有很多選擇。你可以什麼都不做，希望一切都好；或是針對每次飛行花好幾十億美元，試著搞定所有的枝微末節。」他說NASA的目標就是在二者之間找到平衡點。他還說：「準備很重要，我們就靠這個過活。我們並不是靠著在太空中飛行過活，我們要開會、計畫、準備、訓練。我當了六年的太空人，但只在太空裡待了八天。」

哈德菲爾德告訴我，出名的阿波羅十三號事件——在前往月球的途中爆炸，以及洛威與同伴採取的解決方案，其實已經被NASA「模擬過」至少一次。顯然洛威在太空中做的**每件事**，在地面都模擬過了。包括兩周不洗澡。

10

休士頓，我們發霉了

太空衛生與為了科學不洗澡的男人

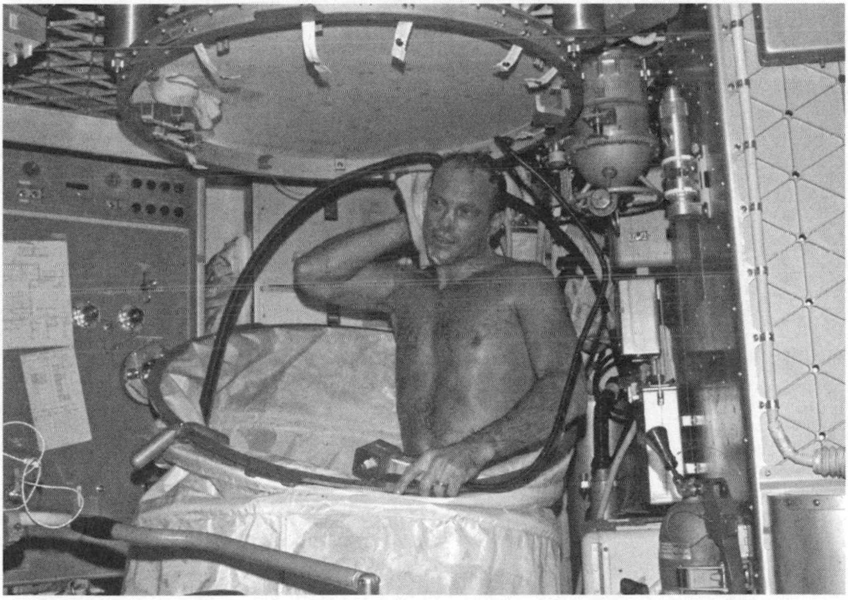

洛威最出名的身分是阿波羅十三號的指揮官，就是出問題的那個太空人。就像湯姆漢克斯演的電影那樣，一個氧氣槽在前往月球的途中爆炸，切斷指揮模組的電力，迫使洛威和兩位隊員必須在氧氣、飲水和熱能都有限的情況下，在登月艇裡蹲四天。四十年來，大家都一直和洛威說：「我的天哪，你們真悲慘。」我也這麼跟他說，但我指的不是阿波羅十三號的意外，而是雙子星七號。在這次任務中，兩個大男人共處了兩周，都沒洗澡，也沒換過內衣。他們穿著壓力裝，待在一個小到洛威連腿都伸不直的座艙裡。

雙子星七號在一九六五年十二月四日升空，是為了阿波羅登月計畫進行的醫學演習。從月球來回需要兩周時間，但沒有太空人曾在零重力下待過這麼長的時間（NASA當時的紀錄是八天）。如果有任何醫療緊急事故可能會在飛行的過程中發生，譬如說第十三天之類的，飛行醫師寧願在太空人離地球三百公里的時候就知道可能發生的狀況，而不是等他們到了三十萬公里外才發現。

穿著太空裝擠在金龜車前座大小的空間裡兩周也令人憂心，因為這可能是無法忍受的狀況。凡事小心翼翼的NASA提議讓洛威和他的隊員鮑曼在雙子星七號的模擬艙裡進行即時模擬——為了演習做的演習。鮑曼在NASA的口述歷史中說：「直挺挺地坐在地球上一張噴射椅上十四天？我們馬上就將這個提議打了回票[1]。」

事實上，這麼愚蠢的事根本不用做，因為俄亥俄州的萊特派德森空軍基地已經在進行類似的蠢事了。從一九六四年一月到一九六五年十一月，航太醫學研究實驗室利用八二四號大樓裡的鋁製太空艙模擬器，進行了九項「最低個人衛生」的實驗，其中就包括兩周的雙子星七號模擬。航太醫學研究室的人不會亂來。他們**最低**的定義是「不洗澡、不用海綿擦身體、不刮鬍子、不修剪頭髮和指甲……不換衣服和床單、不合格的口腔衛生、非到必要不擦拭」，持續時間依照實驗要求從兩周到六周不等。有一組受試者穿著太空裝、戴著頭盔，生活與睡覺四周。他們的內衣和襪子全毀了，要全部換掉才行。「因為體臭太噁心，受試者丙必須在戴頭盔不到十小時的時候，把頭盔先拿下來。受試者甲和乙在這之前早就把頭盔拿下來了。」結果沒有用。拿下頭盔後，體臭「無法遏止地從太空裝的頸部飄散出來」，根據乙在第四天的形容，整個情況「恐怖極了」。這解釋了為什麼鮑曼在雙子星七號第二天的任務紀錄裡，問洛威有沒有衣夾。因為他打算拉開太空裝的拉鍊了。（他對困惑的洛威解釋：「夾你的鼻子用的。」）

另外一組受試者所在環境的溫度被調高到攝氏三十三度左右。雙子星七號的模擬團隊不僅得日夜穿著太空裝兩周，還同樣必須和太空船上的廢棄物收集系統奮戰，洛威和鮑曼很快就會吃到這個系統的苦頭。

為了將骯髒的程度量化，空軍基地科學家會帶這些人——大部分是附近帝騰大學的學生——去活動式淋浴間輪流淋浴，收集流出來的水做分析。布朗是負責模擬太空艙的主管。模擬太空艙的正式名稱是「維生系統評估所」，一般稱為「那個房間」。奇怪的是，布朗記得大家對於淋浴的抱怨最多，因為水不夠熱。他說：「他們不想讓熱水把皮屑煮熟了。」他說的這幾個字聽起來怎麼都不像應該連在一起講。

這個計畫對於受試者來說這麼難受，對研究人員來說也不像玫瑰花瓣那麼浪漫。多虧了他們反覆

---

1 鮑曼有時候很容易生氣。根據洛威的說法：「不管在哪裡，和鮑曼相處兩周都是一種試煉。」

地嗅聞，才能找出結論：「體味最重的是腋下、鼠蹊部，以及雙腳。」

腋下（胳肢窩）和鼠蹊部能拿到前兩名是因為那裡是身體內分泌汗腺分布的部位。使身體冷卻的外分泌汗腺主要分泌水分，但內分泌汗腺會產生混濁黏稠的分泌物，被細菌分解後就會產生所謂的狐臭。我不知道該怎麼說，或是這對我有什麼啟發，但我從來沒有在陰部發現狐臭。當然是有氣味，但不是狐臭。我問賓州大學的皮膚科醫生兼體味研究員萊登這件事，他證實鼠蹊部有分泌腺體的說法，並且堅持那邊也有類似的味道：「只是沒有那麼容易發現，因為那裡距離感覺器官很遠。」所以我決定就隨他去吧。

內分泌腺體和自律神經系統是一國的，所以恐懼、憤怒和緊張時都會引發大量的分泌物。（測試除臭劑的公司稱之為「情緒汗」，藉此和因為氣溫所誘發的汗液做出區別[2]。）被綁在升空的火箭上，應該就是萊登口中會「讓這些腺體鞠躬盡瘁發揮所長」的情況。我在電話中問洛威，他記不記得在他們海中降落後，打開雙子星七號艙門的蛙人說了什麼。

他說：「你研究的是太空飛行裡很不尋常的層面。」他不記得蛙人說了什麼，但他倒是記得打開阿波羅艙門的人說：「太空艙裡有一陣風吹出來，聞起來……」此時洛威發揮了他的優雅本能：「和外面的新鮮海風不一樣。」

腋下的汗水是細菌的食物，也是寄宿的位置。外分泌的汗水大部分是水分，提供細菌生存所需的滋潤。蛋白質豐富的腺體分泌物則是細菌二十四小時的餐廳。（雖然外分泌的汗水不是細菌的食物，但當中的元素分解後也是萊登所謂「大餐的一部分，如果你接受的話。」只是汗水的比較淡，像是更衣室的味道。）

腋下其實也不如看起來的那樣是細菌天堂。汗水具有天然的抗菌特質，雖然它們不是讓皮膚無菌，但至少會抑制細菌生長。這可能是為什麼空軍基地那些男孩子的臭味會到達高原期，而不是會隨著時間愈來愈嚴重。技術報告說明人的體味在七到十天時會「達到最高峰」，接著開始消退。用高度來描述氣味感覺是很奇怪的特性，但在這個情況下，你也很容易想像氣味具有一些物理性質，會愈來愈高，可能還會長出頭、四肢，還有羽毛。

蘇聯太空生物學家切尼高夫斯基在一九六九年自己進行了限制淋浴的實驗，而且還計算了細菌群落。受試者腋下與鼠蹊部的細菌數量大約在第二到第三周左右達到高原期，此時大約是剛洗完澡的皮膚上群落數的三倍左右（除了腳[3]和屁股，這兩個地方大約是七到十二倍）。海軍研究也有類似的結果，其中有些受試者的細菌數甚至在兩周後開始下滑。

另外一種氣味高原期的解釋是，因為人類的體味已經重到沒有人可以判斷臭味是否增加。韋伯定

---

2 這就是為什麼有些除臭劑和止汗劑的效果測試會包括「情緒採集」。一群受試者坐著，腋下夾著吸收分泌物的墊子，然後他們會被迫在大家前面唱卡拉OK或說話。接著這些墊子會被拿去秤重，並由專業的氣味評審將腋下的氣味評分。我曾經為了寫體味的文章而受邀參加擔任客座評審。有人跟我說：「湊過去用力聞啊。」

3 腳底和腳趾間是細菌的麥加聖地，因為所有的汗水和死皮（繭皮）數量多，樣式也多。有一種專吃死皮的細菌叫做短乳酸桿菌，會分泌聞起來像熟成乳酪的化合物。不過應該說一些熟成乳酪聞起來像臭腳一樣比較準確。做乳酪的人會固定為他們的作品注射短乳酸桿菌。

律可以解釋。偵測特定氣味（或聲音或感知）改變的門檻會依照背景氣味（或聲音或感知）的強度而有所不同。假設你在一間吵鬧的餐廳裡，如果噪音程度上升幾分貝，你是無法分辨的；假設這個房間一直很安靜，那你很容易就發現變吵了。如果有人的腋下已經吼了好幾天，你就很難判斷他們是不是又吼得更大聲了。萊登舉他目前在大學擔任划船手的兒子為例。有一年，划船隊決定一直穿著同樣的划船制服，直到他們輸了比賽為止。「結果他們是那一年的全國冠軍。你根本無法接近那艘船，那裡的氣味可能已經達到高原期，但對我來說就是一直非常可怕。」

到最後腦袋會停止追蹤身體的氣味。用萊登的話來說：「有點像『我已經不用提醒你了。』」對於參加航太醫學研究實驗室二十天不洗澡的阿波羅模擬測試的受試者來說，這個臨界點很不幸地直到第八天才出現。

NASA如果把體味嗅覺喪失列入太空人必須具備的特質之一，應該會很不錯。組成狐臭的重要分子是三甲基二己烯酸與雄烯酮，有些人天生就聞不到其中之一，或是兩種都聞不到（也就是嗅覺喪失）[4]。萊登說：「你有沒有這種經驗：和某人搭乘電梯時，你心想：『他怎麼會臭成這樣？』那可能是因為他對自己的氣味喪失了嗅覺。如果你沒有這種經驗，你可能就是走進電梯裡，被人家懷疑的那個人。」

除了體味之外，會影響某位研究者口中「個人骯髒程度觀感」最常見的要素，並不是泥土或灰塵，而是增生在皮膚上的東西：油脂和汗水，更明確地說，皮垢[5]。只要有毛髮，就會有分泌皮脂的腺體。換句話說，只有你的手掌和腳底沒有這種腺體，因為這兩個地方如果分泌油脂，可能會讓你滑倒、絆倒、陷入危險，變成生存的不利條件。

蘇聯在一九六九年的限制衛生實驗中，監測了男性自願者的油脂（或說是皮脂）的增加。（除了不洗澡之外，這些受試者必須「大部分的時間都坐在扶手椅上。」六〇年代的模擬太空人就是穿著髒內衣看電視的臭傢伙。）沒洗澡的第一周，皮膚的油膩程度是不變的。為什麼？因為衣服吸收油脂和汗水的效果出奇地好。

蘇聯研究人員將清洗受試者皮膚的水收集在一個水盆裡，清洗受試者衣服的水收集在另外一個水盆裡。他們比較兩者的油脂、汗水、皮屑數量。百分之八十六到百分之九十三的皮膚增生物都出現在清洗衣服的水裡，換句話說，只有百分七到十四的人類污垢沒有被衣服的纖維吸收。棉質、棉與人造纖維混紡材質都是如此，羊毛的吸收程度就比較少。蘇聯的發現有助於解釋十六與十七世紀時懶散的衛生習慣。文藝復興時期的醫生不鼓勵民眾用水洗澡，他們相信這樣會洗去皮膚上的保護油，因此當時認為透過「沼氣」散播的瘟疫、肺結核等其他疾病，就容易滲入洗澡的人的皮膚毛孔，使得他們感染這些疾病。伊莉莎白一世是她那時候出了名的潔癖者，她曾寫下很有名的句子：「不管有沒有必要，我一個月會洗一次澡。」很多人是一年才洗一次澡的。

---

4 可能還有鹿。一九九四年的《作物保護》期刊詳細描述了賓州大學植物學家徒勞無功卻有趣的努力，他們把各種的裝飾用灌木浸泡在三甲基二己烯酸裡，試圖用這個味道嚇阻白尾鹿。這引起了少見的行銷問題：屋主會願意忍受聞起來有狐臭的杜鵑花嗎？

5 也就是掉下來的皮屑。《道蘭氏醫學辭典》將頭皮屑定義為「來自外皮的麩狀物質」——真是令人回味無窮的對比：皮屑和早餐穀片。**試試新的家樂氏頭皮屑穀片！**

但有一件事要聲明：文藝復興時期的人雖然不會一天沖一兩次澡，但他們會換內衣褲。可是雙子星七號的成員以及航太醫學研究實驗室的受試者都不能換內衣褲。航太醫學研究實驗室的模擬室研究論文作者指出，受試者的衣服最後開始「黏在……鼠蹊部與其他身體摺疊的部位，臭氣熏天，而且開始分解。」這樣的情況被描述為「相當麻煩」。洛威告訴我，雙子星七號任務裡的長內衣褲最後已經爛得不成形了。他承認：「這些內衣褲的胯下部位都很髒。」而且比一般兩周沒洗澡或換內衣褲的人還髒，因為一般人不需要測試「有時會大量外漏的」ＮＡＳＡ新尿液管理系統。舉例來說，洛威在飛行的第二天向任務控制中心回報他要把尿液從太空船往外丟棄時說：「丟棄的量不大，因為大部分都在我的內褲上了。」

當衣物容納的髒污量達到飽和的那一刻，身體分泌出的皮脂會開始累積在皮膚上。根據蘇聯追蹤受試者胸口與背後的油脂程度的研究，棉質的衣物要五到七天才會到達這個臨界點。很難說出雙子星七號任務的太空人是在哪一天開始注意到他們皮膚上累積的污垢，但在第十天時，他們「開始發癢」，頭皮和胯下也「有點髒髒的」。下面是第十二天的對話：

任務控制中心：雙子星七號，我是醫生，鮑曼，你那邊還有乳液嗎？

鮑曼：乳液？

任務控制中心：沒錯。

鮑曼：我們有，但我們肯定不需要，傑克。因為我們全身油膩得不得了。

在NASA的任務紀錄裡看到**乳液**這個字真是不尋常。鮑曼似乎對NASA執著於護膚感到不耐，彷彿這樣讓整個任務都失去了男子氣概。有一次，飛行醫師用麥克風問他：「你們的皮膚如何？」稍早，他也突如其來地問鮑曼：「你們可以把嘴唇弄乾嗎？」「再說一次可以嗎？」鮑曼這麼回答。你知道他一定聽得很清楚。第四天，任務控制中心念念不忘鮑曼的出汗情況，而鮑曼就和他的表皮一樣，已經達到了飽和點。他拒絕回答這些問題，逼得任務控制中心只能找洛威幫忙。

任務控制中心：你看著他的時候，有沒有注意到他的皮膚是否溼潤？

洛威：我讓他自己回答。

鮑曼：（沉默）

任務控制中心：你到底有沒有流汗，鮑曼？

鮑曼：（沉默）

任務控制中心：雙子星七號，這裡是卡那豐，聽得到嗎？

鮑曼：你說流汗嗎？有，我出了一點汗。

任務控制中心：很好，謝謝。

一旦衣物的吸收能力到達飽和，油脂開始堆積在皮膚上，這種情況會有結束的一天嗎？沒有清洗的皮膚會隨著時間過去，一直愈變愈油膩嗎？不會的。根據蘇聯的研究，在五到七天沒洗澡，也沒有更換油膩衣物的情況下，皮膚會停止製造皮脂[6]。只有當人開始換衣服或沖澡後，皮脂腺才會重新開始工作。皮膚似乎在五天份的油脂堆積狀態下是最好的。聽聽《美國感染控制期刊》編輯拉爾森教授對人類皮膚的最外層，也就是角質層的說法：「角質層一直被比喻為一面磚牆（角化細胞）和泥漿（脂質）。」有助於「有效維持皮膚的水合作用與柔軟度，並提供防禦能力。」

一直把皮膚上的泥漿洗掉，會危害我們的皮膚健康嗎？我們的皮膚比較希望我們五天洗一次澡嗎？很難說，但那些特別愛洗手的人（醫院工作人員以及某些強迫症患者）的確比較容易出現發炎或溼疹症狀。拉爾森提出一份研究顯示，百分之二十五的護士皮膚是乾燥受損的。諷刺的是，原本護士洗手是希望能避免散布傳染性細菌，但過度洗手反而讓情況更加惡化。拉爾森說，健康的皮膚一天會掉落一千萬個粒子，當中百分之十是這些細菌的藏匿處。乾燥受損的皮膚會比健康潤滑的皮膚更容易掉落皮屑，因此會散布更多的細菌。受損的皮膚也比健康的皮膚更容易容納病原體。就像拉爾森說的：「也許有時候清潔過度了。」大部分的美國人都不會頻繁清洗皮膚到造成問題的地步，但他們的清洗頻率一定比實際需要的更頻繁。根據某位我把他論文第一頁弄丟了，所以不知道他名字的大學教授的說法：「現在美國的個人衛生習慣普遍來說像是一種文化盲從，是那些有商業利益者積極推廣的結果。」

在太空中洗澡就像在軍隊裡一樣，是出於士氣而不是健康因素。太空總署認同一位研究者所謂「用海綿洗澡造成心理不滿足」的情況，所以在一九六〇年代投入大量的時間與金錢，試著發展在太空站使用的零重力淋浴間。其中一個早期測試的原型是「淋浴衣」。我讀到的技術報告包括了下列不是很激勵人的摘要：「結果讓人更渴望淋浴、沖洗、擦乾的過程。」一般設備並不管用，因為蓮蓬頭灑出的水只會移動幾十公分，接著會集中成一團膨脹的水；這是很驚人的景象，但對於清洗沒有什麼幫助。就算你把蓮蓬頭拿得夠近，讓水能在形成團塊前先淋到身上，水還是會從你的皮膚上彈開，變成飄浮在空中的水珠。接著你可能要花十分鐘追著水珠跑，以免它們在太空站裡到處漂浮。關於太空實驗室裡的可摺疊淋浴間，太空人賓恩的說法是：「根本不用它，才是最簡單的做法。」

蘇聯聯合號太空站的淋浴間使用氣流，希望水能往太空人腳的方向沖，但幾乎沒有成功。水團還是會形成，而且會聚在嘴巴和鼻孔等身體的凹陷處。為了避免嗆到，蘇聯太空人列別捷夫和隊友貝瑞佐夫會戴著潛水用具洗澡。列別捷夫在日記裡寫：「這真是奇特的景象，一個光著身體的男人（飛過太空站……嘴巴上咬著潛水用的呼吸管，眼睛前面戴著蛙鏡，鼻子上夾著夾子。」因此，沙留特七號的太空人就像伊莉莎白一世一樣，一個月才沖一次澡也是可以理解的。現在已經沒有太空淋浴間了，太空人會用溼毛巾擦身體，用免沖洗洗髮精洗頭。

沐浴在太空站裡比較重要，因為任務時間比較久，而且他們每天都會運動到流汗的程度。擦身體的延伸產品是日本太空人在國際太空站裡穿的「日本衣」（J-Wear），這是東京女子大學利用「可用光觸媒分解髒污與體味，並由抗菌奈米矩陣加工技術避免汗水發出腐臭味」的布料製作而成的。太空人若田光一（「光一」的日文發音很巧妙地近似於英文的**一起癢**，co-itchy）曾穿著日本衣做的內衣

---

6 根據馬托尼和蘇立文論文中的表格，大約是一天四．一毫升。表格名稱是「有人駕駛的高效能太空交通工具封閉環境中所有來源產生的排泄物重量與體積一覽」。根據食譜單位換算表，這個分量大約是不到一茶匙的體油。一起使用這兩個表，就能讓瘋狂的或是位在偏遠地理位置的烘焙師傅用皮脂取代蔬菜起酥油，或是計算掉落的皮屑相當於多少分量的麵粉。

褲長達二十八天，而且完全沒有抱怨。

雙子星七號的太空人只能夢想「在太空船裡穿著日常的舒適衣服」，這是一次記者會上對「日本衣」的稱呼。因為他們穿的睡衣是悶熱又笨重的太空裝。在空軍基地雙子星七號模擬實驗中的受試者都受「鼠蹊部的皮膚炎與嚴重發炎而苦。」如果你曾經懷疑過為什麼要全身擦澡，還要經常更換內衣褲，這就是原因。那些浴廁習慣不好，或是在一九六〇年代空軍衛生條件有限的情況下生活的人，會有排泄物細菌轉移的問題。萊特派德森空軍基地的研究人員在人體十三個位置採樣檢測大腸桿菌，結果發現驚人的大擴散。排泄物細菌居然直達人類的眼睛和耳朵，甚至有兩個病例在腳趾也發現排泄物細菌。在六個蘇聯受試者中，有五個坐在扶手椅上三十天的人出現了皮膚毛囊細菌感染造成的毛囊炎，三個人出現瘡——也就是特別嚴重、腫脹、會疼痛的受感染毛囊。（蘇聯的報告使用了舊式的「疔」這種說法。差點讓人也想有一個，這樣你就能「疔疔」地到處招搖。）

洛威不記得自己有皮膚問題，他告訴我：「唯一的差別是零重力，一切都是由這一點開始的。」當一個人漂浮在椅子上空十幾公分的位置，雙臂停留在身體兩側時，他比較不會出現一般因潮溼髒污的衣物摩擦未清洗的皮膚所造成的皮膚發炎，或是過敏等症狀。太空人的內衣褲不會黏在他們的屁股上，不管他們的汗水裡有哪一種細菌盤踞，這些細菌都不會進入他們的毛囊。有一種情況叫做浴缸毛囊炎，容易發生在喜歡泡澡的人的屁股、背部，還有大腿後側，也就是容易發生摩擦和壓力的地方。（浴缸裡的水雖然熱，但熱度不足以殺死細菌。未經仔細清潔的按摩浴缸，用亞利桑納州的微生物學家卓巴的話來說，是「大腸桿菌湯」。）

雙子星七號的第六天。麥克風的那一端是鮑曼。雙方的交談是以一種陽剛且充滿行話的飛行員對地面的方式溝通，直到下面的對話發生：

任務控制中心：準備和醫生對話，雙子星七號。

鮑曼：（沉默）

任務控制中心：雙子星七號，我是醫生，你在上面有沒有頭皮屑的問題，鮑曼？

鮑曼：沒有。

任務控制中心：再說一次。

鮑曼：沒、有。沒有就是沒有！

指揮官鮑曼一點都不想討論護膚的事。但是稍後在他的回憶錄裡，他寫下「我們的頭皮」，還有關於他的「末期頭皮屑」一些描述。不過技術上來說，那可能不是「頭皮屑」。頭皮屑是發炎的皮膚對皮脂酸的反應，皮脂酸是頭皮上的真菌皮屑芽孢菌飽食你頭皮油脂之後的排泄物。你可能會對皮脂酸敏感，也可能不會。如果鮑曼在上太空之前沒有頭皮屑，他上太空之後也不會有，皮膚科醫生萊登這麼說。萊登曾經付錢要求囚犯一個月不要洗頭，就是為了觀察他們會不會長出頭皮屑。他們沒有。鮑曼的頭和皮膚的皮屑，比較可能是數百萬掉落的皮膚微粒累積而成的（這些微粒通常會在淋浴時被洗掉），和皮脂混合成一團團的東西。

南極野外營地的空氣也一樣乾燥，那裡的淋浴設備也一樣不存在或是笨重。因此在南極隕石研究計畫進行實地調查六周，很適合拿來和太空衛生類比。團隊領導人哈維說：「六周的死皮堆了厚厚的兩層。」有時候第一次清洗時，皮屑會一次全掉下來。哈維承認他對這種場面深深著迷。「我記得有一次回來後我沖澡，我的手指尖端整個掉了下來。」

南極的研究人員之所以能接受皮屑的情況，是因為你可以走出住所，抖抖你的內衣褲和睡袋；但你在太空裡或是模擬太空裡就不能這麼做。據說海軍模擬太空艙在實驗結束時，就像是個滑雪場一樣。「房間裡的地板上鋪著薄薄一層粉末狀的皮屑。」

在零重力的情況下，這些皮屑都不會掉落。我問了洛威這件事。我確切的用字是這樣的：「太空船裡就像是下雪的水晶球那樣嗎？」他說他不記得有這種情形。或者沒有「規模大到讓我記得這麼多年。」（至於什麼事會深深烙印在他的腦海裡這麼多年，請看第十四章。）

一般來說，頭是個問題。我們大部分的皮脂腺都和毛囊接在一起，因此沒洗的頭皮很快就會油膩。油膩的程度連十六世紀有洗澡恐懼症的那些人，都會在晚上休息前在頭皮上抹粉或米糠，就像現代的屋主會在馬達的油漬上灑貓砂一樣。皮脂和汗水一樣，都會在細菌分解時產生明顯的味道。太空心理學家史達斯特在一九八六年的NASA太空站可居住性報告中提到：「至少有兩位太空實驗室的太空人回報，他們的頭發出可怕的異味。」

鮑曼和洛威並沒有如同NASA原先計畫的那樣，飛行全程都穿著太空裝。第二天，飛行醫生貝瑞代表他們遊說NASA的管理者。最後達成協議：只有一個人必須繼續穿著衣服（以免發生失壓的緊急狀況）。鮑曼抽到了籤王，所以洛威扭動身體，脫離了他的太空裝。洛威回憶，多年來他兒子都告訴朋友：「我爸穿著內衣繞行地球軌道！」

在第五十五個小時，鮑曼把太空裝的拉鍊拉了下來，半個身體都不在衣服裡了。第一百個小時的時候，他拜託NASA的管理階層讓他直接脫掉太空裝。經過了五個小時，休士頓回到線上。鮑曼可以脫掉太空裝，但洛威要穿回他的。

洛威試著反抗（「如果你們不介意，我覺得這樣就可以了。」），但是NASA很堅持。第一百六十三個小時，洛威進去了，鮑曼出來了。最後，貝瑞說服了大家，兩個人都能脫掉太空裝了。貝瑞在他的口述歷史裡說，如果不這麼做，「我不覺得我們能完成在太空船裡待十四天的目標……兩個穿著太空裝的人這樣坐著，你的腳放在另外一個人的大腿上，這樣真的很不舒服。」

還有更糟糕的。試著在床上住三個月看看。

11

水平的二三事

如果你再也不能下床怎麼辦？

看起來，雷翁似乎一無是處。他的過去一團亂，還欠了一屁股債。他最近的一份工作是擔任保全，現在，雷翁一整個禮拜都在床上看電影、玩電動。不過在他的寬鬆運動褲和刺青底下，其實是有點太空人精神的。雷翁骨骼縮小的速度，和太空中的太空人差不多。

雷翁是格文斯頓德州大學醫學院飛行類比研究單位執行NASA出資的「臥床」研究的一份子。數十年來，各國太空總署都付錢讓人不分日夜人模人樣地穿著睡衣四處走動。雷翁所知道的也只有這樣，史登的奇聞軼事綜合報導裡的這個標題讓他上鉤：NASA會付錢讓你躺在床上。

三個月以來，一天二十四小時，雷翁都沒起床做任何事——連坐起來都沒有。他不曾起來淋浴、吃東西、上廁所。「臥床」是太空飛行的一項模擬，或說是一種模仿。這種腳不落地的情況對人體造成的退化，和無重力造成的效果一樣。最可怕的是，這樣做會讓人的骨頭變細、肌肉萎縮。透過研究這些臥床者，各國太空總署得以了解這些改變，找出抵抗的方法。

臥床研究通常會評估藥物或運動器材（也就是航太醫學用語的「對策」）的效果，但雷翁自願參加的研究比較簡單，研究人員只要比較男性與女性的某些改變。雷翁在智慧型手機上暫停播放《夏威夷之虎》，這是他用第一張支票在網路上買來的東西。「所以基本上，對，我在退化。而且他們只想袖手旁觀。」他說得很開心，好像這是他升官的消息，或是玩二十一點贏了一筆一樣。雷翁的顴骨很高，有著略長、捲捲的黑髮，還有迷人的微笑。

人體是能省則省的承包商，它只會讓肌肉和骨骼強健到夠用的程度，不會過多，也不會太少。「不用就沒了」是人體的座右銘。如果你開始慢跑或是胖了十幾公斤，你的身體就會依照需要強化你的骨骼和肌肉；一旦你停止慢跑或是變瘦，你的骨架也會跟著縮小。當太空人回到地球（臥床者離開床鋪）後，肌肉大約會在幾周內重新長回來，但是骨骼會需要三到六個月才會恢復。有些研究認為太空人在進行長期任務後，縮小的骨骼永遠不會恢復，因此骨頭是飛行類比研究單位這種地方研究最多的主題。

骨細胞是執勤中的身體領班，在骨頭的基質中無所不在。每次你去跑步或是搬重物，都會對骨頭造成微量的損傷。骨細胞會感覺到這種損傷，然後派出修復小組：蝕骨細胞移除受損的細胞，骨母細胞再用新生的骨細胞修補孔洞。這種重新修補的運作機制會讓骨頭更強健。基因與更年期使得骨瘦如柴、骨架偏小的北歐女性成為更換髖關節的危險群，因此慢跑之類會造成骨頭震動的運動，適合讓她們強身健體。

同樣的，如果你停止讓骨頭震動，或不再對骨頭施加壓力（例如上太空、坐輪椅，或是參加臥床研究），對壓力敏感的蝕骨細胞就會覺得骨頭不存在了。人體器官似乎有精簡組織的傾向。不管是肌肉還是骨頭，身體都不會把資源浪費在沒有用的功能上。

專精太空人研究的藍恩是加州大學舊金山分校的骨頭專家，他不只解釋了這些給我聽，還告訴我這是德國醫生沃夫，在十九世紀研究嬰兒從爬行轉換到走路時的髖骨X光片所發現的。藍恩說：「骨骼結構為了支撐走路所帶來的機械性負擔，便出現了新的演化。沃夫提出很睿智的看法，也就是骨骼的形式會跟著功能走。」可惜沃夫不夠睿智，沒發現十九世紀的粗糙的X光機器，會讓癌症也跟著免費的X光走。

情況會有多糟？如果你的腳永遠不落地，你的身體會完全拆解你的骨骼嗎？人類會變成水母，再也站不直了嗎？不會的。下半身癱瘓的患者最後會失去三分之一到一半的下半身骨頭質量。根據卡特爾和他史丹佛大學的學生製作的電腦模型，前往火星的兩年任務可能會對人體骨骼造成相同的影響。當太空人從火星回來時，他們會不會一走出太空艙，進入地球重力後就馬上骨折？卡特爾覺得可能。聽起來也很合理，因為目前已知嚴重骨質疏鬆的女性就算什麼都不做，光是站著轉換身體重心都會折斷髖骨（大腿上方和骨盆連接的位置）。她們不是跌倒而摔斷骨頭，是斷了骨頭才跌倒。這些女性通常已經失去多達接近百分之五十的骨頭質量。

卡特爾的電腦模型是ＮＡＳＡ出資的研究，他說：「但那裡似乎沒有人讀了我們的報告。他們覺得他們可以把太空人送上去，而且骨質流失會在幾個月後達到穩定，但是已經得到的證據並不支持這種看法。如果你進行兩年的火星任務，後果會很可怕。」

有些臥床測試的機構用相對於「太空人」的名稱，把自願受試者稱為「陸地人」。一開始，我以為這是為了讓這份工作聽起來比較重要，就像把工友稱為「環境衛生工程師」一樣。但三個月的「陸地人」每天的生活，的確和環繞地球軌道的太空人很相似。他們的一天由廣播喇叭播放的起床樂揭開序幕。（今天早上太空站播的是「金屬製品合唱團」[1]；飛行類比研究單位播的是「貝多芬寫的那個」。）你只能困在一個小房間裡，或是幾個房間裡；如果你想出去外面，那你就麻煩了。你也根本沒有什麼隱私，飛行類比研究單位的攝影機會對準床鋪，讓工作人員確保大家都躺平了。（受試者只有在用便盆時可以拉上床周圍的簾子。）愛抱怨的人不是很適合這份工作。雷翁說，當他參加實驗到一半的時候，曾經有一段煩躁的時間，但因為他表現得「很活潑，所以他們沒有注意到。」在我和雷翁相處的半小時裡，我只聽到一次抱怨，是跟雞肉有關的：「這裡的雞肉都是方形的，我要吃帶骨和帶肉的雞肉！不要再給我那些小方塊了。」

雷翁說他要離開一下，因為女按摩師要來了。不像太空人，這些臥床測試者每兩天會接受一次按摩，幫助他們舒緩下背部疼痛，這是取下重物後常見的副作用。雖然過去的醫生都會要下背部疼痛的病人在床上休息，但是根據《連結骨脊椎》（*Joint Bone Spine*）[2]二〇〇三年的一篇文章，不管你為什麼覺得疼痛，儘快離開床鋪幾乎一定會比較好。

少了體重的壓迫，脊椎彎曲程度會趨緩，脊椎間的圓盤會擴張，吸收比較多的水分。太空人在太空中度過一周後會長高大約六公分（典型的身高增加程度是原本身高的百分之三），就像小孩一樣，如果沒有考慮到身高的「抽長」，他們也會「穿不下」自己的衣服。

---

1 太空人的家人可以輪流挑選音樂。在雙子星任務時代，任務控制中心會傳送音樂到太空船上。但從下面的對話來看，他們放的音樂不一定讓人開心：
太空艙通訊員：……你覺得音樂怎麼樣？
飛行指揮官鮑曼：我們關掉了。我們有點忙，所以把音樂關掉了一會兒。
太空艙通訊員：好。他們選了一些很不錯的夏威夷音樂給你們聽。

2 這是期刊命名音節限制的少見例子。我最讚賞的是《腸子》（*Gut*）這個名稱。注意這個期刊名稱：《美國齒科矯正與牙面矯正期刊：美國齒科矯正醫師協會、齒科矯正醫師協會全體會員與美國齒科矯正理事會官方出版品》（*American Journal of Orthodontics and Dentofacial Orthopedics, Official Publication of the American Association of Orthodontists, Its Constituent Societies, and the American Board of Orthodontics*）。

亞倫已經「頭下腳上」八周了。（意思是他的床傾斜了六度。因為無重力會造成體液轉移到上半身，臥床也要有一樣的效果。）他的床旁邊有一支大電扇以最高速運轉，不是為了讓他降溫，而是為了遮掩走廊的聲音。他一直覺得自己被困住了，怎麼也逃不了。雪上加霜的是：他的室友提姆還在「臥床階段」。過幾天後，他也會頭上腳下，但目前他還可以穿著拖鞋四處走動，也可以像他現在這樣盤腿坐在床上。

廚房工作人員把餐車推進房間裡。

提姆說：「這是我一天最高興的時間！」他看起來真的很期待醫院的食物。亞倫不發一語地接過他的餐盤。他用一隻手肘撐起身體。看到有人斜躺著吃飯是很奇怪的畫面。這是從電影《天方夜譚》裡，擷取的一個黃褐色、不帶感情的畫面：男人躺在枕頭上，用一隻手吃飯。

提姆跟我介紹他的晚餐，用他的叉子東指西指：「我們有雞肉……」

我想到雷翁。

「是切塊的嗎？」「對，切塊的。都可當骰子擲了！這邊是紅蘿蔔硬幣……」他的語氣裡有種狂熱的感覺，好像我們眼前放的是古西班牙金幣一樣。「……還有蘋果片、牛奶、兩個蛋糕捲、果凍。我真的很喜歡這裡的食物。」

亞倫試著找出比較正面的話：「食物很多樣。」但是他還是很掙扎：「而且總是很多樣，我們有很多魚……」

提姆又開始了：「我的天哪，這裡的魚**超好吃的！**」

提姆幾年前就被關在這裡過，這次他又重新報名。他的牆上有一句標語：**歡迎回來，九二九〇**。

是用從隔壁的小兒腫瘤科借來的閃亮油漆寫的。

我還來不及阻止提姆，他就從床上滑下來，跑去問廚房工作人員有沒有多一份晚餐給我吃。

亞倫看起來渾身不對勁，全身都在扭動，不時把腳抬起來，在床單下形成一個A字形，然後再把腳放平。就像雷翁以及其他跟我交談過的人一樣，他在這裡是因為想賺錢付信用卡帳單。臥床研究是現代欠債者的監獄。不只是因為這樣賺的錢很多（三個月的實驗薪水是一萬七千美元），而且這裡的花錢機會有限。你這三個月都不用付房租、不用買菜、不用加油、不用在酒吧買單，也不用付電視費。臥床的節約生活可以幫助一個人戒除壞習慣。（雖然不一定完全有效：網路購物已經讓飛行類比研究單位成為當地UPS送貨的熱門地點。）

提姆有商學院的學位，但沒有錢創業。他曾搬到一個印度教內觀道場，因為他覺得需要思考他的未來，而且「他們會給你東西吃，是免費的！」在想很多、吃很多之後，他決定成為一個演員。在接下來的四年裡，他是一個「貨真價實的飢餓藝術家」。然後他聽說了飛行類比的研究。研究結束後他回歸演戲生涯，加入了新罕布夏劇團，演出「兒童版的馬克白」，想到這個就讓我不寒而慄。當回到飛行類比研究單位的機會來臨，他便抓住了機會。這段時間裡，他一直在思索截然不同的生涯選擇：要加入休士頓警方、開自助式洗衣店、考進海軍軍官學校、從事園藝事業，還是要成為勵志講師。就他的說法，他面臨了「半中年危機」。

根據飛行類比研究單位經理奈格特的說法，百分之三十登記參加臥床測試的人都說他們不是為了錢，而是想為太空研究盡一份心力。就像雷翁說的，「這是我最接近太空人的時候。」和太空飛行牽上關係，至少讓這份工作比較有英雄色彩。有鑑於此，工作人員會拜託太空人在光面海報大小的紙上寫下感謝的話。三不五時也會有太空人親自過來發送這些感謝函。曾經有太空人親自來看亞倫，但他想不起來那個人的名字。提姆拿到了薇特森的簽名照。（他說她是「一個BAMF[3]太空人。」）

提姆從廚房回來了。這裡沒有多餘的食物給我吃，但沒有關係。「我錯過了什麼嗎？」

亞倫說：「呃，我往左移動了一點點。」

詹森太空中心裡，查爾斯的骨骼是最大的。身高一百九十八公分的查爾斯，十歲的時候就知道自己想成為太空人。可是他的骨骼好像早知道自己上太空後的命運，所以故意成長得超過太空人的身高限制，摧毀查爾斯的夢想。後來他拿到了生理學博士，前往NASA工作。他的工作就是盡可能保護太空人的身體和骨頭。

最近查爾斯和我在詹森會議室裡聊了一個下午，這間會議室和太空中心同名，位在詹森太空中心的公關大樓裡。公關室派來監督的人安靜地坐在角落，好像如果他一不注意，查爾斯和我就會在詹森時期眾多的獎牌和簽名公告的環繞下，跳進彼此的臂彎。查爾斯一定讓負責公關的人如坐針氈。因為他以說話隨心所欲出了名，而且地位又高到不需要擔心他說錯話的後果。

就像在地球上一樣，負重訓練是讓骨頭維持強健的最好方法。當然囉，在零重力時你就得創造自己的重量。最麻煩也最貴的方法，就是在太空站裡建造一間旋轉室，也就是一個巨大的、可居住的離心機，把太空人往外拋向牆面，製造出人工重力（像電影《二〇〇一：太空漫遊》裡杜利慢跑的機器）。比較奇怪但也比較便宜的替代方案，是在太空人慢跑的時候，把他們的身體往下拉，藉此模擬重量。一般來說，這麼做會需要一條帶子，彈性繩，以及很多的髒話與皮膚發炎。這也不是很有效。

骨質流失研究者藍恩說，這種設備讓皮帶以運動者約百分之七十的體重拉住他們，而這種情況還是會造成「大量的骨質流失」。

現在還不是很清楚運動會有多少幫助。查爾斯說：「在太空中，運動可能比不運動好；但是我們不知道好多少，因為我們沒有做過實驗。」沒有人想讓對照組暴露在完全不做運動可能造成的骨質流失風險下。「如果你有好幾百個太空人，做的運動程度不一，那你就能把他們編成不同組，觀察做的運動比較少的這組效果如何，用踏步機而不是腳踏車的這組效果又如何。但是我們沒有這麼多人。我們只有一個騎腳踏車而不是踏步機的人，一個先騎過腳踏車然後換成踏步機的人，而且前者是四十多歲的女性，後者是六十多歲的男性。我們只能取團體平均值之類的。而團體平均值顯示，我們的因應措施還是不足以給太空人我們希望的保護。」根據藍恩的說法，從六個月的太空站任務回來的太空人，會比他們離開時減少百分之十五到二十的骨質。

飛行類比研究單位最近進行了以震動避免骨質流失的實驗。受試者一邊被裝在床腳震動盤的彈性繩拉住，一邊做運動。就是你在網路廣告上看到的，保證讓你骨骼與肌肉強健、身體苗條、小腹平坦的震動盤。我很驚訝會在這裡發現它們，查爾斯也是。我問他對利用震動因應骨質流失的對策有什麼看法，他說：「真是夠了，這樣沒用的。」飛行類比研究單位的同意書上注明，該實驗人員和震動機器有「關係」。因為是他協助發明的。

---

3 我用 google 搜尋BAMF的意思。結果是「他媽的婊子」的意思。但請不要告訴有同樣縮寫的「柏克萊大道孟諾派團契」和「弗林特都市建築師協會」。

卡特爾也對震動研究感到很驚訝。他說唯一來自一項動物研究的可靠數據，顯示震動似乎能加速骨折癒合，「但是只對骨骼質量比較低的動物有效，對骨質幾乎完全沒有影響。」

震動倒是對江湖郎中很有吸引力。一九〇五年到一九一五年的醫學期刊充斥著「震動按摩」以及因而痊癒的各種病痛文章，名列其中的包括心臟衰弱、游離腎、食道與內耳黏膜的歇斯底里痙攣、耳聾、癌症、視力不佳，以及非常多的前列腺問題。一九一二年有一位薛布夏爾醫師特別指出，利用「充分潤滑後，安裝在震動器上的特製前列腺塗藥裝置插入直腸」，他便「能清空精囊的分泌物。」最好是。薛布夏爾的病人每兩天回診一次，難怪也和震動器發展出關係。

不管是提姆或亞倫都沒有參加運動研究。提姆說：「讓自己萎縮是我一生中最困難的事。」在研究開始之前，提姆一周會跑三次八公里的路程。他自己發明了一種因應對策。「我聽過一個戰俘在越南的故事。」他停下來吃果凍，湯匙敲擊玻璃碗發出清脆的聲音。「他被關在籠子裡。」鏗鏗鏗。「他每天都在心裡打高爾夫球。而且讓他的成績進步了六桿！」他往後躺回枕頭上：「所以我也可以在心裡跑步。」

亞倫一塊一塊剝著晚餐的蛋糕捲，不發一語地聽我們說話。他轉頭面向我們：「我一直在心裡蹲下來。」他說他考慮建議NASA請瑜伽大師或是佛教僧侶教導太空人訓練他們的心智，藉此幫助他們對抗零重力帶來的影響。我心裡出現的畫面讓我很開心。

晚餐推車回來了，餐盤都被收走了。服務人員把提姆的杯子放到他桌上，她說：「你的牛奶沒喝完。」飲食攝取也是研究的一部分，全部都會記錄下來。他們雇用了學生來監督這些臥床測試者，確保他們不會把食物塞在床墊下，或是藏在天花板後面。（兩種情況都發生過。）

亞倫說：「你什麼都要吃掉。然後他們會拿回來一小盆楓糖漿，叫你喝掉裡面剩下的東西。」

薇特森曾經克服過卡特爾和查爾斯憂心萬分的情況，也就是在無重力中居住了幾個月，甚至幾年後，骨頭和肌肉都已經萎縮的太空人突然要面臨緊急情況：在衝擊著陸、跳出太空艙艙門，或拉出其他太空人時承受地球的重力。但薇特森，就像我們之前看到的，在二〇〇八年通過了考驗。她和兩個隊友一起從國際太空站回來時，承受了像子彈般地重新進入大氣層的衝擊和十G的著陸重力。著陸時的火花讓草地都起了火，隊友李素妍的背也受了傷。

我問薇特森那起意外的詳情[4]。那天的訪問時間已經安排好，結果電話系統出了點問題。等薇特森的聲音從電話那頭傳來時，我分配到的十五分鐘已經用掉了六分鐘。我馬上把禮貌放到一邊，直接問她那起火災和骨頭斷掉的事。「指揮官，我很崇拜妳，妳從聯合號跑出來的時候，擔不擔心妳的腿會斷掉？」

4 就像太空人的所有活動一樣，訪問也都有精確的計畫並接受計時。有點像是迷你太空任務。薇特森和我的訪問曾經兩度流產並改期。等到訪問的時間終於來了，我的電話透過接線生轉接到薇特森坐的隔間裡。時間就這樣過去了。接線生說：「我沒有聽到回應。妳預約的時間是幾點？」我告訴她是十二點半，她說：「好，妳太早打來了。我這裡是十二點二十八分。」你會聽到NASA的播音員說：「睡覺時間預定從中央標準時間凌晨一點五十九分開始，太空人團隊預計起床時間是中央標準時間九點五十八分」之類的話。安眠藥？一定要的啊。

薇特森說：「沒有。」她有更值得擔心的事。例如在重新進入大氣層的八G重力下呼吸，或是不要在著陸的哈薩克荒野中的農夫前面嘔吐。

薇特森說，在第一次的國際太空站任務裡，她做的運動多到讓她的骨質密度比離開地球時還要高[5]。她的整體骨質流失不到百分之一。「我站立蹲下的次數多到我的髖骨骨質還增加了。」一直研究國際太空站太空人骨骼的藍恩倒是不會因此就完全放心。回到地球的太空人整體骨質可能和出發前很相似，但是骨質的分布會不一樣。大部分新長的骨質會長在支撐行走的骨頭部位，但是臀部這種跌倒時容易受傷的部位，並不是會新長出骨頭的部位，因此薇特森這樣的女性在老年時會很容易骨折。

當你跌倒的時候，你的臀部上方（更明確地說，是股骨頸部與大腿骨上方的大轉子）必須承受側面撞擊力的衝擊，這不是你慢跑或是蹲下時會強化到的結構。透過走路與日常活動強化的骨頭部位，到了老年時的支撐力好得令人驚訝。身體傾向將骨質重新分配到這些部位，因此會犧牲其他部位，像是你跌倒時會撞到的部位。因此有些骨質疏鬆專家認為，跟負重訓練比起來，預防跌倒更有助於避免髖骨骨折。

我問藍恩，有沒有人研究過用一天重擊髖骨側邊幾次的簡單方法，避免髖骨骨折的可能性？當然不是重擊到骨折的地步，但要重到可以造成刺激骨細胞強化結構的程度。我不期望他說有，結果他要我聯絡史丹佛大學的卡特爾。

我打電話過去的時候，卡特爾說：「那只是一個概念。我們從來沒有做過這種設備。」不是用打的，是用擠的。「你坐在一張躺椅上，兩側有東西擠壓你的臀部，就是大家跌倒時會撞到臀部的大轉子位置。」看起來好像是個好主意，但是卡特爾聯絡的公司都不願意參與。因為他們覺得這樣髖骨可能會碎裂，然後婦女會控告他們嗎？「對。而且我想這種東西對他們來說太奇怪了。」

有沒有可能利用受到控制的跌倒，加強髖骨的支撐力呢？我也不期望這問題會有肯定的回答。但是卡特爾告訴我，奧勒岡州立大學骨頭研究實驗室的一個研究生曾經研究過這種方法。拉蕊薇荷的論文裡有一部分的內容是讓受試者側躺，抬高身體大約十五公分，接著落到木頭地板上。每一輪做三十次，一天做三輪。在實驗的最後，掃描顯示了相當值得注意的數據：雖然增加的數字很小，但是接受撞擊側的股骨頸部密度，的確多於沒有撞擊的那一側。拉蕊薇荷的教授之一哈雅斯覺得，如果衝擊再強一點，研究時間再長一點，結果可能會更有研究價值。

但真的跌倒的時候，沒有什麼是特別有用的。鈣質沒有用，就某個程度來說，運動也是。開雙磷酸鹽這種骨質疏鬆的藥物給一些顎骨細胞壞死的病人，必須經過嚴格的審查。查爾斯解釋：「現在最先進的對策和四十年前沒有差別。」

太空人也不在乎。查爾斯說：「他們只想去火星。這是他們加入計畫的原因。」

---

5 你有時候會看到太空人的頭骨在零重力下會變厚的說法，我猜這是因為身體上半部的體液增加，讓大腦膨脹，而身體對這種壓力增加的反應就是加厚頭蓋骨——就像血壓升高會讓身體加厚動脈血管壁一樣。NASA生理學家查爾斯說：「很有意思的假設。」接著他告訴我，住在太空裡並不會讓太空人的頭蓋骨變厚。或者不該這麼說。查爾斯說，他們總是會出現「太空笨」的症狀——由「睡眠不足、過於仔細的時間表，還有我們對太空人的其他羞辱」所造成的認知損害。

薇特森有信心，等到人類的火星任務成真，自然會有人想出好的、安全的藥物來解決問題。但比較有可能的情況是，基因測試屆時會成為遴選太空人的步驟之一（骨質流失有很大一部分是遺傳）。查爾斯預測NASA徵選火星任務的太空人條件會選出「幾乎刀槍不入——從來沒有腎結石、骨質密度高、膽固醇數字正常，且對放射線不敏感的人。」

黑人女性的骨頭密度平均比白種與亞洲女性高百分之七到百分之二十四（我沒有黑人男性的數據，但估計他們的骨頭也比較結實）。我問查爾斯，NASA是不是該考慮選擇全由黑人組成的登陸火星團隊。他說：「有何不可？幾十年來我們都是全體金髮碧眼的團隊。」

一個全由黑熊組成的團隊也是解決骨質流失難題的另一個方法。黑熊冬眠四到七個月後走出洞穴時，牠們的骨頭依舊和牠們冬眠前一樣強壯。有些研究人員相信，研究冬眠的熊或許能掌握骨質流失的關鍵因素及應對方案，多納修就是其中之一。他是密西根科技大學的生物醫學工程教授，我也和他談過。多納修說，冬眠熊的骨頭不像臥床測試者或太空人的骨頭那樣會折斷，差別在於牠們的身體會把鈣質和其他分解的礦物質從血液分離，重新用在骨頭上，否則牠們血液內的鈣質程度會達到致命的濃度。因為熊不會在那四到七個月裡起床上廁所，所以牠們分解後的骨頭礦物質會進入血液裡，並且持續堆積，「因此牠們演化出一種回收鈣質的方法。」這樣一來，牠們也不會死。骨頭保護是「一個幸運的結果。」

多納修和其他人都在研究控制熊新陳代謝的賀爾蒙，試著鑑別出其中某些成分，能幫助更年期後的女性（以及太空人）長出新的骨頭。他們已經找出了熊的副甲狀腺賀爾蒙。多納修有一間公司，專門製造合成賀爾蒙注射在測試用的老鼠身上。如果順利的話，這種賀爾蒙最後也會在更年期後的女性身上測試。就連人類的副甲狀腺賀爾蒙也能讓女性骨頭增生，這也是增加更年期後骨頭密度最有效的方法之一。不幸的是，高劑量的人類賀爾蒙會讓老鼠得到骨癌，因此食品藥物管理局限制這種藥方只能開一年，而且只限已經骨折的女性使用。多納修說，熊的副甲狀腺賀爾蒙看來並沒有任何負面的副作用，所以就請老天保佑一切成功吧。

還有另外一個原因讓ＮＡＳＡ對冬眠的熊很感興趣。想像一下，如果人類可以冬眠，在兩到三年的火星任務當中有六個月只呼吸四分之一的氧氣，還不吃不喝，那麼升空的時候就能大量減少攜帶的食物、氧氣和飲水了。（帶上太空船的行李愈少，發射的成本愈低。一旦到達可以脫離地球重力所需的速度，把地球的大氣壓力拋在腦後，太空船基本上就能毫不費力地航向火星。）太空船的重量每增加四百五十公克，計畫預算就會多好幾千美元。幾十年前的科幻小說作家就很清楚這個想法，在虛構的太空船上裝設了高科技的氣候控制冬眠裝置。

各國太空總署討論過人類冬眠的方法嗎？不只討論過，而且還在討論中。查爾斯說：「這種說法永不退流行。但這只是冬眠而已。」他對太空人冬眠的可能性存疑：「就算冬眠真的有用，難道我們真的會減少太空船上提供太空人執行三年火星任務所需的物資嗎？如果冬眠系統壞了，大家都醒來了怎麼辦？你要帶多少食物和氧氣以防萬一？而且等到這些物資真的夠多了，會不會又抵銷了冬眠所節省的物資？」

這個方法不成功還有另外一個原因。冬眠的熊會從牠們進入洞穴前大吃大喝囤積的脂肪中，取得水分和能源。華盛頓州立大學的熊研究中心指出，一隻小的（太空人體型的）熊在冬眠前的囤積階段，必須吃下多達自己體重百分之四十的蘋果和莓果。相當於一天吃下三十公斤的食物。

如果不是你的身體已經找到方法適應，六個月不吃不喝，只靠脂肪維生（就算是你自己的脂肪）可能不是很健康的事。很少人知道的是，冬眠的熊的「壞」膽固醇很高。（牠們也有很高的「好」膽固醇——也許這解釋了為什麼熊沒有心臟病。）

臥床測試者不是熊。他們要吃喝拉撒，而最後面這件事就是提姆失敗的原因。在飛行類比研究單位，大便都要在床上解決，沒有別的地方可以去。平躺在床上用便盆是很奇怪的不自然的「大」法，這是我婆婆貞的說法。所以提姆坐了起來，結果被對準他室友亞倫的攝影機拍到。（他沒有把床邊的簾子拉起來，因為亞倫不在房間。）他告訴我：「我覺得這根本沒什麼大影響，但真的會破壞科學數據[6]。」所以提姆被要求離開。

雷翁對於臥床測試的這個部分倒沒有問題。「做過前面幾次後，感覺就像本能的一部分了。而且我……**上很多**。我至少比這裡其他受試者多上四五次。等到三個月結束時，我就會到兩百六十……」

這是臥床測試者和太空人另外一個差異，他們沒有任何訪談禁忌。

連「性」這個話題也不例外。稍早，奈格特帶我參觀淋浴區，一個馬廄大小、鋪了磁磚的房間，裡面還配備了防水輪床。我問：「淋浴的時候，是他們唯一……**私人**的時間，你懂我的意思嗎？」

「對……」奈格特回答，接著開始解釋取代之前餐廳洗碗用的工業灑水頭的新蓮蓬頭。我不確定他知不知道我的意思，所以我問雷翁。雷翁證實，他們大部分人都在淋浴間「解決」。就像太空人在軌道上一樣，手淫不會出現在飛行類比研究單位的規範與導覽中。雷翁很雷翁地問了這裡的心理學家：「我的意思是，如果這樣會破壞測試的某個部分之類的，那我就不會做。」心理學家臉紅地告訴雷翁儘管去做，還要他自己善後。

在回憶錄裡，太空人柯林斯說了一個阿波羅時代的故事。當時一名醫師建議太空人在長途任務中定時手淫以避免前列腺感染。柯林斯登月任務的飛行醫生「決定忽視這個建議。」「忽視」好像也是一直以來處理人類性欲的方法。俄國太空總署也差不多。蘇聯太空人拉維金告訴我，他也聽說過長時間的禁欲會造成前列腺感染，但是太空總署都假裝這個問題不存在。「隨便你自己怎麼處理。但每個人都在做，而且大家都了解，這不算什麼。我朋友問我：『你在太空裡怎麼處理性生活？』我說：『用手啊！』」至於善後的事情，「的確有可能，有時候你睡覺時會自然發生。這很自然。」查爾斯告訴我，他聽說過前列腺健康與「自己來」間的關係（在NASA，什麼都要有簡稱或代號），但是他沒聽過任何關於贊成或反對在軌道上手淫的正式討論。

關於兩人性行為的討論也沒出現過。飛行類比研究單位的規範裡倒是提過這件事，不過也是間接的：訪客不能坐在或是躺在床上。雷翁開玩笑說：「我太太倒是不介意。這是我離開的另外一個好處！」我特地到他房間向他說再見，他用電腦讓我看他的家庭照。

「我得走了，我想你應該……」

雷翁咧嘴一笑：「沒事可做？」

---

6 實驗受試者多常作弊？瀏覽「人體白老鼠」網站後，我覺得應該滿常的。某個在藥物實驗中應該要擔任盲目對照組的受試者說：「每個人都把藥丸敲開，看看裡面是不是玉米粉。」

12

三隻海豚俱樂部

無重力交配

我打電話去的時候，海耶斯剛好在脫掉他的溼衣服。他是一位海洋生物學家，博士論文是斑海豹的交配策略。既然在水中漂浮能有效仿造在零重力時漂浮的情況——相似程度足以讓太空人在巨大的游泳池裡演練太空漫步，而且找到海豹專家（老天，是**海豹**）來解釋無重力性行為比找NASA的人來講這個主題容易多了，所以我開始打起海洋生物學家的主意。

海耶斯說：「牠們很謹慎[1]。」他指的是一般的無耳海豹（不是那種在岸邊交配，還會在馬戲團的球上保持平衡的有耳海豹）。海耶斯製造了一種特殊裝備來觀察這些野生斑海豹，但他到現在一次都沒看過這種漂浮的鰭足類恩愛的畫面。斑海豹就像太空人一樣，從來沒有在自然棲息地裡被抓到牠們在做那檔子事，如果你想知道那是怎麼進行的，你就得把一對海豹放到人工泳池裡。海耶斯寄給我一份這麼做的約翰霍普金斯大學研究人員寫的論文。

生物學家的觀察結果證實了我的預測：說到性行為，重力就是你的好朋友。研究人員寫：「雄性大多時間都花在緊緊抓住雌性，試著撐住，維持性交的姿勢。」牠用牙齒當第三隻手，咬住雌性的背部，避免牠們因為浮力而分開[2]。在一張照片裡，這對胖嘟嘟的情侶在水池底部奮力想要抵抗牛頓第三定律。因為在那個地方，每個動作都會有相同強度的反作用力。當重力不存在或大幅減少時，往前擠反而會把親愛的往外推開[3]。

和斑海豹不同的是，太空人不用為了研究水底性愛而被丟進游泳池裡，儘管已故作家斯坦在著作《太空中的生活》一書中這麼描述：

一九八〇年代，NASA曾在阿拉巴馬州亨次維的喬治馬歇爾太空飛行中心中性浮力無重力訓練水槽中，進行深夜的祕密實驗。實驗結果顯示：是的，人類的確可以在無重力下交配，但是他們要維持結合狀態卻很困難。這些偷偷摸摸的研究人員發現，如果有第三個人抓準時機，在正確的位置幫忙推一下，會很有幫助。不具名的研究人員……發現海豚就會這樣。在交配過程中，一定有第三隻海豚在場。就像航空業的「空中高潮俱樂部」，後來也出現太空版的「三隻海豚俱樂部」。

斯坦以科幻小說聞名於世，看來他在寫作非小說時，也難以甩開這種習慣。或者這種謠言其實是從馬歇爾中心傳出來的？我寫信給那裡的公關室主任，看看有沒有人能說明這個故事的起源。結

---

1 如果你的前戲是發出「門嘎吱作響的聲音」，浮上水面「在彼此臉上重重呼吸，同時維持眼神接觸」，那你應該也會很謹慎。

2 在重力減少時，發生性行為很困難的另一樣證據來自海獺。雄海獺為了固定雌海獺的位置，通常會把雌海獺的頭往後拉，用牙齒咬住牠的鼻子。蒙特利灣水族館的海獺研究主持人絲黛德樂說：「我們的獸醫必須幫某些雌性做隆鼻手術。」（性行為對雄海獺也會造成傷害，牠們必須忍受海鷗把牠勃起的陰莖當成新鮮的海中珍味不斷啄食的痛楚。）

3 顯然這是將自己的照片和影片提供給「水底性愛網站」，號稱「獵人」的杭特選擇退出中性浮力狀態，轉而在「裸體潛水」後「一路滴著水走十公尺到沙灘酒吧」，搭訕一位不知名的「苦悶寂寞婦人」的原因。杭特說：「你能想像在無重力下能做哪些姿勢嗎？」你可以，因為杭特的動作都是你在潛水小屋後面會看到的那種老派姿勢，只是他多戴了一副毫無吸引力的、臉部扭出的醜陋潛水裝備。

果他們開始閃躲問題了：「瑪莉妳好：我把這封信也寄給了我們的歷史學家瑞特，他應該能提供妳一些『中性浮力實驗室』相關的歷史資訊。簡短的回答是，對，馬歇爾中心的確有過『中性浮力實驗室』，但是已經關閉了（瑞特可以告訴妳確切日期），後續的研究都在休士頓的詹森太空中心進行。」好像我的電子郵件裡完全沒提到性或是斯坦一樣。

根據他的海豚準確商數，斯坦實在不值得信賴。美國卓越的海豚專家威歐斯說：「海豚交配只需要兩隻就夠了。」在我的追問之下，威歐斯表示，第二隻雄性有時候會幫忙包圍雌性，但從來沒有觀察到性交中幫忙推一下的現象。不需要第三隻海豚的原因之一，可能是因為海豚的陰莖是具有抓握能力的[4]。喬治城大學海豚研究人員蔓恩告訴我，雄海豚能「勾在雌性體內」，讓雌性在雄性完事所需要的幾秒鐘裡貼近對方。然而蔓恩覺得，雄性需要這項優勢並不完全是因為漂浮的時候很難維持結合狀態，而是因為雌性通常會翻身，試圖逃脫。就我所了解的男性太空人來說，這倒不會是問題。

而且斯坦描述的研究實驗實在不是很合理。明明在後院的游泳池就能做一樣的「實驗」了，NASA員工為什麼要冒著丟掉飯碗的風險這樣做？而且你為什麼會需要正式的實驗？就像太空人克勞奇在一封電子郵件中說的，在太空中想發生性行為的兩人，只要做在地球上做的事就好：「只要開始做，經驗多了就會愈來愈好。」

至於斯坦宣稱參加人員「難以維持結合狀態」的說法，克勞奇也嗤之以鼻。「又沒有東西限制他們用手腳控制或抓住對方。一旦其中一方已經緊緊地固定對方的腳或身體時。」他在這裡建議，如果其他方法都失敗，可以使用防水膠帶：「接著就看兩人怎麼發揮想像力了，就連《印度愛經》都無法涵蓋所有可能性。」

我寫信給克勞奇問他另外一個關於太空性愛的網路惡作劇——NASA第一四三〇七一七九二號文件。這是一份杜撰的一九八九年「飛行後摘要」，內容記錄在 STS-75 太空梭任務進行的所謂「零重力軌道環境中維持婚姻關係方法」的探討結果。這是我第一次看到引用另外一個騙局的惡作劇玩笑，因為這份文件使用了斯坦的說法：「類似的實驗也在中性浮力水槽中進行過。」

一對太空人夫妻在甲板間保護隱私的「氣體隔音屏障」內，據說嘗試了十種姿勢，其中四種是「自然的」，另外六種則受到物理條件上的限制。而第十號姿勢被其中一人選為「最滿足的」姿勢：「伴侶互相用大腿夾住另外一人的頭。」這份報告的結論建議未來挑選太空人夫妻時，應以「可接受或採取第三和第十種解決方案的能力」為標準，並提到可參考後續的太空人性愛訓練影片。令人驚訝的是，在這麼多年當中，有兩位太空書籍的作者上鉤了，在自己的書裡把一四三〇七一七九二號文件當成事實引述。只要簡單地造訪NASA的網站，就會發現 STS-75 號太空任務是一九九六年升空的，也就是這份「文件」面世的七年**之後**。附帶一提，這次任務成員全部都是男性。

---

4 牠們真的可以抓住東西——有時候還能抓住付錢和牠們一起游泳的人。「曾經發生人類被抓的案例，因為雄海豚……用陰莖抓住了一個人的腳踝。」海豚研究人員蔓恩這麼說。她還說，雄海豚也因此悄悄地被排除在這些節目之外。如果「和海豚做愛」這個網站可信的話，雌海豚也會這樣。作者寫道：「牠突然決定用牠的生殖器口抓住我的腳。」接著他解釋雌海豚不只有孔武有力的陰道口，還能用那裡的肌肉「操縱並攜帶物體」。真是對無四肢者的恩賜！我想問蔓恩海豚曾經用生殖器攜帶過什麼東西，但她此時就開始閃躲我的電子郵件了。

曾經有幾十位太空人參加過男女混合團隊，其中一次的太空梭任務的成員裡曾包括一對夫妻。他們在訓練過程中開始相戀，並且私下互許終身，直到升空任務前才知會NASA。很難想像這些男男女女，無一例外的都抗拒了性愛誘惑。雖然太空梭上可能根本毫無隱私可言，但是在和平號太空站或是國際太空站這些多模組的太空站裡就不是這麼一回事了。波雅葛夫和迷人的康達柯娃在和平號太空站上一起度過了五個月。蘇聯太空人拉維金告訴我：「我們當時一直逼問波雅葛夫他們在哪裡發生關係，但是他說：『不要問這些問題。』」康達柯娃是蘇聯太空人留明的太太，難怪波雅葛夫必須把太空裝還有他的嘴巴拉緊。拉維金和我分享了一個蘇聯的說法，透過翻譯，當中的意思似乎少了些什麼，但也多了些什麼：「愛神藏起弓箭的地方永遠是個謎。」或者像是太空專家歐伯格的說法（他引用的是軍隊裡的老話）：「不知道事實的人特別大嘴巴，知道事實的人都不開口。」

NASA並沒有特別針對性愛的行為守則，「太空人職業責任規範」中有一條語焉不詳，類似童子軍風格的誓言：「我們會盡可能避免出現不適宜的舉動。」對我來說，這句話的意思是「不要被抓到就好。」實際上屬於美國聯邦法規一部分的「國際太空站團隊行為守則」也一樣慎重：「所有國際太空站成員……行為舉止都不可造成或出現下列現象：（一）在執行國際太空站的工作時不當地偏袒某人或某團體……」這是一種對性行為的看法：不當地偏袒。

事實上，沒有任何事需要明文規定。NASA的資金來自納稅人的錢，就像參議員和總統一樣，太空人是備受矚目的公僕，所以在性行為方面失足，或是任何有違道德禮儀的行為，都不會輕易被寬恕。這種事會被媒體大肆報導，引起民眾憤慨，造成經費縮減。太空人很清楚這種事。就算只是零重力性愛的謠言，只要沒躲過NASA的耳目，牽涉其中的太空人也永遠不可能再出任務。

因此，雖然很難想像從來沒有太空人在太空中發生過性行為，倒也很難想像真的有人做過。我試著向我的經紀人曼道解釋這件事：多年的教育以及訓練、對於未知的下次任務的焦慮感、他們對職業生涯超乎常人的執著與投入……這些事牽連太廣，而且他們也賭不起。曼道聽完之後，說：「說不定會值得啊，不是嗎？[5]」

這整個萌芽中的產業之所以會起步，靠的就是像我的經紀人這種人的想像力。「太空旅遊協會」的主席史賓賽認為未來將可以搭乘「超級遊艇」環繞軌道，主打的特色是「依偎隧道」和零重力熱水按摩浴缸。「美國經濟套房」創辦人畢吉羅目前是拉斯維加斯「畢吉羅航太中心」的負責人，他已經開始測試並發射「商業太空站」使用的充氣組件，將可出租做為研究、工業測試、太空假期和蜜月使用[6]。畢吉羅希望能在二〇一五年開始營業。

理論上來說，根本不必等畢吉羅的旅館房間，或是史賓賽的超級遊艇實現。太空性愛讓大部分人

5 這個人也在我拿一張美得讓人難以忘懷的火星地貌全景照片給他看的時候，回答我：「這裡看起來跟拉斯維加斯郊外沒兩樣。」他這麼說真有趣。因為在我寫作的此時，有一項在拉斯維加斯郊區沙漠裡建設「火星世界」度假村的計畫正在募集資金，建設預算為十六億美元。

6 希望他不會以他在地球上的商業模式來經營。下面引用《旅遊建議》對畢吉羅在拉斯維加斯的「美國經濟套房」公司經營一段時間後的評論：「……這裡有很臭的霉味，床鋪沒有床架，只有幾個箱子放在過氣的地毯上。」「……游泳池區聞起來都是尿味……池子裡的水黑漆漆的。」「……空調壞了……電視壞了……保全人員的舉止像德國蓋世太保一樣。」

著迷的原因並不在於參加者所在的高度，而是在於他們是無重力的。這樣說來，拋物線飛行可能也有同樣的效果。不過你只能體驗二十秒的無重力，而且前後時段都是醫學上相當危險的，兩人體重是平常兩倍的時間。

「零重力公司」從一九九三年開始使用他們的波音七二七飛機群經營商業拋物線飛行。這些在飛機上脫離重力的人，有沒有人也曾經脫過褲子？我訪問到一位當時離開公司，並且希望匿名的人，他表示在飛機上發生性行為是絕對不可能的。零重力公司當時已經和NASA簽約，負責讓大學生和學校老師搭乘減少重力的飛行，目的是在學生間推廣太空計畫。如果公司開始讓乘客在飛機上發生性行為，NASA一定會強烈抗拒和他們續約。此外，想這麼做的兩人必須要包下整架飛機，要價九萬五千美元。

但我也不是第一個提出這種問題的人。空中高潮俱樂部曾有人「多次」洽詢零重力公司租賃飛機的事宜。這其實不是一個有規範的正式俱樂部，只是一個網站，讓在飛機上發生性行為而「躋身俱樂部」的人可以在此分享他們的故事。如果有人曾經在拋物線飛行時發生無重力性愛，可以想見這個組織應該會知道。

「空中高潮俱樂部」負責回覆信件的菲爾說：「我們不知道有人曾經試圖嘗試這種特技。如果妳得到相關的資訊請告訴我們，我們可以在網站上公布。」菲爾在信中附加了兩張照片，是一對無名氏在跳傘降落的過程中做愛的照片。他們的姿勢其實很傳統——傳統的性愛姿勢，不是跳傘姿勢：男生坐著，女生跨坐。在他們這種特殊的空氣動力情況下，唯一的特殊之處是男生的手臂伸到了自己身後，維持穩定。雖然很有趣，但並不特別適合拿來和零重力相提並論。強烈衝擊男生光裸背部的風力形成了一個表面，使得這對愛侶在施力時會有抵抗的反作用力。我很好奇這個男的最後會不會因為衝壓進氣而發生脹氣，對他們的性愛倒是沒那麼好奇。

只有色情文學作家比較有動機為了了解無重力性愛，而花大錢包下一架飛機。《花花公子》雜誌曾經聯絡過零重力公司，成人片公司「狂野女孩」的製作人也是。我在「狂野女孩」公司的消息來源說：「妳絕對不相信他們有多努力，而且願意付多少錢。」製作人和製作單位最後包下一架俄國的飛機，不過沒有人在上面做愛。他們只是拍了更多女孩胸部掙脫束縛的鏡頭，不過這次她們也掙脫了重力的束縛。

幾個月後，我翻閱歐洲的《色彩》雜誌時，看到裡面提到一部一九九九年的色情電影《天王星實驗》，這部片的製作人顯然包下了一架噴射機進行拋物線飛行。「飛機往地面俯衝時，時間恰好夠讓他們拍攝交媾的畫面。」主演這部片的是捷克女演員珊特。珊特小姐會不會是第一位曾經體驗無重力性交的人類呢？

雖然珊特在網路上表現得很坦蕩，但她的電子郵件住址顯示她並不想現身。我認識的一位知名網路性愛專欄作家建議我聯絡一位人面很廣的「成人公關」，她只知道此人名叫「噁爛腦」。（因為我**不是**成人，所以我不只對這個名字有興趣，也很好奇他的工作描述。我在想像，如果有另外一種工作是「兒童公關」的話……希望其中有些人在NASA工作。）看一眼願意為噁爛先生背書的客戶名單，就知道他是一位多才多藝的人。他曾經一度同時擔任美國廣播公司新聞部和「奶溝：成人影片搜尋引擎」的代表。噁爛先生給了我一個線索，讓我找到另外一個消息來源，對方表示珊特五年前已經離開這個產業[7]，「搬回捷克共和國，從此從地球上蒸發。」

我的下一站是去找米爾頓，他在巴塞隆納的「私媒體集團」是《天王星實驗》的製作公司。米爾頓是一個和藹的人，帶著難以分辨的口音，他把下載的《天王星》系列電影（這是三部曲！）寄給我，並且承諾幫我找到珊特女士。他說當時進行這項歷史性行動的飛機是企業噴射機的一份子，而米爾頓先生有分時使用權。

「你讓航空公司的噴射機駕駛做拋物線飛行？」

「沒錯。」

「他之前做過嗎？」

「沒有。」這真是令人驚訝。但是米爾頓繼續描述噴射機引擎的耗損與破壞，以及這架飛機在檢查與維修後還被禁飛了兩天，因此我選擇相信他。

米爾頓沒去過現場，所以他不記得零重力場景的細節。畢竟這是十年前的事了，而且「私媒體」當時一個月會發行十部片。不過他記得那位攝影師，他在同業間很出名，因為他曾經一度擔任瑞典大導演柏格曼的攝影師。

米爾頓補充說，他根本看不上柏格曼：「他贏了很多獎，但是根本沒人看他的電影。他很沮喪，一點都不開心。」

我提起他所執導的《芬妮與亞歷山大》這部電影。

「好吧，那可能是唯一一部讓人會從頭到尾看完的電影，其他都難看死了。」

我必須承認，我在看《天王星實驗》第一集的時候，的確比看《第七封印》開心得多。電影開場是一個蘇俄太空人光著身體躺在蘇聯太空總署的診療台上，胸口貼著一片長得像尼古丁貼片的心電圖電擊片，這畫面有點古怪，因為他是來提供精液樣本的。隔壁房間裡寬下巴的蘇聯太空總署人員在討論機密實驗「探討零重力對精液製造的影響」。接著鏡頭轉到一位穿著貼身白色實驗袍的金髮女人，修得很漂亮的指尖拎著一根試管。她說：「你好，你的器官真美。」

我快轉了這一幕，還有在NASA（片中發音是「納索」）總部選擇女實習生的一幕（航太學位在這裡似乎一點也不必要）。等劇情進展到零重力時，我才暫停快轉。兩艘在軌道上運行的太空梭，分別是蘇聯和美國的，開始進行底部對底部的對接。就連太空船都可以發生性行為。

兩艘太空梭的艙門幾乎沒有打開，兩位太空人都脫掉了太空裝，珊特身體垂直，上下擺動，好像在沾醬一樣。等一下，不要掛斷電話。她的馬尾垂在身後，而且其他在她前面的東西也往下垂。如果沒有重力，就不應該有這種垂下的情況。這才不是在零重力下拍的！演員的小腿都藏在一個操縱台後方，他們只是踮著腳上下動，在空中揮舞手臂而已。

我注意到在三部曲的記者會上，提到只有一個鏡頭「在完全無重力狀態下拍攝」，而且是在《天王星實驗第三集》。我起身離開沙發，準備將第二集退片，但現在不行：由指揮官威而森帶領的太空人狂歡儀式，透過現場直播在任務控制中心的大銀幕播放。而且全世界都看得到。大醜聞與大混亂！NASA立刻關閉。美國總統開始講電話。他的西裝太大了，而且辦公室場景是一間廉價的汽車旅館

7 珊特退休時已經拍攝過兩百多部色情影片。雖然有一兩部片品質特別突出（例如片名仿效庫柏力克導演的《大開口戒》），但大部分的影片（例如《火熱男與尾管第十四集：撒尿人的冒險》）都顯示三十三歲的珊特的確該休息了。

房間。「這一定是蘇俄KGB情報局搞的鬼！我感覺得到。」

威而森指揮官和珊特在第三集裡繼續藐視NASA的「乘員行為準則」，雖然可能是我自己的想像，不過威而森指揮官好像比第一集和第二集更投入了，不知道是不是因為無重力的效果？沒有了重力將血液往下半身拉，留在上半身的血液就比較多。胸部會比較大，傳說陰莖也會因為這種膨脹而受惠。太空人馬朗在《坐火箭》中寫：「我曾經勃起得太猛，結果很痛。我覺得我可以頂穿超人星球上的克利普頓石了。」

但太空人克勞奇告訴我：「我聽別人說過完全相反的情況。」巧妙地迴避了他自己的經驗。我打電話給NASA的生理學家查爾斯，讓他來當裁判。查爾斯說，根據勇猛如巴斯光年的艾德林，還有水星與雙子星任務的太空人的回報，那個區域確實會缺乏活動力。「他們還打算頒獎給第一個能有反應的人，不過怎麼能證明呢？」查爾斯若有所思地這麼說。他站在艾德林和克勞奇那邊，而且醫學也站在查爾斯這邊。在零重力狀態下，切開體液較多和較少的身體部位的那條線就在橫隔膜附近。這裡叫做流體靜力學無差異點。查爾斯說：「男性的老二在這個點以下，所以看起來會像是被抽乾的，而不是腫脹的。」

這對《天王星實驗》的男演員應是一大挑戰。但並沒有，猜猜看是為什麼。因為他們並非在零重力下拍攝。攝影師只是從射精的指揮官身後拍攝，再把影像上下顛倒，所以他看起來就像在漂浮一樣。我恰好知道「在完全無重力下射精」的鏡頭會是什麼樣子，因為我讀過一九七二年NASA研究〈食物在零重力下的某些流動性質〉，而實驗的食物包括奶油糖布丁和馬鈴薯湯。這份報告裡還提到營養學家對零重力射精的詮釋：示範一道牛奶如何「快速地形成完美的球面。」威而森指揮官的奶油糖布丁並沒有這樣。

而我溫和地質問米爾頓的電子郵件，也沒有得到任何回應。

雖然太空醫學研究人員不太可能用手取得精液樣本，或是用「你好，你的器官真美」做開場白，但是太空總署想研究無重力對精液的影響，聽起來是很合理的概念。如果人類太空探索的目的是要讓我們在地球外進行任務的時間更長，那麼太空總署就必須出資研究零重力對人類繁殖的影響——不是性交，而是性交的後果。太空總署無法坦然面對太空人性愛的合理原因之一，是沒有人知道在太空中受精的卵子會遭遇什麼生物學上的危險。脫離了大氣層的保護後，宇宙輻射和太陽輻射都大幅升高，細胞分裂對輻射極度敏感，因此突變和流產的風險也會增加。

甚至在細胞開始分裂之前，輻射可能造成的問題就開始令人憂心了。ＮＡＳＡ曾經正式討論過女性太空人在長途飛行前，是否應該考慮冷凍卵子。一份論文建議男性太空人的太空裝褲子裡，應該縫有「器官護具……保護睪丸。」（查爾斯說，ＮＡＳＡ不曾接受「外太空下體蓋片」的建議，或者只是還沒接受。）針對二次世界大戰日本原子彈爆炸後，暴露於放射性落塵中的受害者研究指出，短程的太空旅行應該不會造成不孕。進行六個月的任務後回到地球的太空人似乎也沒有受孕的困難。但輻射的危險會累積，暴露的時間愈長，危險就愈高。因此，獲選進行兩到三年火星任務的太空人，比較可能會是查爾斯所謂較年長的人。「他們已經生育過小孩，而且可能在各種癌症症狀出現前，就先自然死亡了。」

哺乳類的受孕在零重力下可行嗎？沒有人知道。一九八八年，歐洲太空總署的火箭搭載了公牛的精液進入軌道，要看看零重力對它們的能動性有何影響。這些精子在零重力下的移動速度比較快，也比較輕鬆，似乎顯示無重力可能會增加繁殖力。接著出現了泰許和他的海膽射精理論。泰許發現，影響精子活動力的其中一種酵素（讓精子不再搖尾巴的那種）在無重力下會特別慢被啟動。這件事本身沒什麼大不了的，但泰許提出警告，如果無重力會延遲這種酵素的啟動，那麼也有可能延遲其他酵素啟動——或許讓精子準備釋放DNA的酵素也會延遲啟動。卵子也可能會出問題。英國性學家雷文曾經推測，沒有重力時，卵細胞要進入並通過輸卵管可能會很困難，甚至無法成功。

為什麼不把老鼠送到軌道上，看看會發生什麼事呢？蘇聯太空總署的確這麼做了。一九七九年，他們在無人駕駛的生物衛星中放了一群老鼠後升空。升空後，隔板自動被拉開，公老鼠就能跑去上母老鼠。但回到地球後，沒有一隻母老鼠懷孕，不過跡象顯示可能有受精的現象。曾在NASA艾姆士中心研究零重力哺乳類懷孕與生育，後來任職於維克森林大學醫學院的婦產科醫師蘿恩卡說：「研究顯示，在早期階段出了某些差錯，可能是胎盤無法成形，也可能是無法在子宮著床，過程中任何步驟都可能會以我們沒有預期到的情況受到零重力影響。我們的所知非常淺薄。」

暫且不管放射線的危險，直覺上，在零重力狀態中懷孕似乎是比較輕鬆的。既然懷孕的女性經常被限制要在床上休息（我們已知這是常常被拿來類比零重力的情況），而且胚胎又漂浮在液體中（另外一種類比零重力的情況），那麼表面上來看，無重力可能不會對胚胎的發展造成什麼威脅。蘿恩卡把懷孕的老鼠送上太空[8]，觀察懷孕最後兩周的情況。著陸後兩天，母老鼠就生產了。（NASA很快就禁止在太空中生產，主要原因是後勤設備。必須有人建造女性的生產支援設備，還要有哺育設施，讓寶寶在吸奶時不會從媽媽的乳頭前漂走。）除了一些輕微的內耳前庭問題外，老鼠寶寶基本上是正常的。

不正常的是分娩過程——雖然老鼠那時候已經從太空中回來了，但是在太空中待過兩周的老鼠子宮比較少收縮，也比較虛弱。蘿恩卡認為這是相當危險的差異。子宮收縮對於新生兒適應子宮外的生活，扮演了重要的角色。通過產道時的擠壓會讓胎兒分泌大量的壓力賀爾蒙，這種賀爾蒙也是讓成人有所成就、獲得力量的「戰鬥或逃跑」交感神經賀爾蒙。「這種賀爾蒙的大量釋放，似乎對於促進生理系統開始運轉非常重要。新生兒突然之間必須要靠自己呼吸，必須知道怎麼從乳頭吸奶。如果子宮的收縮不夠，釋放出的賀爾蒙會比較少，胎兒也會比較辛苦。」研究顯示，和通過產道出生的嬰兒相比，透過事先規畫的剖腹產，沒有經過收縮過程就出生的嬰兒，比較可能出現呼吸道問題與高血壓症狀，排出肺部液體比較困難，神經發展也會比較遲緩。換句話說，對嬰兒施加壓力似乎也是大自然計畫的一部分。（因此蘿恩卡也不提倡在水中生產。）

我很驚訝，在三十多年的軌道實驗研究中，這方面的研究居然做得這麼少。這是制度上的保守主義所導致的嗎？是男性的拘謹心態刻意避開產科問題嗎？蘿恩卡認為，這應該是出於優先順序的考

---

8 蘿恩卡和同僚設計了給調查人員穿戴的飛行臂章，上面畫了一艘懷孕的太空梭，周圍繞著太空梭寶寶。（就像太空人一樣，參加任務的科學家傳統上也會在衣服上縫臂章，紀念他們的計畫。）NASA把這個臂章打了回票，但他們卻允許穿戴《辛普森家庭》裡的荷馬做的「太空中的精子」臂章的太空人升空。（這個臂章上荷馬的頭上有精子的尾巴。因為這位精子研究人員的妻子和《辛普森家庭》的創作者葛詹尼是親戚。）太空裡也許沒有性行為發生，卻還是有性別歧視。

量，而非道德上的拘謹：「關於無重力對身體任何基礎系統——骨頭、肌肉、心血管等——會造成的影響，我們都所知甚微。我們對大腦的所知更少。簡單來說，繁殖不是最重要的問題。」

而且現在已經沒有研究資金了。NASA的生命科學計畫差不多玩完了。我差點要寫下「胎死腹中」，還好我及早發現。NASA在二〇〇三年的哥倫比亞太空梭上，進行了最後一項重要的哺乳類生物學研究，但那些老鼠和乘員都在意外中喪生。沒有人能救牠們，不過對於拯救太空人來說，就不一定是這麼一回事了。

13

萎縮的高度

從太空脫身

「派瑞斯空中探險」垂直風道，是裝在罐子裡的龍捲風：空氣以一百六十多公里的時速，急遽掠過外型像空中交通控制塔台的圓柱體建築中央。雖然在派瑞斯這片距離洛杉磯幾小時車程，建設了購物中心與住宅區的土地上，這座塔也許不是最高的建築，但感覺起來像是最高的。坐在接近塔頂的位置，有好幾扇門朝著風柱敞開，這裡也是控制人員的座位區。顧客會張開雙臂與雙腳，從這些門口朝著氣旋往下跳，再從腳的位置被往上拉。感覺類似自由落體，但沒有任何危險或衝撞，就像不需要膽子的特技跳傘。如果你第一次來這裡，工作人員會幫你維持穩定，以免你因為往上漂而驚慌失措，讓自己像爆米花一樣在牆上彈來彈去。

雖然今天是保加納第一次來到「空中探險」，卻沒有人要幫助他維持穩定。保加納，這位上相的四十一歲奧地利人，其實是備受矚目的高空特技跳傘高手和定點跳傘[1]運動員。你可以到 YouTube 網站上看保加納從里約熱內盧的巨大耶穌像張開的手臂往下跳的影片；也有比較無聊一點的影片，內容是他從華沙萬豪酒店屋頂往下跳。他大部分跳的時候都會穿著高空特技跳傘的裝備，但在萬豪酒店的影片裡，他穿的是襯衫加西裝褲，這樣他通過大廳時才不會引人側目。當你看著保加納以襯衫、領帶的裝扮走向屋頂邊緣時，會有種「從大樓往下跳」好像是他的日常工作一樣的感覺。

今天晚上的保加納穿得像個太空人。他本周來到派瑞斯，因為這是提神飲料「紅牛」舉辦的「超級任務」當中一環。這個任務有兩個目標，我對航太醫學的那個部分比較有興趣。保加納要測試一套大衛克拉克公司修改過的緊急逃生裝，這間公司從水星任務時代開始就負責製造太空裝[2]。一九八六年，太空梭挑戰者號在升空後七十二秒就爆炸，此後太空人就不只在太空漫步時要穿著壓力衣，在升空、返回地球、著陸等飛行過程中幾個風險最高的階段裡，也都必須穿著壓力衣。保加納將從三萬六千公尺的高空進行「太空跳傘」，並穿著太空裝保命。（技術上而言，這個距離稱不上太空——太空要從十萬公尺的高空開始算，但已經很接近了，因為這個高度的大氣壓力不到海平面的百分之一。）這次跳躍預定在二〇一〇年的夏天或秋天進行，地點尚未確定，但將能提供逃脫系統工程師一些得來不易的資訊，讓他們了解穿著加壓裝的身體在極端稀薄的空氣中墜落時的行為，以及身體對接近音速與超音速的反應。因為高空中的空氣阻力很小，因此保加納墜落時應該會達到一千一百一十公里的時速，而不是通常在低海拔進行自由落體時，最高一百九十三公里的時速。不曾有人從太空飛行的緊急事故中跳傘逃脫，目前也不清楚在太空飛行的各個階段裡，要怎麼跳傘才安全。

---

1 定點跳傘的英文BASE四個字母指的是如無線電塔的建築天線（Building Antenna）及跨越一段距離的建築，如橋梁（Span），以及懸崖類的天然土地（Earth），這三種地點因為高度過低，因此跳傘的危險性很高。根據二〇〇七年的《創傷期刊》研究，定點跳傘的死亡率與受傷率是高空特技跳傘的五到八倍。不過實際數字其實比你想的低：長期統計下來，十年內從挪威卡札格大斷層往下跳的兩萬零五百八十人當中，只有九個人死亡。

2 NASA改與大衛克拉克公司合作，是因為他們處理上膠布料的經驗豐富。退役的空軍跳傘專家與逃脫系統測試者佛格翰說：「太空裝就是經過上膠處理的人形袋子，但我們沒有處理橡膠袋的經驗，所以我們與麻塞諸塞州烏斯特的大衛克拉克公司聯繫，他們每個月為連鎖平價百貨公司西爾斯羅巴克生產兩千八百八十件內衣與緊身衣。」對佛格翰來說，開車到烏斯特開會的記憶是很愉快的，而且他還瞄到後方走來走去的內衣模特兒。阿波羅登月裝的合約後來簽給了國際乳膠公司，也就是後來的倍兒樂公司。當時並沒有太多的新聞報導這件事。

保加納說，他以自己讓太空旅行更加安全的貢獻為榮，不過他最感興趣的還是打破紀錄。目前高空跳傘的最高海拔紀錄是三萬一千公尺，這個紀錄也是由測試高空生存裝備的人所創下的。在一九六〇年的「精益求精」計畫中，空軍上尉基廷格踏出裝在熱氣球下的鋼製吊籃進行高空跳傘。為了測試多階段降落傘系統，他穿著局部加壓裝從三千公尺的高度降落地面。新墨西哥州的太空歷史博物館收藏了基廷格的口述歷史逐字稿，他在當中表示自己在自由墜落時打破了音速限制，只是他身上沒有相關的裝備，所以無法列入正式紀錄。因此保加納可能也會創下紀錄，成為第一個非搭乘噴射機或任何運輸工具就接近超音速的人類。

「超級任務」的大部分經費都是由保加納的贊助商「紅牛」出資。贊助極限運動員是紅牛經營品牌形象的策略之一，目的在於顯示他們不只是一種咖啡因飲料，更如同他們新聞稿所說，是一個「發揮到極限」「讓不可能成真」的品牌。就算青少年成為專業滑板選手或破紀錄的定點跳傘運動員的機會渺茫，他們還是可以喝這種飲料，感覺一下那種感受。NASA如果採取紅牛的品牌策略來行銷與包裝太空人，效果可能也會不錯。突然間，穿著太空裝的人不再是薪水太低的公僕，而是超級極限運動家。紅牛知道怎麼讓「太空」大賣。

保加納看起來就像是計畫的一部分。我想引用不久前才看到的工業用切割材質手冊上的話來形容保加納：體質健壯，犀利強悍。他的外型像知名演員馬克華伯格，聲音像阿諾史瓦辛格，但他比這兩個人都還要有型。他已經進入風道，臉部朝下，擺出經典的老鷹展翅自由落體姿勢。太空裝已經加壓完成，我在衣服上數到十個紅牛的廣告標籤。這些標籤垂直出現在太空裝的手臂與雙腳位置，其中幾隻牛看起來像是在進行坐姿的高空特技跳傘。保加納往前伸手，確認開傘索的位置。（他看不到，因為太空裝讓他無法彎曲頸部。）現在他伸直雙腿，評估太空裝的彈性。這個動作增加了面對風阻的面積，所以他又往上浮了三公尺後才停住。盤旋在一群觀眾上方的他，就像感恩節遊行的大氣球一樣。

自從基廷格的測試後，逃脫裝與緊急降落系統就未再經過高海拔特技跳傘的測試了。（因為測試太昂貴。保加納搭乘的加壓艙，是用一個約七十四萬立方公尺的超大氦氣球升空的。）但應該要有這種測試才對。在空氣阻力這麼低的情況下，人很難控制自己的身體位置。想像一下你坐在時速九十六公里的車裡，把手伸出窗外撐住不動，只要稍微調整面對風的表面角度，你就能感覺到明顯的方向與壓力改變。如果車子以約四十公里的速度前進，那你就不會有這種感覺。對高空跳傘者、太空人，及從高空彈出的太空觀光客來說，要讓身體不轉動又更難了；如果衣服設計得不好，可能還會讓情況更糟。保加納必須先自由落下三十秒，落下的速度才能產生足以讓他能控制姿勢的風力——或是足以讓他的緊急穩定降落傘發揮作用。

退役空軍上校與跳傘專家佛格翰向我解釋了旋轉的危險。佛格翰是「精益求精計畫」中基廷格的代理人，也是美國空軍與NASA逃脫系統的測試老手。在X-20「太空飛機」發射系統的測試中，佛格翰進入水平旋轉。他的經驗是，在強大的離心力之下，他根本不能彎曲手臂拉開胸口的降落傘開傘索。他告訴我：「我好像被封在鐵塊裡一樣。」儘管當時他的降落傘自動開啟了，但他其實差一點就會沒命。感應器計算出他當時每分鐘的轉速是一百七十七次。他說：「我們在萊特派德森基地曾經把猴子放在離心機上做實驗。牠們頭部向外的拉力每分鐘轉速大約是一百四十四次。」他說的是萊特派德森航太醫學研究實驗室。「當時猴子頭骨頂端承受的擠壓力太大，導致頭骨和脊髓分離。這種情況差點就發生在我身上。」他也可能死於頭部充血造成血管破裂的「紅視」症狀。你看過花式溜冰選手長洲未來在二〇一〇年冬季奧運表演後那紅通通的鼻子嗎？大約就是那樣。離心力把她頭部的血液往外甩，就像沙拉脫水機把水甩掉那樣。

保加納和「超級任務」小組今天要確認的，是這套太空裝能不能讓他做出「追蹤」姿勢：往下傾斜，手臂往前伸直，像超人一樣的動作。追蹤姿勢讓特技跳傘者在墜落時可以進行橫向移動。負責監督今天晚上測試的，是紅牛超級任務技術指導湯普森，他用一副摺疊式的老花眼鏡向我示範解釋，只要改變旋轉中心，追蹤姿勢就能讓麻煩的水平唱盤式旋轉，變成範圍較大、速度較慢的立體旋轉。湯普森的眼鏡從他的胸口往外轉，畫一個弧到左邊。如果這樣不管用，旋轉力也會使減速用的穩定降落傘（阻力傘）打開。阻力傘會把保加納的頭往上拉，避免他因為水平旋轉出現紅視狀態，並且希望這樣能救他一命。（但是如果阻力傘太早張開，他的頸部周圍就會受到風力壓迫，使得他窒息昏厥。基廷格曾經為了排練「精益求精」計畫，從兩萬三千公尺的高度往下跳，當時就發生了這樣的意外。）

沒有任何方法可以在地球上模擬接近真空環境的自由落體。「精益求精」計畫小組曾經試著把假人從高空氣球往下丟，但結果相當令人憂心。附帶一提，一般市民有時候可能會經過丟擲區，順便探頭看看他們在幹嘛。可是因為這個計畫是祕密進行的，回收小組的行動看起來鬼鬼祟祟又匆匆忙忙，加上這些假人的手指是焊接的，還沒有耳朵和鼻子，所以開始出現外星人搭乘的幽浮在羅茲威爾外圍的灌木林墜毀[3]，而且軍方試圖隱瞞事實的謠言。

有一次，這些人確信不已的「外星人」其實是佛格翰。在某個周六早晨，佛格翰和基廷格的氣球意外墜落在羅茲威爾郊外的田野上，重達三百六十多公斤的吊籃過早脫離氣球，開始搖晃，最後停在佛格翰的頭上。佛格翰脫掉頭盔時，頭腫得實在太嚴重，基廷格忍不住形容他的臉是「一顆大球」。

佛格翰被送到沃克爾空軍基地醫院，那裡有些員工是一般市民。我問佛格翰，他記不記得有人對他指指點點，好像看到外星人一樣。他說：「我不知道，因為我必須用手指撐開眼皮才看得到。」當基廷格帶著佛格翰走下飛機樓梯，走向等待他的妻子時，她問基廷格她先生在哪裡。基廷格在空軍出版品《羅茲威爾報告》裡的目擊證詞是這樣的：「我回答她，『這就是你丈夫。』結果她開始尖叫然後大哭。」我看了佛格翰在墜毀後拍的照片，他過了好幾個禮拜，才總算是恢復了人樣。

湯普森認為，丟擲假人的測試結果反而誤導了事實。高空旋轉對保加納來說其實不會是太大的問題。我提出了佛格翰瀕死的旋轉經驗，還有基廷格阻力傘束帶的事，但湯普森指出，當時的人還沒開始從事現在的高空特技跳傘運動，「他們當時不太能接受在飛行中控制身體的概念，但一切已經有很大的進步了。」只要看過「空中探險」的員工在高空中像蜂鳥般盤旋或猛衝的樣子，就能了解這個顯而易見的事實。

但是太空人並不像這些經驗豐富的高空跳傘特技運動員。而且雖然保加納會從漂浮在氣流中的氣球往下跳，但剛開始的下降速度是零；而要在太空船重新回到地球時緊急逃生，可是要從時速超過一萬九千公里的太空船裡彈出來的。你絕不會想處於那種情況。

---

3 這些假人看起來太寫實，甚至騙倒了一群當時正在空軍將軍羅林斯家裡喝茶的官太太。突如其來地，有一個人形從天而降，「砰！」地掉在羅林斯家院子三十公尺外的地方。接著基廷格開了一輛回收卡車來，拖著這個人形飛也似地離開了。這些婦女並不覺得這是外星人，反而覺得那是空軍成員。那天稍晚，基廷格接到一通電話，告知他羅林斯太太的賓客抱怨他處理死亡「跳傘者」屍體的方式太過粗魯。

「紅牛超級任務」的醫療總監很有資格擔任這項職位。強・克拉克過去是美國特種部隊高空跳傘兵，曾經擔任NASA太空梭團隊的飛行醫官，並曾參與哥倫比亞號太空梭事件調查。（哥倫比亞號太空梭在二〇〇三年二月返回地球的過程中解體。原因是在發射途中，一塊從外側槽掉落的泡沫塑料，在左翼上敲出一個洞，破壞了太空梭重新進入大氣層所需的隔熱保護。）克拉克的團隊檢驗了乘員的遺骸，判斷他們在災害發生的哪一個階段身亡，以及了解該如何，或能不能預先採取什麼行動，救他們一命。

克拉克今天沒來派瑞斯，但我一年多前去丹佛島參加霍盾火星計畫研究站的登月模擬計畫時，曾在當地見過他。其實我見到他之前，已經先聽過他的聲音了。他的帳棚就搭在我的隔壁，每天晚上大約十一點的時候，我就會聽見一位中年男子在凍結的冰冷大地上，試圖舒緩的痛苦喘氣聲。那天晚上我終於見到了克拉克，他給我看一份電腦投影片簡報，內容是關於空軍、太空總署，以及近期一些私人公司研發出讓飛行員與太空人在出差錯時能保命的一些技術。簡報內也包括了這些技術失敗時的情況，用克拉克的話來說：「任何事都可能讓你死掉。」

我們坐在他醫療帳棚裡的桌子旁，旁邊沒有別人。外面的風力發電機持續發出嗡嗡的聲音。突然間，克拉克什麼話都沒說地拿給我一塊 STS-1017 任務臂章，和哥倫比亞號太空人身上的一模一樣。我謝過他之後，把臂章放在桌上。此時應該是問他調查哥倫比亞號事件的好時機。

我讀過〈哥倫比亞號乘員生存報告〉，內容顯示當乘員座艙失壓的時候，太空人並沒有把頭盔的面罩拉下來。我很好奇，如果他們讓太空裝預先加壓，並且穿戴好自動降落傘，他們當初是不是就能存活下來。勉強稱得上先例的，是空軍測試飛行員韋佛的墜毀意外。一九六六年一月二十五日，韋佛的SR-71黑鳥戰鬥機以每秒超過一千公尺的速度（三．二馬赫）飛行時解體，這是音速的三倍以上，但韋佛居然在意外中存活了下來。原因除了他的飛行高度是兩萬三千公尺，空氣密度只有海平面上的百分之三，還多虧了他的加壓裝保護他不受摩擦熱與暴風傷害——如果在低海拔的位置，以他的驚人的移動速度來說，暴風可以輕易地奪去他的性命。哥倫比亞號的速度每秒將近五千八百公尺（十七馬赫），但在六萬四千公尺的高空上，空氣密度稀薄得接近不存在，因此這裡的暴風相當於海平面上時速六百四十多公里的氣浪。（等等我會再解釋暴風。）這就是湯普森所謂「可控管的風險」。克拉克說：「存活是可能的。」

但是哥倫比亞號的太空人面對的不只是暴風和熱灼傷而已，他們有更嚴酷的威脅。克拉克說：「我們發現了一些很不尋常的受傷模式，是無法以我們熟悉的情況來解釋的。」他說的「我們」是飛行醫官，這些人都很習慣看到暴風把大腦吹離脊髓，或是吹斷四肢的畫面。

克拉克說：「我們知道人是怎麼被支解的，也就是從關節的位置斷裂。」就像雞一樣，就像任何有骨頭的人一樣。「但這些人不一樣，看起來他們比較像被切開的，但又不是依照身體結構被切開。」他說話的語氣緩和又平靜，讓我想起影集《X檔案》裡的主角穆德探員。「那些傷勢也不可能是暴風造成的，因為要有大氣層才能擴散暴風。」

我看著哥倫比亞號的臂章，圓圈的周圍縫了七位乘員的姓：麥庫、瑞蒙、安德森、哈斯朋、伯朗、克拉克、喬拉。**克拉克**。我突然靈光一閃。我第一次到丹佛島的時候，我聽說這裡有一位哥倫比亞號罹難者的遺族。蘿瑞兒．克拉克是克拉克的太太，現在我知道了。我不知道該不該說，或是到底應該要說什麼，開口的時機就這麼過去了。克拉克繼續說。

雖然六萬四千公尺高的大氣層太過稀薄，不會產生暴風波，但還是可以產生震波。調查小組最後用消去法的方式，得到了哥倫比亞號乘員死因的結論。克拉克解釋，在秒速超過一千七百公尺（五馬赫，相當於音速的五倍，也就是時速超過五千四百公里）的速度下解體，會產生一種難以解釋的震波現象，稱做「震波干擾」。當太空船在返回地球時解體，會有好幾百片的碎片以五倍音速以上的速度飛散，而且沒有一片會像完整的太空船一樣依照仔細規畫的空氣動力飛行，於是造成一片混亂的震波網絡。克拉克用拉滑水者的船後方的弓形波做比喻，在這些震波的節點，也就是震波交錯的地方，震動力會累積加總，產生猛烈、超越這個世界所知的強度。

克拉克說：「震波基本上讓他們四分五裂。但不是每個人都這樣，而是身處特定位置的人才會受到這種傷害，我們也找到了一些非常完整的東西。」他說，一位搜救者整理哥倫比亞號在德州長達六百四十多公里的殘骸時，發現了一個測量眼壓的眼壓計，「而且它還能用。」

醫療帳棚外的風變強了。渦輪機發出痛苦的聲音，那是一個氣氛詭異的夜晚。我們並肩坐著，盯著克拉克筆記型電腦上的投影片，他一邊敘述，我一邊聽。偶爾我會打斷他問問題，但那並不是真正縈繞在我心頭的問題。我想問他，他怎麼能夠去調查、了解他妻子死亡的種種細節。我想知道他怎麼會選擇加入這次調查團隊。但問這樣的問題，似乎太不體貼了。我想像他會參與調查的理由，應該就和他參加紅牛超級任務的理由一樣。他想盡其所能地了解，當人類搭乘旅行的交通工具在高空中以瘋狂的高速支離破碎時，人體到底會發生什麼事。他想利用他的理解設計出保護人體的技術，讓太空人和宇宙觀光客順利活命，讓家庭不會破碎。

這是極度複雜的挑戰。任何太空船逃脫系統都有高度和速度的限制，舉例來說，彈射椅只有在彈射後八到十秒能保護乘員。這段時間過後，空氣密度與速度產生的風力互相作用所形成的Q力，就會累積到致人於死的程度。彈射系統需要快速把太空人拋到遠離太空船的地方，而且距離要遠到足以保護太空人不會撞上殘骸，或是被捲入猛烈爆炸形成的火球。最近的太空梭逃脫系統採用了一根長管，讓乘員可以在管子上掛鉤子，滑出太空船，讓機翼清空。可是退役航太工程師兼太空歷史學家桑德指出，這可能只有在太空梭穩定、直線地平穩飛行時才會管用。桑德說：「不過在這種情況下，你又為什麼要逃脫呢？」

想要在返回地球時產生的極高速度與熱度下生存，又是更麻煩的事了。蘇俄太空總署測試過充氣乘員逃脫吊艙的原型，取名為「氣傘」（**氣球**和**降落傘**的混合）。吊艙正面的防熱層能保護嚇壞的乘員，龐大的表面積還能創造出足夠的阻力讓吊艙減速，在一切順利的情況下，多階段降落傘系統能讓吊艙安全地降落到地球上。但它從來沒有從太空飛回地球過。另外也可以使用降落傘系統，讓整個太空艙或乘員艙降落到地面。（目前的計畫會先使用NASA的新獵戶座座艙做為國際太空站的逃生吊艙。）這個降落傘很重，發射起來又貴——而且以太空梭的情況來說，要把乘員座艙從太空船的其他部分分離，更是相當困難的技術挑戰。此外，降落傘自己也需要隔熱防護，才不會在返回地球時融化。這麼一來，配置又需要更多的技巧。

那飛機乘客呢？有沒有方法讓他們在墜機前安全逃脫呢？排除重量與花費因素，為什麼航空公司不在每個座位上裝設可攜式氧氣供應設備和椅背降落傘？原因很多，所以該來上上暴風與組織缺氧的入門課程了。

蒲福風級表上的中間值是時速四十到四十八公里，風級表上對這個風速的說明是：「使用雨傘會有困難。」這樣說有一點過於戲劇化。風級表的最高數值是時速一百一十七到三百公里，是龍捲風等級的風；這些都是大自然現象的風。但蒲福風級結束的位置，正是暴風研究的起點。暴風不是指某種天氣，不是空氣朝你衝過來，而是你朝它衝過去——因為你脫離了或被噴射出危急的太空船。

一般私人飛機的時速是兩百一十公里到兩百八十九公里，在這種速度下，暴風的影響主要是表面上的：人的臉頰會被壓平、貼近頭骨，產生緊繃拉皮的效果。我之所以會知道，是因為我看過自己在「空中探險」風道的醜陋照片，還有一九四九年《航空醫學》期刊針對高速暴風效果的研究。期刊裡有一位名叫J．L的人，時速為零的時候長得英俊帥氣，在時速四百四十二公里的暴風裡，嘴唇被吹得開開的，牙齦一覽無遺，就像是一隻激動鬼叫的駱駝。

暴風時速達到五百六十三公里時，鼻子的軟骨會變形，臉的皮膚也會開始跳動。「臉的波動會從嘴角開始……接著以三百赫茲的速度橫越整張臉，到達耳朵時波形會破碎，於是耳朵也開始波動。」使用雨傘當然更是不可能。速度更快時，Q力造成的變形就像《航空醫學》論文的謹慎形容：「超過組織的強度。」

跨洲客機的巡航速度在時速八百到九百六十五公里之間。千萬不要想逃離客機，否則用佛格翰的話來說：「幾乎肯定會致命。」暴風的時速是四百公里，會吹掉你臉上的氧氣面罩。在時速六百四十公里時，暴風會吹掉頭盔——就像韋佛 SR-71 意外中的副駕駛員的情況一樣。他被吹開的面罩像是一面帆，將他的頭猛力往後拉，撞上飛行裝的頸環，折斷他的脖子。在時速八百零四公里的情況下，「衝壓進氣」會灌進你的氣管，力量強大到讓你肺部系統的各個部位破裂。斯塔波在一份報告中提到，一位無名氏飛行員在時速超過九百六十五公里的測試飛行時被彈射出去。暴風撬開了他的喉頭蓋，讓他的胃膨脹像個泳池玩具一樣。（這對他倒是有所幫助，因為他後來彈射到了水上。斯塔波寫：「大約有三公斤的空氣在他的胃裡，變成了一種漂浮裝置，取代了他沒有機會充氣的氣囊。」）

在超音速時，你的身體必須處理的Q力通常會把實驗用的噴射機搖晃成碎片。佛格翰聽過飛行員在時速超過九百六十五公里的時候被彈射出去的例子，他告訴我：「當時的彈射椅在頭靠兩側有金屬翼，維持頭部不會搖晃。結果他們在解剖時發現，大腦因為頭部在兩鋼片中間劇烈振盪，已經乳化了。」只要情況允許，戰鬥機飛行員都會盡可能待在殘缺的噴射機裡，直到他們能讓飛機慢下來為止。這樣他們才能減少Q力負擔，並增加他們生存的機率。紅牛有理由對保加納感到緊張，當他的速度接近或超過音速，就可能會穿著飛行裝震動到死。

當你猛然跳進稀薄的空氣裡，立即的悲慘結果就是缺氧。在一萬公尺的高空中，人類只有三十到六十秒的「清醒意識」。所以萬一發生意外，你一定要第一個從緊急出口逃出去。我可以告訴你一旦脫離清醒意識的邊緣會發生什麼事。我在第五章參加的無重力飛行其實有一項先決條件：我和那些工程系學生都必須參加NASA的航太生理學座談會。這場座談會的活動之一，就是在詹森太空中心的高度室觀看組織缺氧（氧氣不足）示範。利用把空氣從密閉室裡抽出的技術，技術人員可以模擬各種高度的大氣層，一直到接近完全真空的狀態——讓密閉室變成一盒外太空。太空總署的人員會用這些房間測試太空裝，以及其他會暴露在太空中的真空設備。

大約到達七千公尺高空時，我們的氧氣罩落下；在接下來約一分鐘裡（在這個高度，人類的清醒意識時間是二到五分鐘），我們要完成一連串的腦力測驗。其中一個問題是：「把你出生的年份減掉二十。」我覺得自己沒事，但我記得這一題我想了好久，好像完全卡住了，然後才能繼續往前。最後一個問題是：「NASA的全名是什麼？」我當然知道答案，但我寫下來的答案是：「NO」。

除了清醒意識之外，你還需要一點運氣。因為還有其他四百個驚慌失措的旅客都跟你一樣想倉皇逃命，所以降落傘的線和傘頂很有可能纏繞在一起，造成極大的危險。但還是有生存的可能：只要你待在飛機上，等飛機減速到足以生存的速度就好。過程中你可能會有點痛苦，不過都不是什麼大問題。在高空中，隨著氣壓降低，人體內氣室的空氣想要解開束縛、開始膨脹。未填補的蛀牙內一旦充滿氣體，就可能會壓迫到神經，造成極大的痛楚。鼻竇內的空氣也會有同樣的情況——尤其是在充血的時候。就連溶解在大腦腦室脊髓液裡的氣體也都會膨脹。如果我的頭骨上有一個洞，和我一起在高度室裡的同學就會看著我的大腦從那個洞裡漲出來[4]。但你最容易注意到的氣體膨脹會發生在消化道。舉例來說，在七千公尺的高處，胃裡的空氣會膨脹三倍。我們的指導員說：「想放屁就放。」好像這十一個男大學生真的會要求放屁許可似的。

保加納正在休息。他坐在椅子上垂著頭喝水，頭盔放在大腿上。（「派瑞斯空中探險」沒賣紅牛。）計畫技術總監湯普森心情很好，測試服裝的表現良好，保加納也覺得穿起來很舒服。（就像所有穿太空裝的人一樣舒服。和太空裝歷史學家麥克緬說的一樣：「太空裝裡不是個舒適的地方，也不是很值得到此一遊的地方。」）

當你讀到這本書時，保加納很有可能已經完成他寫下歷史的一跳。當我寫到這裡的時候，我並不知道結果如何，我只能保持樂觀謹慎的態度。從事高空跳傘的風險很大，但可能沒有保加納平常的職業風險那麼大——從**很低**的位置跳下。如果太空跳傘時出了什麼錯，你有五分鐘搞清楚問題出在哪裡，並且解決問題。在定點跳傘時，你連五**秒鐘**都沒有。定點跳傘者身上沒有預備傘，因為不會有時間使用預備傘。「所以他們不易有很長……」湯普森想找出恰當的字。

「壽命？」我試著接話。

「事業生涯。」

湯普森說他不擔心。「最後，大部分的定點跳傘者都會得到滿足，但保加納真的對他的職業很龜毛，這是他活著的動力。」5

既勇敢又龜毛：真是理想的太空探險家。不過在太空人理想特質清單上，你不會看到「龜毛」這個字。NASA不會真的使用**龜毛**這種字。除非萬不得已。（原文 anal 有兩種意義，一是形容人注意瑣碎細節，二是指肛門的。）

---

4 這是已證實的事實。一九四一年，梅約基金會航空研究實驗室的科學家說服一名頭蓋骨有手術後孔洞的女性坐在高度室裡，讓科學家製造八千公尺高度的氣壓。這名病患不只是病患，還很有**耐心**（「病患」和「有耐心的」原文都是 patient）。她坐在一個公分計前面，讓研究人員像高爾夫球桿弟一樣，在她頭上插一面小三角形的旗子，標記頭部孔洞的位置。到了八千公尺的高度時，她腦部的小旗子已經上升了一公分。

5 編按：保加納確實於2012年成功完成此項任務，並刷新世界紀錄，紀錄影片可以於Youtube上觀看：https://www.youtube.com/watch?v=FHtvDA0W34I

14

分離焦慮

永垂不朽的零重力淘汰迷思

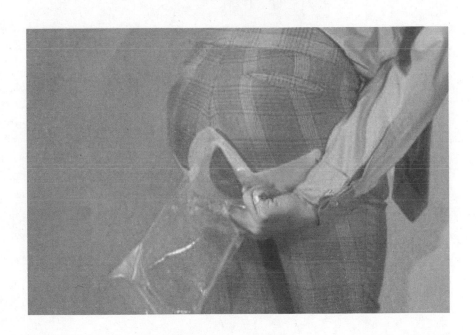

這可能不是第一次有一群人聚在一起，在政府部門的馬桶上安裝閉路電視攝影機；不過這一定是第一次在政府部門的支持和金援下做這件事。這個攝影機就裝在廁所裡，角度也調整成可以一眼看到馬桶上的人。

座位的左邊牆壁上有一塊小小的塑膠標示牌：

位置訓練所

坐在訓練所的座位上，擴張你的屁股

一般人都稱這個是詹森太空中心的「便盆攝影機」，是太空人訓練的輔助設備之一。這個攝影機能清楚拍到一個你終其一生都有親密接觸，但從來沒有認真看過的東西。也許有點像是第一次從太空看地球那樣。對準洞口是關鍵，因為太空梭上的馬桶開口只有十公分寬，我們在地球上習慣使用的則有四十五公分寬。廢水工程師布羅彥負責幫NASA的太空人設計馬桶等設備，今天由他帶我四處參觀。他的身形細長，臉形有稜有角，老是從他的細框眼鏡上方斜睨他的訪客。他面無表情，好像有種神祕的智慧。在我的想像裡，跟他一起工作一定很有趣。

「這裡的攝影機讓你可以確認你的屁股，還有……」布羅彥停下來，想找個更適合的字眼。不是為了聽起來更文雅，而是想更精確地表達他的意思：「**肛門**是不是對準了正中央。」沒有了重力，你就不能靠感覺來準確測量你的位置。你不能真的坐在馬桶座位上。你會在接近馬桶的上方盤旋。布羅彥說，一般的傾向是撇到太後面的地方，這麼一來你的接觸角度就歪了，會弄髒排便管的後側，堵住環狀邊緣的一些氣孔，這樣就慘了。太空馬桶的運作原理就像大型吸塵器一樣，用布羅彥的話來說，「產品」是被流動的空氣引導，或是「搭乘」氣流往下，而不是被水或是重力往下沖，因為這兩種東西在環繞軌道的太空船上，都是短少得幾乎不存在的。氣孔塞住了，馬桶就不能用。除此之外，如果氣孔被你塞住了，把穢物清理出來就是你的責任——布羅彥客氣地說，這項工作「很困難」。

裝了便盆攝影機的廁所一切功能都很正常，裡面有水槽也有紙巾，但是這裡的主要功能是當做教室。剛剛加入我們的溫斯坦，會對每位太空人進行便便訓練；此外他也負責廚房訓練，也就是教導如何在太空中進食。他也算是一種教育人員，負責將這些全世界技術最高超、名氣最大、成就最高的人，帶回幼稚園的程度。這些男女學習的事物都跟小孩一樣：怎麼穿越房間，怎麼使用湯匙，怎麼坐馬桶、使用馬桶，因為在太空中，這些事都必須重新學習。

溫斯坦的個子很高大，不只身高有一百九十公分，體型也挺有肉的。他自己有小孩，而且也很容易想像他們和他在一起的樣子——坐在他的大腿上，爬在他的背上，把他當成遊樂器材一樣上上下下的。雖然他有廢棄物管理的背景，但他也曾在NASA規畫火箭彈道的部門工作七年。溫斯坦最後終於了解，他想做的是和人相關的事。我想他應該對自己做的事非常在行，因為他自然表現出的親切和務實，讓人可以很輕鬆地坐下來和他談一些一般人在日常生活中不會談論的事。

這比你想像的還要重要。在零重力下的排泄物可不是開玩笑的事。在無重力之下，排尿這種簡單的動作就變成了一種醫療緊急情況，需要插入導管，還要尷尬地和飛行醫官進行無線電諮詢。溫斯坦說：「在太空中想上廁所的感覺是不一樣的。」不像在地球上，在太空裡不會出現任何預先的警報。重力會讓尿液累積在膀胱底部，當膀胱滿了，拉長的感覺器官會受到刺激，向膀胱的主人示警尿量增加，並且送出愈來愈緊急的排尿訊號。在零重力之下，尿液不會從膀胱的底部開始排出，表面張力會讓尿液附著在膀胱壁上。只有當膀胱幾乎要全滿了的時候，兩側才會開始拉長，引發排尿的感覺。但到了那個時候，膀胱可能已經太滿了，導致尿道受到壓迫而關閉。溫斯坦勸太空人要安排上廁所的時間表，就算沒有想去的感覺也要去。他補充說明：「大號也是一樣，妳也不會有感覺。」

布羅彥和溫斯坦提議讓我試試看「位置訓練所」。溫斯坦伸手到牆邊掀開馬桶內的燈光開關。因為你一坐下去就會擋住裝在天花板的燈光。溫斯坦說：「現在妳要試著讓自己對準，打開燈光，看看妳的表現如何。」

我問他，太空人會在**進行時**觀察，或是在開始前觀察。

布羅彥像是挨了一記悶棍：「妳不能真的在那個馬桶上排泄。」他向溫斯坦使了一個眼色，雖然時間很短暫，但這個眼神的意思再清楚也不過了：**天哪天哪，她想在攝影機上面拉屎**。

我沒有，真的沒有。

溫斯坦一如往常的親切：「技術上而言，在這裡排泄是**可以的**，但是乘員系統就必須進來清理。」

布羅彥接著說：「這個馬桶不能用，瑪莉。」想要確保我真的聽得懂。

過去僅僅發生過一次這種情況，有人闖了禍就逃跑了。溫斯坦說：「那時候我還沒來，如果我在，我一定會調監視錄影帶出來。」他祝我好運，接著兩人就關上門離開了。

想像一下你不小心轉到了一台特別限制級的色情頻道，結果發現你自己就出現在銀幕上。我的大腦選擇重新詮釋這個影像：**看見那個好笑的玩偶了嗎？你看他的嘴巴。他在說什麼？他說：「喔喔，**

啊啊啊，喔喔喔。」

溫斯坦和布羅彥回來的時候，溫斯坦說他不覺得有很多太空人用過便盆攝影機。「我覺得他們大部分都不想看見自己。」溫斯坦提出了另外一個對準的策略：「雙關節方法」。肛門和座位前方的距離應該要等同於中指指尖到握起拳頭時突出的關節位置。

在「位置訓練所」的同一面牆上，有一個完整的可運作的太空梭室內便器。它看起來不像馬桶，倒是比較像一個高科技的上掀式洗衣機。雖然這個裝置本身忠實地呈現了太空梭上的廁所，在這裡使用的經驗倒是不一樣。因為詹森太空中心這裡有重力，所以一切都不一樣。重力有助於航太廢棄物收集界口中的「分離」。在無重力的情況下，排泄物絕對不會重到能夠自行脫離、掉落，展開自己的冒險。太空馬桶的氣流不只是為了取代沖水功能而已，還能幫助這個「聖杯」馬桶在零重力時進行淘汰：分離產品。空氣拉力的作用是把產物從源頭分離。

溫斯坦提議的分離策略如下：張開兩片屁股。這樣一來，身體和「丸子」（另一個出自廢棄物工程師豐富譬喻法的代號）的接觸會比較少，因此也比較不會破壞表面張力。最新的座椅設計還包括了「擴張屁股」功能，可以更乾淨地一刀兩斷。

比較合理的安排，可能是採用世界上其他地方很多人都喜愛的一種姿勢，同時也是人體排泄系統偏愛的方式。漢勝航太資深工程師瑞思克說：「蹲姿就會讓兩片屁股張開。」他工作的公司多年來都是ＮＡＳＡ許多廢棄物收集系統的承包商。瑞思克建議ＮＡＳＡ在較高的位置增加一組綁腳器，讓那些想在零重力做出接近蹲姿的人可以放腳。不可以。只要說到太空人的食衣住行，熟悉度一定比實用性還要重要。餐桌在零重力的情況下根本沒有任何用處，但是所有長程太空船上都有餐桌。乘員想在一天結束後坐在餐桌周圍，邊吃邊聊天，感覺一切如常，暫時忘記自己其實是完完全全孤單地在死寂的真空中衝刺。受到阿波羅號只有排泄袋而沒有馬桶的影響，浴室設施變成了一個引起激烈討論的題目。瑞思克說：「太空人回來的時候，他們的身體和心理都想要一個可以坐下來的便器。」

這是可以理解的。排泄袋是個透明的塑膠袋，不只大小和容量類似嘔吐袋，讓人害怕和反感的能力也不遑多讓[1]。袋子的上方附有專用的黏著環，設計符合太空人屁股的平均弧度。真的很合。黏著劑還會把毛扯下來。更糟糕的是，因為沒有重力、氣流或任何協助分離的東西，太空人必須使用自己的手指。每個袋子接近上方的位置都有一個叫做「手指套」的小口袋，讓太空人把手指放進去。

好玩的還在後頭。在太空人捲起袋子、封口、困住這頭讓人厭惡的怪獸之前，乘員還得撕開一小包的殺菌劑，把內容物擠進袋子裡，用手把殺菌劑揉散在排泄物之中。如果不這麼做，排泄物的細菌就會盡到自己的責任，吸收消化這些排泄物，然後排氣。這些氣體如果在你的腸道內，就會是你自己放的屁；但密封的塑膠排泄袋不能放屁，所以如果不加殺菌劑，排泄袋最後可能會爆炸。參加雙子星任務與阿波羅任務的太空人洛威告訴我：「測試好朋友的方法，就是把你的袋子交給隊友，要他把殺菌劑完全揉合在排泄物當中。我都會說：『鮑曼，給你。我很忙。』」

由於這份工作這麼複雜，因此這些「逃犯」（太空人對四處漂浮的排泄物的稱呼）讓太空船乘員備受困擾。下面這段對話摘錄自阿波羅十號的任務紀錄，主角是在軌道上航行的任務指揮官斯塔福德，登月艙駕駛塞爾南，還有指揮艙駕駛楊格，最近的廁所離他們有三十二萬多公尺遠。

塞爾南：……你知道嗎，一旦脫離月球的軌道，你就能做很多事。你可以減少太空船的動力……還有——

斯塔福德：天哪——是誰弄的？

楊格：什麼是誰弄的？

塞爾南：什麼？

斯塔福德：是誰弄的？（大笑）

塞爾南：這是哪裡跑出來的？

斯塔福德：快給我紙巾。有一塊大便浮在半空中。

楊格：不是我。那不是我的。

塞爾南：我覺得那不是我的。

斯塔福德：我的比這塊黏。把它丟掉。

楊格：感謝老天。

（八分鐘過後，當他們在討論傾倒廢水的時機時，同樣的情況又發生了。）

1 還有更糟糕的設計。同樣為了體貼阿波羅號的乘員，他們還提供了「排便手套」。太空人可以使用這項工具，讓手掌接近肛門，直接在手掌上排便，接著再把手套反過來往回拉，就像狗主人用裝了塑膠袋的報紙套撿起狗大便後丟掉那樣。另外還有「中國指」，可以讓你一邊夾住丸子，一邊把它拉到底。「中國指」這個名字來自同名的廉價派對玩具——「廉價」可能也是太空人對這項工具的感覺。

楊格：他們說我們隨時可以倒水嗎？

塞爾南：他們說每周一三五，他們說——該死的大便又來了。你們這些人是怎麼回事？給我一個——

楊格／斯塔福德：（大笑）……

斯塔福德：又浮在空中嗎？

塞爾南：對。

斯塔福德：（大笑）我的比較黏啦。

楊格：我的也是。撞到袋子了——

塞爾南：（大笑）我不知道那是誰的。我不能招認但也無法否認。（大笑）

楊格：這裡是怎麼回事？

布羅彥給我看一張大約一九七〇年，NASA員工示範阿波羅排泄袋的照片。照片上的人穿著格子長褲，芥末色的襯衫，袖口還有袖扣。就像很多七〇年代的照片一樣，上面一定有一些讓主角揮之不去的難堪場面。這一張更是箇中翹楚。照片中的男人彎著腰，面對著照相機頂出他的屁股。一個排泄袋就黏在他的褲子底部。他右手的第一、二根手指放在手指套裡，像一把張開的剪刀般平衡。他的小指還戴著一枚寬版銀戒。雖然他的臉被遮住了，但布羅彥說大家都在**猜測**他的身分。布羅彥把這張照片列入他最近執筆的工程期刊報告中的歷史章節，但他的長官要求他把這張照片拿掉，意味著「那不是最適合呈現NASA的照片。」

布羅彥總結雙子星與阿波羅號任務太空人對排泄袋系統的反應如下，這段文字也正是他的報告內容，顯然不是所有的乘員都能像楊格、斯塔福德和塞爾南那樣戲謔地接受這種情況：

排泄袋系統的功能性被邊緣化，並且被乘員形容為非常「討厭的東西」。這種袋子讓人很難擺姿勢。乘員很難在不弄髒自己、衣服、座艙的情況下排泄。這些袋子又沒有氣味控制功能，所以在狹小的座艙裡，氣味會揮之不去。因為使用上的困難，每個乘員每次排泄都需要將近四十五分鐘[2]，造成乘員一天中有很長的時間都會聞到排泄物的味道。因為乘員太討厭排泄袋了，所以有些人繼續使用……藥物，減少在任務期間的排便。

雙子星和阿波羅任務的尿液袋比較不噁心，但也沒有好多少——尤其是袋子爆炸的時候。洛威在雙子星七號任務時就遇到這樣的狀況，太空人塞爾南的回憶錄裡引用了洛威對任務的描述：「就像在

---

2 因為太空人的時間表都有嚴格的安排，但是腸道蠕動通常無法事先規畫，所以乘員經常不得不進行類似阿波羅十五號任務紀錄中，指揮官史考特和登月艙駕駛艾文的對話：

史考特：艾文，我們交換一下……

艾文：我想先想辦法大個便，史考特。

史考特：好。

艾文：可以的時候告訴我。

公共廁所裡待了兩周。」漢勝航太設備太空裝與馬桶工程師切斯簡潔有力地總結了工程師和NASA職員在阿波羅任務結束時的心情：「我們一定得改善。」

NASA第一個零重力馬桶模型是讓太空人「自己親手將大便裝好並丟棄的袋子」，設計目的是協助太空實驗室在進行醫學證物採集任務時收集樣本[3]，當時它裝在牆壁上。在後來的幾年裡，為了符合乘員的心理與內耳前庭需求，NASA工程師與設計師開始蓋房間和實驗室，創造出和地球重力更為一致的方向感。讓桌子在「地面」上，燈光在「天花板」。

太空梭裡的馬桶一直都裝在地板上，但你也不會說這是正常的馬桶。原始的太空梭馬桶在距離使用者器官下方短短十五公分的地方，裝了每分鐘轉速一千兩百次的威力牌攪拌器刀片。化糞器會將排泄物和組織攪爛，再扔到儲藏槽的兩側──換句話說，如果一切順利，會攪爛的是廁紙（而不是陰囊等其他東西）。瑞思克說：「有點像把紙漿糊上去那樣。」但隨著儲存槽裡的物質暴露在冰冷乾燥的太空真空中，問題也漸漸浮現。（乾燥冷凍是消毒的方法。）此時的黏著性沒那麼好了，這些紙漿也不再黏糊糊的了。下一個使用馬桶的太空人只要打開化糞器，儲存槽內壁小小的排泄物就會彈出來，被攪拌刀片拍打到太空艙裡，變成太空船裡的塵埃。

NASA的第三九四三號承包商報告裡描述了這種慘況：「據報，目前正在太空船上進行STS任務（41-F）的太空人已經恢復使用阿波羅型的黏著袋。在前幾次任務中，零重力馬桶所產生的糞便塵雲使得一些太空人停止進食，以減少使用馬桶的需求。」同一份報告的其他部分指出，糞便塵不只噁心，而且會造成「口腔內大腸桿菌不健康地增生」，類似潛水艇乘員因污水揮發「逆吹」所導致的情況。

化糞器消失已經有一段時日了，但乘員偶爾還是會因彈出的糞便塵所苦。現在的罪魁禍首是可以在太空總署廢棄物收集報告裡讀到的一種現象，希望在別的地方沒有發生：「爆米花糞便」。布羅彥不厭其煩地詳細說明：「因為其他東西都冷凍了，後來進去的糞便會根據軟硬程度的不同，從牆面彈下來。你看過舊式的氣爆式爆米花機器嗎？裡面有一道循環的氣流，物質會在氣流裡漂浮，然後回到管道中。」真是令人期待啊。

「爆米花糞便」是太空梭馬桶安裝了後照鏡的原因。布羅彥說：「我們要求他們動作之前先看一下後面，以免管子上方有黏住的糞便。」「爆米花糞便」是「糞便截斷」的前奏，而你不會希望你的

---

3 太空實驗室和阿波羅時代收集的太空人樣本到現在依舊收藏在休士頓詹森太空中心大樓的最頂樓，一間沒有窗戶的戒備森嚴房間的冷凍櫃裡，這個地方也收藏了NASA收集的（非生物）月球岩石。查爾斯說：「我不確定我們目前保存的阿波羅號排泄物是什麼。它們冷凍了四十年，而且那裡在龍捲風來襲時偶爾還會停電，所以它們可能已經變成過去榮光的殘餘物。」一直到一九九六年，它們都還在那裡。因為行星地質學家哈維在引導一批重要賓客參觀時，曾經因迷路而不小心撞見這些收藏。他回憶：「當時所有門解鎖的密碼都一樣，我打開了一扇門，眼前的景象如同電影《法櫃奇兵》一樣，有好幾排又長又低矮的冷凍櫃。每個櫃子上方都有忽明忽暗的小燈與溫度顯示，還有一段寫了太空人姓名的膠帶。我心想：『**該死，他們把太空人關在這裡！**』然後我很快把人帶出去。我後來才知道那就是他們儲存太空人排泄物的地方。」哈維不記得那個房間的號碼了：「你只能不小心撞進去，此外沒有其他方法能找到那裡。那地方就像是小說裡的『納尼亞王國』。」

船上發生「糞便截斷」。如果乘員在爆米花達到高點的時候關上馬桶輸送管口的滑蓋，滑蓋在關閉的時候可能會截斷冒出的糞便，這樣很糟糕的原因有二：任何黏到滑蓋上方的物質，就會和乘員共享這個空間，而且，布羅彥說：「乘員一定會聞到味道。」此外，黏在滑蓋下方的東西也會被冷凍乾燥，使得滑蓋卡住，這麼一來馬桶就壞了，大家只能用太空梭上的備用糞便廢棄物收集系統：阿波羅袋。如果你是造成這一切的笨蛋，你就會被其他同伴「逆吹」襲擊。

像爆米花糞便這種現象，是怎麼也預料不到的。有些事只有進入軌道後才會知道。所以馬桶和其他漂浮在太空中的東西一樣，也被拖到拋物線飛機上測試。此時測試的挑戰就很特別了。

綜上所述，昨天下午我突發奇想，想試試看太空梭訓練馬桶。我已經和布羅彥、溫斯坦，還有公關部的導覽員約好隔天中午碰面。**早上九點，最晚也只能這樣了。**我的結腸這麼說。我打電話給公關部接待我的導覽員費芮兒，試著解釋我的難處，想重新安排早上的第一個行程。我打給她的時候，她正在參加孫子的畢業典禮，所以她必須大吼才能壓過身旁的噪音。我想像她丈夫從活動中轉身，問她發生了什麼事；我想像費芮兒在他的耳朵旁大吼：「**是那個作家。她想在太空梭馬桶上拉屎！**」我向她道歉後，很快把電話掛了。

我心裡過不去的一點是，安排排泄時間這種事，就算預留了幾個小時都還是很奇怪。想像一下，你得在無重力的二十秒空窗時間裡，聽到指示就開始排泄。退役的NASA食品科學家伯藍德曾經和一群工程師參與拋物線飛行，測試零重力馬桶的原型。馬桶周遭雖然立起了部分遮蔽的屏障，但伯藍德還是能看見那個人。他告訴我：「他上的是小號，他都準備好要上了，但卻沒辦法在恰當的時間排出。周遭的人一直開他玩笑，大吼大叫幫他打氣。」不過伯藍德沒有，因為他得一邊想辦法克服他的動暈症，一邊測試與採樣七十二種新的太空實驗室食物，當中包括奶油狀的豆子和牛肉泥，所以他不需要其他讓他更想嘔吐的事。

有些無重力測試更具探索性。我在北極參加模擬月球探索時，認識了漢勝航太工程師切斯，他說：「雖然聽起來很奇怪，但如果你想要控制從後面出來的東西，你就得了解運作原理。」切斯在那一周負責的是太空裝而不是馬桶，不過他對討論大便倒是興致勃勃。「舉例來說……」切斯在膝上放了一本漢勝航太的繪圖紙，開始畫起來，「少了把東西拉直的重力，東西出來的時候就會捲起來[4]。」這段過程那天由NASA和漢勝馬桶工程師用十六釐米的影片記錄了下來。感謝他們的努力，航太排泄物收集系統工程師不只了解捲曲情況，也知道了彎曲的範圍，以及最有可能的方向（往後）。他們知道比較軟的，在某種程度上會比較捲。為什麼我們要知道這些？因為捲曲可能會造成輸送管阻塞，影響氣流。

這些影片裡男女自願者都有，切斯說女性自願者是「護士團隊裡的一些女生。」雖然這些影像被列為不得隨意流通的類別，但根據漢勝的傳說，它們早已突破限制四處流傳。切斯的一位同事說，幾乎「只要在排泄物管理設計部門有門路的人」都看過這些影像。「這些影片非常、非常受歡迎。」而且看過這些大便影片的人，最後也都了解它們可能引起的軒然大波。切斯說：「你可以想像大

4 瑞思克稱之為「剝皮效應」。這個詞也用來形容噴漆表面的瑕疵，通常是汽車烤漆。不管怎麼樣，汽車廠的人都該跟你道歉。

眾的反應。」**萬一有人搬出資訊自由法案怎麼辦？**（根據資訊自由法案，記者和大眾可以要求取得未列入機密的政府文件複本。）這些影片後來被銷毀了。切斯對於影片的消逝頗為哀傷，他也是設計月球任務馬桶的小組成員。「真的很可惜，因為我們目前正進行到這個階段，那些影片對我們的工作會很有幫助。」

瑞思克說，更麻煩的工程問題（同時也是這些影像的主要內容）是排尿。首先，液體在太空中有附著在身體上的傾向。瑞思克說：「當重力消失，表面張力就是下一個物理力。」因為有表面張力，所以液體甚至能附著在一根毛髮上。瑞思克說，在零重力的情況下，毛髮愈長的人愈容易殘留兩到三層的水。NASA需要知道陰毛對女性的「速度潛力」有多少程度的影響。（溫斯坦對此的形容很有幫助：「把你的名字寫在雪地上」的容易程度。）

切斯又開始畫了：「你排尿的時候不會製造出完美的圓柱水流，如果你曾經觀察過就會了解我的意思。對女性而言，要製造出水流的障礙又更多了。」例如陰唇和陰毛。而虛弱的水流很容易中斷，形成漂浮的水珠。接著切斯告訴我一件令我頗為驚訝的事，他說他知道外出健行或旅遊的女性「可以把褲子脫到腳踝處，靠著樹稍微往後傾，只要把東西移動一下，清出一點空間，就可以排尿並且控制方向。」當我在思考這個新的、會改變人生的資訊時，兩人陷入一片沉默。切斯繼續說：「聽我說，女性排尿的力氣可以比男性還大。但是你必須要刻意控制。只有某些女性可以自在地探索這樣的可能性，其他的女性則否。」

但不管她們有多自在，沒有任何一種女性會想在男性馬桶工程師和他們的好朋友組成的觀眾前表演。最後，那些護士聽說了後來的情況，於是拒絕參加其他的拍攝。漢勝航太被迫開始發揮創意。

切斯說：「其中一個人的肚子上很多毛。」說到這裡，他往後靠在椅背上，把自己的肚子凸顯出來。「如果他這樣……」他把手掌放在胃部的兩側，往肚臍的方向擠，很容易想像他的襯衫下出現了一條垂直的皺褶，「……這樣就對了。所以他們在零重力的情況下，用代替尿液的溶液噴在他身上，再拍攝影片，這樣他們就能了解水珠形成的情形。」切斯把手放開：「這是很好的想法。」

但還有其他測試零重力馬桶的方法。維格納瑞札在二〇〇六年的技術報告中寫道：「我們在NASA艾姆士研究中心進行開發人類排泄物模擬物的任務。」維格納瑞札絕對是這個領域裡最成熟的思想家，但並不是先驅。在他之前就已經有人（例如商業尿布產業）使用過布朗尼蛋糕糊、花生醬、南瓜派的餡料，還有馬鈴薯泥來取代人類排泄物。維格納瑞札對這些前人的努力不屑一顧，因為這些物質一點都無法接近他所謂「人類排泄物的行為」——例如吸水性質以及流變學。**流變學**在食品科學裡指的是液體濃度的研究，液體濃度由黏性與彈性等特質所決定。食品科學家有專門的設備用來測量這些性質，如果他們夠聰明，他們就不會把這些設備借給NASA艾姆士中心的人。

維格納瑞札對回鍋的豆子做成的模擬物評價甚高。雖然內含的蛋白質過高使得吸水力不良，但是據說這些豆子的外觀與行為模式都和人類的糞便非常相似，所以我覺得我以後應該都不會去供應這類食物的墨西哥餐廳了。用豆子為材料設計模擬物的人來自「恩普夸」，我確定維格納瑞札的意思是恩普夸社區大學，而不是恩普夸銀行或是印度的恩普夸部落。

NASA艾姆士中心的模擬物徹底擊敗了恩普夸社區大學設計出的垃圾，食譜裡有八種材料，包括味噌、花生油、洋車前子、纖維素，還有「乾燥的蔬菜類粗糙粉末」。吃起來也許沒有恩普夸的模擬物那麼好吃，但是就其他方面而言，這是相當優秀的產品。主材料是糞便內的大腸桿菌，而且就和人類的排泄物一樣，占了百分之三十的重量。我不知道是艾姆士的馬桶部門內有保存糞便細菌的群落（除了每個活的員工腸道內所擁有的之外），還是他們用郵購買來的。維格納瑞札沒有回覆我的電子郵件。

艾姆士中心模擬物唯一缺少的特質就是糞便的味道。為了確保未來的馬桶氣味控制功能可以符合期望，維格納瑞札計畫在模擬物裡增加惡臭化合物。這不禁讓人懷疑：幹嘛那麼麻煩用模擬物？如果他們需要聞起來跟真的一樣臭的東西，那幹嘛不直接用真的？他們會用，但只在最後關頭。「使用真正的人類糞便進行有限的實驗後，就能為最終測試畫上句點。」因為接觸人類排泄物的禁忌太強，以至於NASA研究人員在過去曾經使用猴子或狗的糞便。

布羅彥的馬球衫正面有一個「國際太空站大會任務」的布徽章，徽章的設計是在一個橢圓型的馬桶座椅內，排列出國際太空站馬桶的各面模樣，上面的標語是：為我們的付出自豪。

布羅彥的確有理由感到自豪，溫斯坦、切斯、瑞思克、維格納瑞札，以及他們所有的工作伙伴也都很有資格感到自豪。成功的零重力馬桶結合了精密的工程技術、材料科學、生理學，以及禮儀。就像維格納瑞札的模擬物一樣，只要少了一個原料，製造出來的東西就不對了。而且很難找到其他的技術問題會對於乘員的福祉有這麼絕對而嚴重的負面影響。

淘汰的問題可能會有更深遠的影響。我訪問了退役空軍上校佛格翰，他參加過第一次水星任務太空人的評選。佛格翰上校告訴我，排泄的難題是他們不考慮女性飛行員的主要原因[5]：「我們知道女性和男性一樣能幹，我們在二次大戰時也有女性飛行員。她們有能力駕駛戰鬥機，也有能力駕駛轟炸機。」但是她們不能使用飛行裝裡收集尿液的保險套裝置。「就後勤來說，收集身體的排泄物是個重要的問題。」（顯然他們的雷達上從來沒出現過「成人尿布」這個選項[6]。）佛格翰回想：「我們是在很大的壓力下進行這件事。所以我們說：『就減少需要擔心的問題吧。』」

如果你看了《水星十三號：不為人知的美國女性和太空飛行夢》，你就會知道女性飛行員還面臨了其他的阻礙。例如副總統詹森。當NASA局長寫信給他，希望他開放女性戰鬥機飛行員擔任太空人時，他沒有在信上簽名，而是在信件的底下寫：「現在就終止這一切吧！」

隨著任務時間變長到需要排泄策略，乘員人數也增加到兩人，女性的問題卻依舊沒有解決。從阿波羅號到雙子星號任務期間都在NASA擔任精神病學家的桑蒂寫過：「隱私問題一直都是NASA抗拒女性太空人的主要考量。」桑蒂在《選擇對的事》這本書裡提出，私人太空廁所的發展是促使

5 這也是蘇俄人**選擇了**雌性動物進行飛行的原因。訓練公狗在收集裝置裡排尿的困難度極高，因為艙內空間很擁擠，所以牠們無法使用自然的抬腿姿勢。

6 根據拋棄式尿布網站上的「尿布演進時間軸」，成人尿布在一九八七年首次在日本面世。不過一般拋棄式尿布的概念在一九四二年就已經出現，由一間瑞典公司發明——不是NASA，雖然有這種說法。瀏覽這條時間軸，看起來好像NASA真的在某階段有所貢獻。上面有真空乾燥尿布、無紙漿尿布、彈性封口系統尿布，以及「縮減底座與彈性封耳」的尿布。NASA的成人尿布是所謂的「現成商業產品」，目前使用的產品名稱是「強力吸收型」。NASA之前的成人尿布的名字叫做「歡喜」，應該很難想到更糟糕的名稱了。

ＮＡＳＡ決定接受女性太空人的動力——「也許比其他的理由還重要。」

究竟馬桶是排除女性的原因還是藉口？你可能會覺得聯邦政府通過的禁止雇主性別歧視法案，應該比馬桶的臭味更能推動這樣的改變。諷刺的是，女性太空人比男性更適合進行太空飛行。平均而言，她們比較輕、呼吸量比較少、需要的飲水和食物都比男性少。這表示需要攜帶升空的氧氣、飲水和食物都比較少。

而ＮＡＳＡ不讓體型更小更結實的人類升空，減少發射太空船的成本，而是選擇讓更小更結實的燉肉、三明治和蛋糕升空。很少有這麼小巧但又讓人討厭的東西。

15

無法撫慰人心的食物

獸醫負責做菜，以及其他航太測試廚房的悲慘故事

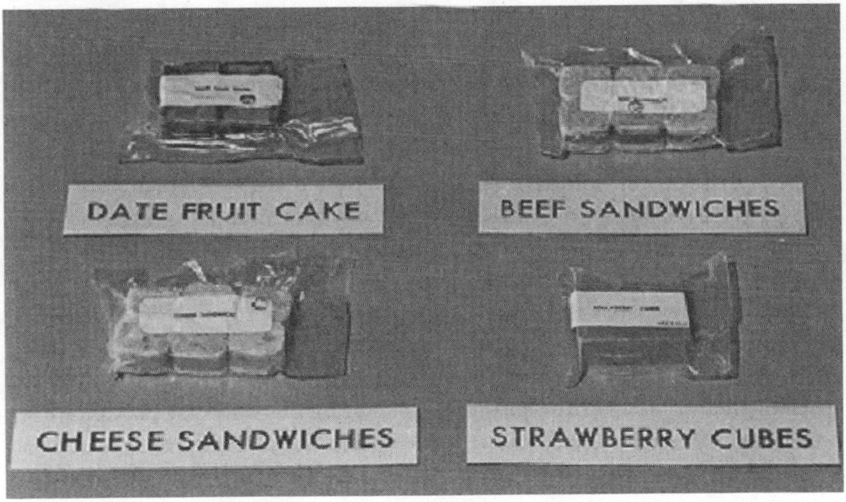

一九六五年三月二十三日，沃菲熟食店的醃牛肉三明治升空了。這間沃菲熟食店的分店位在佛州的可亞海灘，距離甘迺迪太空中心不遠。太空人舒拉點了一份外帶三明治，開車回到甘迺迪中心，說服楊格把三明治走私到雙子星三號的太空艙裡，給隊友格里森一個驚喜。五小時的飛行開始兩小時後，楊格就這麼做了。但那一刻並不全像他們所想像的那樣。

格里森：這是哪裡來的？

楊格：我帶上來的，我們試試看味道如何吧。好像臭臭的？

格里森：對，而且還四分五裂。我要塞到口袋裡。

楊格：我也只是想試試看而已。

格里森：對。

那年稍晚，「醃牛肉三明治」事件成了抵制NASA的人在國會預算聽證會上的攻擊武器。在一九六五年七月十二日的「國會紀錄」中，推動將NASA五十億美元的預算減半的參議員摩爾斯，認為楊格「嘲弄了」整個雙子星科學計畫精心規畫的攜帶物與產出物。另一個人問NASA的行政官員衛伯，如果他連兩個太空人都不能控制，他怎麼能控制數十億元的預算。楊格因而遭到正式懲戒。

走私品沃菲三明治至少違反了十六項「脫水牛肉三明治（一口大小）」正式製作規範。這些規範長達六頁，並且列出聖經十誡般恐嚇的言詞（「不可有……溼潤或潮溼的部分」、「外層不可是碎片或片狀物」）。除此之外，沃菲三明治還有數十種缺點，例如第一〇二號缺點（「異味，例如油耗味」）、第一五三號缺點（「拿取時會散開」）。但希望沒有第一五一號缺點，也就是「外露的骨頭、殼，或筋腱」。

太空艙裡的食物和沃菲三明治就像在天平的兩端。太空食物必須很輕，NASA發射到太空中的物體只要增加半公斤，就要多花好幾千美元的燃料才能順利進入軌道。太空食物必須壓縮，雙子星三號太空艙不比賽車座位空間大。因為嚴格的體積與重量限制，太空食物科技都以「卡路里密度」為首要考量：在最小分量的食物內，包含最多的營養和能量。（極地探險家也面臨相似的限制和卡路里需求，但因為沒有政府的研究經費，他們只能打包奶油條。）連培根都必須接受液壓處理，讓它變得更緊密（而且重新命名為「方塊培根」）。

壓縮過的食物不只比較不「贊」地方（飛行器設計師口齒不清的程度和小孩差不多），而且也比較不容易碎裂。對太空船工程師來說，碎屑可不只是要打掃這麼簡單。掉到地板上的碎屑通常可以視而不見，交給工友來清掃就好，但在零重力時就不一樣了，碎屑會飄浮在空中。可能會漂到控制台後方或是太空人的眼睛裡。所以格里森一看到醃牛肉三明治散開，就馬上收到口袋裡了。

不像沃菲三明治，太空方塊三明治只要一口就能吃掉。就算是一片吐司，只要你一口放進嘴巴裡，也不會掉出任何碎屑。你可以像楊格和格里森一樣，用吐司麵包方塊來乾杯。為了多一層安全保障，方塊外還有一層可食用的外皮接住所有碎屑。（「將外層塗了脂肪的吐司片放涼，使脂肪凝結……」食譜上這樣寫。）

航太餵食小組由空軍、陸軍和商業界人士組成，他們相當努力地要讓食物方塊的外皮趨近完美。一份技術報告簡述了外皮配方歌蒂拉式的進展（歌蒂拉是童話中迷路到森林裡的小女孩，闖入一家三口的熊家中，嘗了熊爸爸的粥覺得太燙，熊媽媽的粥太冷，最後吃了熊寶寶不冷也不燙的粥）：五號配方太黏，八號配方在真空中會碎裂，十一號配方（融化的豬油、牛奶蛋白質、吉利丁、玉米粉、蔗糖）被認為是恰恰好的組合。但要吃的人就不這麼認為了。洛威在雙子星七號任務時對控制中心抱怨：「這會在嘴裡留下臭味，外皮還會黏在口腔上顎。」

做出重量不到三．一公克，而且「從四十五公分高處掉到堅硬地面」還不會碎裂的上漆三明治方塊是一回事，但要把這種食物變成讓人連續吃好幾個禮拜，每次都吃得開心又健康的食物，又是另外一回事了。大部分的水星任務和雙子星計畫時間都很短，才一天或一周，基本上吃什麼都可以過活。但是NASA著眼的是為期兩周的月球任務，所以他們必須知道下列事項：當一個人定期食用豬油片和凝結得像蠟的玉米粉，對他的消化系統健康會有什麼影響？吃這種軍隊測試廚房想出來的食物，一個人又可以活多久？更重要的是，他**願意**這樣過活多久？這種食物對士氣有什麼影響？

為了找到這些問題的答案，NASA在一九六〇年代付給很多人很多很多的錢。太空食物研發合約先交給了萊特派德森空軍基地的航太醫學研究實驗室，後來又簽給布魯克斯空軍基地的航太醫學院。美國陸軍內提克實驗室草擬生產規範，營業廠商負責烹調，航太醫學研究實驗室和航太醫學院則在陸地受試者身上測試這些食物。這些基地都蓋了精緻的模擬太空艙，把自願小組的人關在裡面模擬太空飛行，有些時間長達七十二天。食物通常會和下列變因一起測試：太空裝、衛生條件，以及不同的座艙空氣——有時候會是令人開心的百分之七十氦氣。

營養學家一天會把實驗餐點放在假裝的氣閘內三次。經過這些年，招募而來的受試者靠著各種嚴格控管的加工航太食物活了下來：有方塊狀的、棍狀、泥狀、棒狀、粉狀，以及「可再水化」狀的。營養學家不只小心秤重、測量、分析食物裡的成分，連產出的物質也不放過。「糞便樣本……質地均勻，冷凍乾燥，並有一式兩份的分析。」史密斯中尉這麼寫，他這份航太飲食營養評估報告裡的菜色包括了燉牛肉和巧克力布丁。你很難期待史密斯中尉真的知道他手上的盒子裡裝的是什麼。

在一張這個時期的照片上有兩個擠成一團的人，穿著醫院用的手術衣，身上綁了各種監測生命跡象的帶子。一個年輕人彎腰駝背地坐在行軍床的下層，又小又窄的床面看起來像是雙層的燙衣板一樣。他的左手拿著一塊像是小蛋糕的東西，腿上還放了一個裝著四塊堆疊的小方塊的塑膠袋：這是他的晚餐。他的鼻子上貼著一條管子。他的室友戴著超人克拉克的黑框眼鏡，還有一副通訊耳機，坐在控制台前面；這座控制台在一九六五年可能很前衛，但現在看起來就像是《星艦迷航記》的道具一樣裝模作樣。一點都沒有幫助的照片說明是：「太空食物人員，一九六五到一九六九年。」也許作者試著寫出更多的資訊——「測試迷你三明治對心跳和呼吸速度的影響」，但卻想不到任何無損於空軍尊嚴的語詞。

這些照片很多都是「事前」的照片，這些運氣不佳的空軍在航太醫學院的實驗室門口和營養學家歐荷拉一起拍照，接著他們踏入實驗室，她便把艙門關上。歐荷拉看起來就跟你想像中的空軍營養學家一樣——身材不胖也不瘦，頭髮梳理得很整齊，長相端正，但又不至於讓空軍弟兄的心跳或氧氣攝取量大增。歐荷拉很會鼓動人心。她在軍隊新聞寫了一篇文章，表達她擔心各種太空人對各種太空食物「日復一日，延續三十天以上」的接受度。

但她看來是唯一腦袋清楚的人。雖然塊狀食物的評價不高，但開發人員還是熱情推廣，毫不懈怠，持續堅持使用液壓。他們不了解，在長達一周的飛行裡，需要你用自己的唾液恢復水分的食物（要先放在「嘴巴裡十秒鐘」），只會讓人掃興而已。這是真的，退休的NASA食品科學家伯藍德說，在一次次的任務過後，方塊三明治已經變成「幾乎一定會退回來的食物。」（他的意思是太空船降落後這些食物都還在船上，而不是指它們被反芻。我是這樣想啦。）

某天午餐時間後，我打電話到歐荷拉在德州的家。她現在已經七十多歲了，我問她剛吃過什麼？不只她的午餐內容很營養學家，她回答的方式也很營養學家，像是餐廳菜單般地條列：「烤牛肉配起司三明治，佐葡萄和水果酒。」我問她，航太醫學院模擬艙裡的受試者是否曾經提早放棄研究，或者半夜衝出氣閘跑去買漢堡吃？他們沒有。歐荷拉說：「他們都盡可能地和我們合作。」她解釋，首先他們都是剛結束訓練的新兵，對他們來說，只要動嘴巴而完全不需要進行體能勞動的一個月，肯定很有吸引力。此外，自願參加實驗可以讓他們選擇想參與的空軍任務，而不是隨機被指派到各基地。

航太醫學研究實驗室的模擬室則是付費請附近帝騰大學的學生擔任自願受試者。也許因為他們有錢拿，或者因為帝騰大學是天主教學校，這些學生也很聽話，一般來說都很守規矩。不過少了聖餐禮[1]這件事偶爾也會是個問題。曾有一位自願者對於科學家破壞了這項規矩感到非常憤怒，找來一位神父，讓他透過攝影機和麥克風進行聖餐禮。他們還在通道口放了一小份的酒和一片聖餅，美味程度可能大勝典型的隔離室餐點。

有一樣測試用食物的得分比方塊食物更低。曾經負責航太醫學研究實驗室模擬太空艙的軍官布朗說：「早餐、午餐、晚餐都是奶昔。隔天的早餐、午餐、晚餐，還是奶昔。」在一到九的量表上，以奶昔維生的自願者對此的平均給分是三分（普通不喜歡）。布朗告訴我，三分大概就是一分的意思：

「受試者填寫表格時，會寫出你想要的答案。」有一位受試者向布朗坦承，他和其他自願者固定會把他們的部分食物倒在座艙地板下。儘管這種食物很不受歡迎，研究人員還是評估了至少二十四種不同的商業與實驗液體食物配方。我讀過一篇空軍技術報告，裡面列出了可食用紙張應有的特色：「無味、有韌性、黏著力強。」我覺得這些研究太空食物的人大概也是這樣。

同時在航太醫學院，海德博測試的是他自己發明的液體食物。一份空軍新聞稿將之稱為「蛋酒餐」。歐荷拉形容那「像沖泡的營養飲品安素。」她以罕見的咬牙切齒語氣說：「那根本完全無法令人接受。」海德博本人似乎也在大家口中遺臭萬年。

雖然營養學看起來相當吸引某一種奇怪的味覺虐待狂，但還是有其他人投入其中。當時是六〇年代中期，美國人對於便利性和背後的太空科技著迷不已。隨著女性開始回到職場，做飯和打理家務的時間變少了；一根棒子或一杯飲料就能當一餐飯吃，是新鮮又大受歡迎的省時妙招。

---

1 在真正的太空船上，遵守宗教戒律又更困難了。太空梭的發射重量限制迫使艾德林只能帶「一小塊聖體」和頂針大小的酒杯，好讓他在月球上自己進行聖餐禮。零重力加上九十分鐘的繞軌道運行日也對穆斯林太空人造成許多問題，因而出現了「在國際太空站進行真主崇拜指導綱領」。根據此綱領，穆斯林太空人不需要每繞地球一次（也就是九十分鐘），就祈禱五次，而可以根據出發地的二十四小時循環時間進行祈禱。祈禱前的清潔可使用抹布（「三塊以上」）。而且在軌道運行的穆斯林一開始祈禱時也許能面對麥加，但祈禱結束後可能已經偏離麥加了，因此指導綱領也允許他們只要面對地球，或「隨便哪裡」，就可以了。最後，他們也不需要把臉靠近地面，因為這在零重力的情況下是個惱人的動作；他們只要做出類似的姿勢，「下巴儘量靠近膝蓋」「用眼皮表示姿勢的轉變」，或在「任意的」身體部位「想像」動作的順序就好。

正是這樣的心態，使得航太醫學研究實驗室最不受歡迎的液體餐變成了長遠而獲利豐富的事業：雀巢三花營養素早餐。太空食物棒也展開了它們在軍隊遭人嫌惡的生涯。空軍所謂「高海拔時食用的棍狀食物」一開始是為了穿過加壓裝頭盔的洞所設計的。歐荷拉告訴我：「我們做得不夠硬。」所以食品公司培斯伯瑞回收了這種棍狀設計，並且製造成商品出售。伯藍德說，這種食物偶爾會和太空人一起升空，讓他們當點心吃——有時候會以「營養明確食物棒」之類的名字登記，有時候只寫「焦糖棒」，一看就知道是什麼了。

就連製造食物棒和早餐飲品的公司都不曾期望美國家庭會除了這些食物之外，別的東西都不吃。因此我有十足的理由相信，有一票極端的營養學家組成神祕集團，影響了NASA的觀點。這些人把咖啡叫做「雙碳化合物」，這些人還寫了一整本教科書，用好幾章的篇幅討論「食物上的配料策略」。下面是麻省理工學院營養學家施密蕭在一九六四年的「太空中的營養與相關排泄物問題研討會」上捍衛液態飲食配方的發言：「那些想把時間花在更有價值、更有挑戰的事物上的人，不需要在嘴巴裡咀嚼一塊塊的食物，也不需要為了更有生產力、更有士氣而吃各式各樣的食物。」施密蕭吹噓，他讓他在麻省理工學院的受試者連續兩個月都吃液體配方晚餐，而且他們一點抱怨也沒有。雙子星號的太空人驚險逃過了比吃方塊食物更糟的命運。NASA人員麥克爾在同一場會議中表示：「我們希望在雙子星計畫中，可以使用某種配方食物……我們會在飛行前、飛行中，以及飛行後的兩周內使用這種食物。」

施密蕭錯了。人類**確實**「需要在嘴巴裡咀嚼一塊塊的食物。」要求他們吃液體食物，會讓他們渴望固體食物。我只在一天早上吃了水星時代的管狀食物，結果我就好想吃固體食物。太空人現在已經不吃管狀食物了，但是軍隊飛行員在任務途中不能停下來拆開三明治包裝時，還是會吃這種食物。友善的食品科技學家拉薇瑞琪幫了我很多忙，她也是美國陸軍內提克基地的「對抗餵食董事會」成員，她說太空食物的配方和技術從水星時代開始就沒有什麼改變。拉薇瑞琪邀請我到內提克。（「奈崔斯會在二十一日早上做管狀蘋果派。」）我不能去，但她很好心地寄了一盒樣品給我。它們看起來很像我繼女莉莉的管狀油彩。

吃管狀食物是一個令人焦躁不安的經驗。因為這麼做必須跳過兩種人類有機體的品質控制系統：視覺和嗅覺。伯藍德告訴我，就是這個理由使得太空人痛恨管狀食物：「因為他們看不到也聞不到他們在吃的食物。」此外，這種食物的質感──食品科技的用語是「口感」──也讓人渾身不舒服。當標籤上寫著「牛絞肉醬漢堡」，你會預期吃到牛絞肉醬；但是內提克版的牛絞肉醬漢堡完全沒有可以辨識為牛絞肉的特徵。它是糊狀的，所有的管狀食物都這樣，就像伯藍德說的：「管口限制了質地。」最早的太空食物根本就是嬰兒食品。但是就連嬰兒都能用湯匙吃東西，水星任務的太空人卻得從鋁製的管口吸出他們的食物。這樣一點都沒有英雄氣概啊。不過這卻是必須的。在零重力的情況下，湯匙和開放的容器只有在食物擁有可愛的歐荷拉所謂「可以黏在東西上面之類的」特性才會管用。如果夠濃稠、溼潤，表面張力就能讓食物不會漂走。

這個牛絞肉醬漢堡吃起來就像冷凍的墨西哥玉米餅醬料。內提克的素食主菜（被不知名的某人簡單貼上了「素食」的標籤）也只是稍微帶點辣味的番茄糊而已。水星任務的太空人一定覺得自己像是困在一間很小的超市裡的醬料區。但是內提克的蘋果醬倒是還可以──配方和葛林寫下歷史的蘋果醬管一模一樣[2]。

我想部分原因應該是熟悉感，因為你本來就會覺得蘋果醬是糊糊的。早期太空食物的另外一個問題是它們很奇怪。當你搭乘冰冷、擁擠、沒有生命的桶子飛行時，你會想要有能撫慰你的熟悉的東西。太空食物對美國大眾的吸引力在於這是新鮮的產物，但太空人經歷的新鮮事物已經夠他們度過好幾輩子了。

太空人間三不五時就會出現晚餐時如果能配飲料該有多好的說法。飛行時不能帶啤酒，因為沒有重力，含碳的氣泡就無法浮到表面，伯藍德說：「你只會喝到一堆泡沫。」他說可口可樂花了四十五萬美元研發零重力販賣機，但結果被生物學給打敗了，因為氣泡無法浮到胃的上方，所以太空人打嗝有困難。伯藍德補充說明：「通常一打嗝，隨之而來的就是噴出來的液體。」

伯藍德曾負責在太空實驗室供應配餐酒的短命計畫。加州大學酒類學家建議他選擇雪莉酒，因為這種酒在製造時會加熱，因此保存得比較好。它就像是酒類世界裡接受過加熱消毒的柳丁汁。出於安全理由，瓶子也不能帶上太空。最後他們決定把保羅梅森酒窖的奶油雪莉酒放進布丁罐裡的塑膠袋帶上太空。奶油雪莉酒的美味程度已經夠有限了，這種限制只會讓它更難喝。

就像其他為了太空開發的新科技一樣，雪莉酒罐也在拋物線飛行飛機上接受過無重力測試。雖然包裝沒事，但那天在飛機上的人，都對這項產品失去了熱忱。因為濃重的雪莉酒味道很快地瀰漫在機艙裡，伴隨著拋物線飛行的標準配備：嘔吐味。伯藍德回想：「一打開機艙，你就看到大家馬上伸手抓自己的嘔吐袋。」

儘管如此，伯藍德還是填寫了政府採購表格，訂購好幾箱保羅梅森奶油雪莉酒。就在雪莉酒開始包裝之前，有人在訪問中提到這件事，於是禁酒主義的納稅人的抗議信如雪片般飛到ＮＡＳＡ。也因此，儘管他們已經花了不知道多少錢在包裝、徵收、測試罐裝奶油雪莉酒，ＮＡＳＡ還是抹殺了他們的所有努力。

就算真的送上太空，太空實驗室裡的雪莉酒也不會是政府第一次徵收酒精飲品做為國家任務口糧。英國海軍直到一九七〇年都將蘭姆酒列為口糧；從一八〇二年到一八三二年，美國陸軍的口糧都包括一基爾（大約是兩口多一點的分量）的蘭姆酒、白蘭地或是威士忌，搭配每天分配的牛肉和麵包。每一百份的口糧裡，軍人還會拿到肥皂和大約六百八十公克的蠟燭。蠟燭是用來照明、交換物品，或者如果你很愛乾淨，可以融化後用來包覆你的牛肉三明治。

早期太空食物的不人性也不能全怪營養學家。伯藍德提醒了我某件我忽視的事：在公布液體飲食的海德博的名字後面有「USAF VC」這個縮寫。海德博是「空軍獸醫兵團」的一份子。《航太飲食食物生產規範》的編輯之一佛蘭特也是，這是一本兩百二十九頁的太空食物手冊。伯藍德告訴我：「很多食品科學家都是軍隊裡的獸醫。」這可以追溯到空蜂火箭發射猴子，還有斯塔波上校和減速拖車的實驗。當時空軍有一群實驗用的動物，因此他們需要獸醫（如果你覺得獸醫這個字太簡單，可以

2 這是ＮＡＳＡ太空人最早吃的食物，但不是最早出現在太空中的食物。蘇聯在這方面的太空競賽也贏了。葛林的蘋果醬輸給了萊卡的粉狀肉和麵包屑凝膠，也輸給了蓋加林的不知名點心。（蓋加林博物館檔案保管員伊蓮娜說：「有些人說是湯，有些人說是糊，總之一定是裝在管子裡的東西！」）

使用「太空醫學支援獸醫」這個名稱）。根據一九六二年的〈天空是美國空軍獸醫的限制！〉這篇文章，他們的責任還包括「測試配方食品」——一開始是給動物吃的，最後變成了太空人的食物。真是太空人的壞消息。

負責餵食研究用動物或牲畜的獸醫只關心三件事情：成本、使用便利性，以及避免健康問題。猴子或母牛喜不喜歡這些食物根本不在他們的考慮範圍內，要解釋奶油糖配方飲食、壓縮穀片和花生奶油方塊太麻煩了。這就是讓獸醫做晚餐的結果。伯藍德回想：「獸醫都會說：『我餵動物的時候只要把一袋飼料混合，拿到那邊去，牠們就能吃到所有需要的營養了。為什麼太空人不能這樣？』」

有時候他們真的是這樣。看看海德博在一九六七年的技術報告：〈製造少量球狀配方食物的方法〉。海德博根本是在做太空人版本的狗食！最重要的兩種原料，也就是占主要重量的，就是配咖啡的奶精和葡萄糖。這不禁讓人懷疑獸醫說人類飼料「相當美味」的說法真實度有多高。同樣的，這個人也一點都不在意美味與否。重要的只有重量和分量。就這樣的標準而言，海德博是個大贏家：「根據這種食物的卡路里密度，只要六百零六毫升就足以提供兩千六百大卡的熱量。」

海德博節省空間的方法聽起來很極端，但如果你讀到一九六四年加州大學柏克萊分校家禽飼養學教授列波考夫斯基的提議，你就不會這麼認為了。他說得很輕鬆，渾然不覺自己根本是個瘋子[3]：「如果真的找得到過胖的太空人，有二十公斤脂肪的過胖者……身上就儲存了十八萬四千卡的卡路里。這樣就算每天提供身體兩千九百卡的熱量，也能夠維持九十天的時間。」換句話說，這樣可以節省好多火箭燃料喔！因為**根本不用載運食物**啊！

在任務期間讓太空人挨餓還能解決ＮＡＳＡ早期的一項憂慮：排泄物處理。使用排泄袋不只引來強烈反對，而且最終產物還會發臭，並占去珍貴的太空艙空間。伯藍德說：「太空人只想吃個藥丸就好，不需要再吃東西了。他們老是在講這件事。」食品科學家嘗試過，但終究無法實現這個做法。太空人退而求其次，選擇少吃幾餐；畢竟一想到食物袋裡等著他們的東西，少吃幾餐也可以忍受了。

洛威和鮑曼曾被困在雙子星七號座艙內長達十四天，此時禁食已經不再是可行的排泄物管理策略。（幾乎是。在NASA口述歷史逐字稿裡，洛威說：「我想鮑曼已經九天沒有上廁所了。」當鮑曼宣布：「洛威，我要上了。」洛威回答：「鮑曼。你只要再撐五天就好了！」）NASA的新任務是要開發出輕巧、不占空間，而且「殘渣少」的食物。鮑曼在回憶錄提到：「在水星和雙子星這種短期任務裡，排便幾乎很少出現。」

又是模擬太空人登場的時候了。航太醫學研究實驗室第六十六之一四七號技術報告〈實驗性飲食與模擬太空情況對人類自然排泄物的影響〉，詳細描述了四名參加十四天實驗的男性在航太醫學研究實驗室模擬艙裡，扮演洛威和鮑曼替身的過程。第一種測試的飲食是惡名昭彰的全方塊餐點：三明治小方塊、「小肉塊」、迷你甜點。感覺好像洋娃娃的廚房。

這些方塊在消化策略上完全失敗。當時包覆方塊的外層配方已經修改過，用棕櫚仁油取代了豬

3 抱歉，我的意思是很有創新思維。這是列波考夫斯基在一九八五年去世時，加州大學柏克萊分校的訃文作者所使用的形容詞。從訃文中我們發現，列波考夫斯基也是最早的雞隻圖解集的作者之一，並且從「好幾萬公升的牛奶中」分離出核黃素。在他稀少的閒暇時間裡，他的休閒活動是跳舞與擔任業餘股市分析師。他一定從乳製品期貨市場賺了不少。

油。通過腸道的棕櫚油大部分都被吸收了，因此年輕的空軍得到了脂肪痢，你和我也學到了這個新名詞。（脂肪痢是脂肪過多的糞便，相對於水分過多的腹瀉。）根據《聖安東尼快訊》報導，脂肪痢「對腸胃道造成的影響，與搭乘運行軌道上的交通工具所需的高效能表現不相容[4]。」記者說得很婉轉，但技術報告倒是講得很清楚。油分高的糞便又臭又難處理。官方編號三的描述「糊爛但非液態」，是受試者最常選擇的項目（每天檢查並且幫排泄物評分，讓這些人每天的慘況雪上加霜）。報告裡沒有提到肛門失禁的情況，但我要提。如果你的糞便裡有油（不管是來自人造油脂或是太空食物方塊的外皮），都會有一些從你的肛門外洩出來。若你只有一件內褲，卻要進行兩周的太空飛行，那失禁就不是你的好朋友了。

此外當時也測試了液體餐點。受試者連續吃了四十二天的奶昔。他們的邏輯是，液體餐點可以減少人類固體排泄物的量，以及「排泄的頻率」。如果你喝那東西，邏輯應該是：你會把它尿出來。但不是這樣。因為那些溶解在飲品裡的纖維，這些「每日團塊」（原諒我，神父）有時候會大量增加，甚至到兩倍以上的程度（團塊 mass 和天主教的彌撒 Mass 是同一個字）。

諷刺的是，如果你想減少太空人的「殘渣」，你就應該給他吃他想吃的東西：牛排。動物蛋白質和脂肪是世界上最容易消化的食物。牛排的部位愈上等，愈容易消化吸收——甚至可能完全沒有「未吸收殘渣」。伊利諾大學城區部的動物與營養學教授法赫說：「高品質的牛肉、豬肉、雞肉或魚肉的可消化性大約是百分之九十。」大約百分之九十四的脂肪都是可以消化的。一塊兩百八十公克的沙朗牛排只會製造二點八公克的未吸收殘渣[5]——法赫的實驗室都是這麼稱呼的。但是最棒的食物是蛋。

一九六四年「太空中的營養與相關排泄物問題研討會」的與會者英蓋芬格寫道：「很少有食物像煮熟的蛋一樣，可以完全被消化和吸收。」所以NASA在升空日的傳統早餐就是牛排和蛋[6]，畢竟太空人可能全副武裝要躺著八小時以上，你可不想讓他們在出發之前吃膳食纖維當早餐。（蘇聯太空總署沒有升空前給太空人吃牛排和蛋的傳統，他們拿到的是一公升的灌腸劑。）

我的殘渣專家法赫也擔任寵物食品產業的顧問，NASA應該要跟這些動物科學專家合作才對，而不是跟空軍的獸醫合作。寵物食品廠商最重視的是什麼？美味程度與「排泄物特徵」。這樣才能讓碗乾乾淨淨，客廳地毯也乾乾淨淨。首先，狗主人都想讓寵物吃牠們看了喜歡的食物。我覺得這應該

---

4 模擬太空飲食測試在聖安東尼不算是大新聞，因為這裡正是布魯克斯空軍基地的故鄉。除了這篇新聞報導之外，《聖安東尼光報》也有一篇這樣的報導。報導旁邊就是當時全國最大的保險公司「藍十字盾」的廣告，而上面的標語，如果你不相信我可以寄影本給你看，居然寫著：「一起來吧，聖安東尼！我們一起來上一號！」

5 **未吸收殘渣**（Egesta）是我最喜歡的「排泄物」委婉說法，我覺得比「英傑特」（Ejecto）更適合做為馬桶的品牌名稱。當然一定比東陶（Toto，音同「綠野仙蹤」裡主角的寵物狗「托托」）好。怎麼會有人用寵物狗的名字幫馬桶命名？但如果取名叫「獅子狗」，那我就會買這樣的馬桶了。

6 太空人可以吃牛排和蛋過活嗎？這不是個好主意。除了膽固醇問題之外，你還會缺乏大部分的維生素。法赫指出，就連最野生的狗都不能只吃蛋白質過活：「牠們殺害獵物時，也會吃下一些小菜。」他當然不是指瑞典餐廳裡的那種小菜。「牠們通常會先吃胃裡的東西。」因為野狗的獵物通常都是草食動物，這些就是牠們的蔬菜來源。

也是NASA的目標。法赫說了一個不是他故意要說的笑話：「第二個重點是糞便的堅硬度。我們希望排泄物夠硬，這樣才能輕鬆地撿起來丟掉。不要是一坨四散的東西。」雙子星和阿波羅號的太空人也是一樣。

寵物食品製造商也和早期的太空食品科學家有相同的目標：低「排泄頻率」。住在高樓的狗只有兩次的排泄機會，一次是主人早上出門工作前，一次是晚上。法赫說：「牠們必須要忍得住八個小時。」就跟在發射台上的太空人一樣，或者和希望盡可能延後與排泄袋接觸的太空人一樣。

另外一種減少排泄頻率的方法，可能是選擇比較成熟的太空人。活力太充沛的狗新陳代謝比較快，食物通過的速度也比較快，因此比較無法完全吸收食物。獵犬天生就很容易激動，糞便也通常比較稀。因為牠們的天性是隨時要追趕獵物，所以牠們吃東西也狼吞虎嚥的（難怪會用「狼」吞這樣的形容，畢竟狗是從狼演化而來）。這使得問題更麻煩了。你愈不咀嚼食物，不經消化就通過腸胃的食物就愈多。

如果讓法赫來設計早期太空人的食物會怎麼樣？澱粉類他推薦米飯，因為這是所有碳水化合物裡殘渣最少的。（所以普瑞納寵物食品公司才會製造羊肉飯，而不是羊肉佐手指馬鈴薯。）他會跳過新鮮水果和蔬菜，因為它們會產生大量且高頻率的排便。另一方面，如果你讓某人吃沒有殘渣的複雜加工食品，又完全沒有纖維，那他就會便祕。而以航程的長短來說，有時候這倒是很理想。英蓋芬格寫：「在目前的情況下，既然短程航行是主流，我斷言排泄物處理問題最實際的解決方法，就是找便祕的太空人。」

醃牛肉三明治事件過後十二年，太空人楊格又再次在全國媒體上讓老闆難堪。楊格和阿波羅十六號的隊友杜克在外採集了一天的岩石樣本後，坐在登月艙獵戶座號裡和任務控制中心進行無線電簡報。此時楊格突如其來地宣布：「我又放屁了。我又放屁了，杜克。我不知道我怎麼會這樣……我覺得是胃酸吧。」在阿波羅十五號乘員因鉀過低而導致心律不整後，NASA在菜單上加入添加鉀的柳丁、葡萄柚等柑橘類果汁。

楊格繼續說，而且這些話都記錄在任務逐字稿裡：「我說啊，我二十年沒吃過這麼多柑橘類了。我告訴你，該死的十二天過後，我就再也不會碰這些水果了。如果他們要讓我早餐吃鉀，我就要吐了。我喜歡偶爾吃個柳丁，真的。但是被柳丁淹沒就太過分了。」過了一會兒，任務控制中心回到線上，給楊格更多的飼料讓他消化。

太空艙通訊員：獵戶座號，這裡是休士頓。

楊格：是的。

太空艙通訊員：那個，你的麥克風沒關。

楊格：啊，這樣多久了？

太空艙通訊員：從任務報告開始到現在。

這次他激怒的不是國會。媒體報導了楊格的批評，接著佛羅里達州的州長發出一份聲明，捍衛他這州的重要農產品。杜克在他的回憶錄裡用自己的話重述了一遍：「問題不出在我們的柳橙汁，而是來自非佛州出產的人工添加物。」

事實上，問題出在鉀，而不是柳橙汁。柳橙汁的「脹氣係數」很低——這是美國農業部脹氣研究員墨菲使用的術語，他也是一九六四年「太空中的營養與相關排泄物問題研討會」的與會者。

墨菲的報告指出，他進行的研究讓自願者食用「實驗用豆類餐點」，再透過刻意安裝的直腸導管，將他們的排氣收集在測量用的儀器內。他對於個體差異很感興趣——不只是整體的脹氣量，還有屁裡的各種成分所占的百分比。腸內細菌的差異使得一半的人沒有產生甲烷[7]，因此他們是適當的太空人人選。原因不是甲烷很臭（它是無味的），而是因為甲烷很易燃。（甲烷就是公營事業販售的「天然氣」。）

墨菲對NASA太空人評選委員會提出了一個獨特的建議：「我們的受試者當中，有些人只會製造少量，甚至不會產生甲烷或氫氣（同樣容易爆炸），而且只會產生極少量的氫硫化物，或其他尚未辨識出讓屁有惡臭的成分；這些人是適合的太空人人選……此外，因為某些太空人對固定分量食物的脹氣反應程度不一，應該選擇對腸胃不適與放屁抵抗力高的人。」

墨菲在研究中找到了一位理想的太空人人選。「這位受試者值得進一步研究，他吃了淨重一百公克的豆子都沒有排氣。」一般的腸子在排氣的高峰期（吃過豆子後約五到六個小時）大約每小時會產生一到三杯左右的排氣量，最大的量大約是可以裝滿兩個可口可樂罐的屁。而且是在一個沒有窗戶可開的狹小空間裡。

除了招募天生不會放屁的人，NASA也可以利用消毒消化道的方法製造「不放屁的人」。墨菲讓一名正在服用抗菌藥物的受試者吃這惡名昭彰的豆子餐，結果發現這個人的排氣量減少了百分之五十。比較理智的做法（也是NASA實際採用的方法），就是避免你吃到脹氣係數較高的食物。在阿波羅任務當中，豆子、高麗菜[8]、甘藍菜、花椰菜都在黑名單上。伯藍德表示：「直到太空梭時代，豆子才列入菜單。」

太空站裡有些人很歡迎排氣食物的出現，並不只是因為好吃，而是因為在零重力裡放屁是軌道上很受歡迎的消遣活動，乘員全為男性的時候更是如此。太空人之間有一個傳說，用屁當作火箭推進力，可以像克勞奇說的，「把自己從中間甲板這頭發射到另一頭。」他聽過這種說法，而且半信半疑。他在一封讓我永遠喜愛他的電子郵件中告訴我：「放出的屁的質量和速度，和人體的質量相比真的不算什麼。」所以屁不太可能讓一個八十公斤的太空人加速前進。克勞奇指出，噴出的氣沒辦法推動太空人往任何方向前進，而且人體肺部的空氣含量大約是六公升——可是根據墨菲博士的研究，屁最多也不過是三個汽水罐的分量。

就算是一般人的屁量也沒差。克勞奇在信上寫：「多虧了我的基因，我有額外的能力可以排出消化的一些副產品。因此，我覺得應該可以測試一下。我以為我放的屁真的很多也很快了，但結果我本

---

7 如果你是那百分之五十會製造甲烷的人，你可以擔任人體火種。讓你的朋友對著你的屁拿著火柴，看著它點燃，出現藍色的火焰。

8 高麗菜以發酵過的韓國泡菜面貌重出江湖，跟著第一位韓國太空人進入了國際太空站。太空泡菜開發者李周運在韓國原子力研究院工作，這裡的科學家負責找出方法，駕馭泡菜在腸道中分解所產生的能量。我亂說的，不過他們應該要這麼做。

人一丁點也沒有移動。」克勞奇猜測，他的實驗可能因為「屁通過褲子的動作或反應」而受到干擾。掃興的是，因為克勞奇參加的兩次任務都是男女混合的，所以他不願意「光屁股」再試一次。他正要前往佛州人造衛星和火箭的實驗基地卡納維爾角，他答應我會問問看其他太空人的情況，不過到目前為止都沒人「洩漏」半點風聲。

最近幾十年裡，太空人的食物已經比較仁慈，也比較正常了。他們的餐點已經不需要再壓縮或是脫水，因為國際太空站裡有足夠的儲存空間。現在的主菜已經密封在塑膠袋裡加熱安定過，要吃的時候只要在像個手提箱的設備重新加熱就可以。伯藍德在二〇一〇年出版了舉世無雙的《太空人食譜》，此後一般人也可以做出八十五道正統的太空梭時代主菜與配菜了，前提是你家廚房剛好有「國民澱粉化學股份有限公司的『國民一百五十號填充澱粉』」，以及「伊坦食品公司的第九十九之四〇四號焦糖化大蒜基底」。

不過對火星任務來說，所有事大概又會從頭開始變得奇怪了。

16

吃你的褲子

火星真的值得嗎？

我很誠心而且毫不誇張地告訴你，今天在NASA艾姆士中心餐廳的午餐裡，最棒的就是尿：清澈又甘甜，不過當然不是像山泉水那種的清澈甘甜，比較像是葡萄糖糖漿。這次的尿液已經由滲透壓除去鹽分，基本上是與濃縮糖溶液交換分子的結果。尿液是帶鹽分的物質（不過比NASA艾姆士中心的辣椒醬不鹹一點），所以如果你想靠著喝尿補充水分，可能會得到反效果。不過一旦鹽分經過處理，再利用活性碳去除異味後，尿液就成了能補充水分，而且令人驚訝地好喝的午餐飲品。我差點想用**無庸置疑**這個詞，但這樣說並不精確。很多人都反對，而且反對聲浪相當激烈。

我丈夫艾德說：「想到冰箱裡有尿液就讓我作嘔。」他這麼說之前，我才剛剛把昨天的產出物用碳和滲透袋處理完畢，倒進玻璃瓶放到冰箱裡，準備等下在山景城吃午餐時再喝。我回答他，尿液裡所有讓人不快的物質都已經被過濾出去了，而且太空人對於喝處理過的尿液也沒有意見。艾德用鼻孔噴了噴氣，說他只會在「啟示錄般的災難過後」才會考慮這個選項。

在艾姆士中心和我共進午餐的是廢水工程師葛姆利，他協助設計了國際太空站回收尿液的裝置。媒體稱他是「尿液之王」。但他倒是不在意。長話短說，他真正在意的是被冠上「覺得月球是存放足以製造武器分量的鈽的好地點，以免野心狂人取得這種物質」的人。他不是認真的，這只是葛姆利無聊時的隨興想法。他們在艾姆士中心就做這些事。如果你沒聽卡夫說過，我在此解釋一下：NASA艾姆士中心是有別於NASA詹森太空中心的異類。葛姆利說：「我們艾姆士中心這裡是智囊團，有點像是小螺帽。」葛姆利穿著工作褲和一件薰衣草紫的亨利領襯衫。工作褲和紫襯衫也沒什麼大不了的，但在我拜訪詹森中心的四次行程中，我從來沒看過這種打扮。葛姆利身材適中，膚色黝黑，你得仔細觀察才能正確猜出他的年紀。他的金髮三分頭裡略有幾絲灰髮，眉毛也開始冒出灰絲。

雖然我們預定要到二〇三〇年代才會登陸火星，但NASA所有人員總是記掛著這件事。過去五年為了在月球建立基地的夢想而做的每件事，其實都是放眼火星的作為。大部分創新的東西都來自艾姆士中心，不過當然不是每種東西都管用。葛姆利說：「我們做出來的東西都一定得經過某些下游的過濾，才會真正在太空中實現。」不管葛姆利給你什麼東西，你應該都會想過濾一下。

讓太空船在火星降落已經是昨日的挑戰了。過去三十年裡，各國太空總署都發射過火星登陸艇。（記住，一旦太空船到達太空，就沒有空氣拉力使其減速，因此不需要火箭動力，只要些微的航線調整就能無止盡地在真空中旅行。基本上，太空船會在火星靠岸。燃料只有在登陸和發射回來時才會用到。）可是足以讓三百六十公斤的登陸艇加速的火箭，和一枚可以載運五到六人及兩年多補給品的火箭完全不一樣。

六〇年代的航太科學家假設登陸月球之後的任務，將會是有人駕駛的火星任務，所以他們從那時就開始發揮某些艾姆士風格的幻想式創意了。和發射三百六十公斤的食物相比，比較好的替代方案是在船上的溫室裡種植這些食物，或者至少種植一部分。但在六〇年代早期，肉類是一般人的主食。太空營養學家一度令人感到不可思議地改變了心意，認為零重力牧場是可行的。動物飼養業教授凱萊博在一九六四年「太空中的營養與相關排泄物問題研討會」上提出這個問題：「我們應該帶哪一種動物到火星或金星？」凱萊博對動物養殖業抱持著一視同仁的看法，他把老鼠和田鼠和牛、羊一起列入考慮。不過他把比較麻煩的零重力屠殺和糞便管理等後勤問題交給了其他人，因為凱萊博是個新陳代謝派的人，他只想知道：哪一種動物在發射時的重量和所消耗的食物最少，但又能提供最高的卡路里？為了讓兩到三位的火星太空人能吃到牛肉，就必須「把一隻五百公斤的小公牛拖到太空裡才行。」但是四十二公斤的老鼠（大約一千七百隻）就能提供相同數量的卡路里。凱萊博教授的論文結論是，「太空人應該吃燉老鼠而不是牛排。」

同樣參加會議的還有麥兒利特軍火公司的沃爾夫（當時洛克希德公司還沒冒出頭）。沃爾夫很能跳脫框架思考，而且還能把想出來的東西吃掉。「我們也許能用製造塑膠結構和成形的方法來加工食物。」沃爾夫的這種想法並不僅限於容器，還包括太空船返航時通常會拋棄或留下的那些構造。換句話說，他覺得不要把登月艙丟在月球上，而是應該讓阿波羅十一號的乘員拆解登月艙，邊吃零件邊回家。這樣一來一開始就不用帶太多食物了。沃爾夫想像的回程菜單上會有燃料槽、火箭馬達和工具箱。別吃太飽，留點空間給甜點啊！因為沃爾夫的理想菜單上還有用「透明糖鑄片取代窗戶。」

如果你嘗試過克拉可的紙張料理，就不會抱怨沃爾夫的清蛋白辦公室文件早餐了。克拉可是一位海軍生化學家，一九五八年的《時代》雜誌文章裡引用了他針對長期太空飛行的看法。他建議太空人在飲食中加入由某種紙漿製成的碎紙，為維他命與礦物質豐富的糖水主餐「勾芡」。克拉可究竟認為碎紙有助於食物的美味、規範性或是文件安全性，就不得而知了。

「如果可以充分發揮想像力」（我相信沃爾夫一定是這樣），太空人可能連髒衣服都吃。沃爾夫估計，「如果沒有洗衣設備，四人太空團隊在九十天航程裡，會拋棄大約五十四公斤的髒衣服。」（現在已經有洗衣設備了，多虧了葛姆利。）如果是三年的火星任務，就有六百五十幾公斤的髒衣服可以轉換為食物。沃爾夫的報告指出，有幾間公司已經開始從大豆和牛奶蛋白質中抽取纖維，美國農業部也已經「從蛋白和雞羽毛取出（紡織品）纖維，這在太空船受控制的環境中，很容易被接受為食物。」我想這代表了如果一個人願意吃穿過的衣服，這個人應該也不會對雞羽毛裹足不前。

但是何必要多花錢到美國農業部實驗研究站採買呢？沃爾夫天馬行空地思考：「透過部分水解，羊毛和絲的角質蛋白纖維就能轉換為食物……」

在太空船上水解就是太空人開始覺得不舒服的起點了。水解這個過程會讓也許不好吃，但至少可以吃的蛋白質，分解成還是可以吃，但是通常變得更不好吃的成分。舉例來說，蔬菜蛋白質就會被水解成味精。幾乎所有胺基酸排列都可以被水解，包括那些我們不敢說出名字的可回收物。四個人的團隊在三年內會產生大約四十五公斤的排泄物。六〇年代的太空營養學家穆拉克預言了這個噩耗：「我們必須考慮再利用的可能性。」

在一九九〇年代初期，亞利桑納大學微生物學家哲巴受邀參加火星策略工作坊，固體排泄物管理就是討論主題之一。哲巴告訴我，他記得有一位化學家說：「該死，我們只要把這些東西水解還原成碳，弄成小餡餅就好啦。」此時在場的一位太空人說話了：「我們**不要**在回程時吃大便漢堡。」以土氣而言，這種極端的回收也不是好主意。目前對登陸火星的想法，是先用無人駕駛的登陸艙把食物儲藏艙送出去。（把儲藏艙留在火星的策略是訪問蘇俄太空人時提及的。我的翻譯蕾娜停頓了一下，接著說：「瑪莉，妳對火星上的蕎麥片有什麼看法？」）（儲藏艙的英文 cache 音近於蕎麥片 kasha。）

回收太空人副產品比較好的方法，應該是把這些東西密封在塑膠磚中，用來抵禦宇宙放射線。碳氫化合物在這方面很厲害，太空船的金屬外殼效果就沒這麼好。因為放射線粒子在穿透外殼時會分解成次級粒子，但是這些碎片比完整的初級粒子還要危險。想想看，哲巴興高采烈地形容的「乘著大便上太空」是什麼滋味？這可難倒我了。

葛姆利和我談了不少必須克服的心理障礙，結果我們也不是那天下午唯一喝處理過的尿的加州人（為了表示團結，葛姆利也處理了一批他自己的尿）。顏色像尿一樣黃的……不，是「橘」郡居民，也和我們一起喝尿。葛姆利說，差別在於橘郡人會把他們的尿先打進土裡，放置一段時間後，他們就會將之稱為飲用水。他說：「他們做的事根本一點科學根據都沒有，只是出於心理和政治因素而已。大家只是還沒準備好從馬桶喝水。」

就連在艾姆士中心也一樣。當葛姆利排隊付錢買三明治時，我們前面的人問他瓶子裡裝了什麼。葛姆利回答：「是處理過的尿液。」他的表情雖然嚴肅，但看得出來他得意洋洋的態度。那個人瞥了一眼葛姆利，試圖找出葛姆利在開玩笑的跡象。最後他決定：「才不是咧。」然後就走開了。收銀員就更嚴厲了。「你剛剛說瓶子裡裝了什麼？」她看起來好像打算叫警衛來了。

這次葛姆利說：「維生實驗。」在科學面前，這位女性卻步了。

關於真人太空探索，我最喜歡的就是這種任務會強迫人掙脫某些過去接受或不接受的束縛，還會擁抱各種可能性。驚人的是，很多成就其實是由某些一開始讓人難以接受，最終卻轉變為無害的想法所促成的。把死人的屍體切開取出器官，然後再把器官縫入另一個人的身體裡，究竟是野蠻而且褻瀆的行為，還是能拯救許多生命的簡單手術？在距離你的隊友十五公分的地方拉屎在袋子裡，究竟是人性尊嚴的崩潰，還是獨特、幽默形式的親暱？以洛威的角度來看，答案是後者。「只要夠熟，連轉身都不必了。」畢竟，你的妻小也都看過你蹲馬桶。所以鮑曼也可以看你這樣。有什麼關係呢？最後的大獎讓一切都值得了。

當有人告訴一隊太空人，他們得喝處理過的汗水和尿液——而且不只是他們自己的，還有其他隊友的，以及可能還有一千七百隻老鼠當作存糧，他們可能只會聳聳肩說：「沒什麼大不了的。」也許太空人不只是耗資不菲的動作英雄而已，他們還可能是新環境典範的宣導模範。就像葛姆利說的：「永續工程和人類太空飛行工程其實是相同科技的一體兩面。」

比較難以回答的問題不是「去火星可能嗎？」而是「去火星值得嗎？」外界估計，人類進行登陸火星任務的花費大約相當於伊拉克戰爭至今的費用：五千億美元。而登陸火星是不是像對伊戰爭一樣，難以師出有名？人類去火星到底有什麼好處？尤其是現在，機器登陸艇就算比人類的動作慢一點，都還是能成功進行很多的科學實驗啊。我可以鸚鵡學舌，像NASA公關室一樣，丟出一長串過去數十年裡由航太創新所衍生的產品和技術[1]，但我不要，我要說的是富蘭克林的觀點。在一七八〇年代，孟格菲兄弟的熱氣球創下人類在歷史上的第一次飛行紀錄時，曾有對此不屑一顧的人問富蘭克林，他認為飛行有什麼用途？富蘭克林回答：「新生兒有什麼用呢？」

---

1 如果講的是無線、防火、輕量又強壯、迷你或自動化這些科技，NASA的確有其貢獻。但我們要說的是垃圾壓縮機、防彈背心、高速無線資料傳輸、植入型心臟監視器、無線動力工具、義肢、手持式吸塵器、運動內衣、太陽能板、隱形牙套、電腦控制的胰島素唧筒、消防隊員的面罩。每過一段時間，科技在地球上的應用都會往意料之外的方向去。數位月球影響分析儀讓化妝品公司雅詩蘭黛得以將使用該公司產品的女性肌膚「細微、幾乎難以察覺的」改變量化，做為荒謬的除皺宣傳基礎。阿波羅號的迷你電熱泵帶來了機器母豬：「當餵食時間到，讓母豬身體溫暖起來的加熱燈就會啟動，機器也會發出有節奏的呼嚕聲，類似母豬叫小豬過來的聲音。小豬蹦蹦跳跳地跑到機器母豬身旁，接著前面一塊板子會打開，露出一排乳頭。」一份作者不具名的NASA事實記載這麼寫，想必引來了NASA公關室抗議之聲。

不過募款可能也沒那麼難。如果參與火星探索的各國，嘗試與國內的娛樂產業接觸，一定能募集相當龐大的經費。你看過愈多火星任務的消息，最後就愈容易把這當成終極的實境節目。

鳳凰號機器登陸艇在火星著陸的那天，我正參加一場派對。我問派對的主人克里斯有沒有電腦讓我看NASA電視的報導。一開始只有我和克里斯在看，但等到鳳凰號完好地通過火星大氣層，即將張開降落傘下降時，派對裡已經有一半的人都在樓上，擠在克里斯的電腦旁。我們根本不是在看鳳凰號，因為影像還沒送到（從火星把訊號送回地球大約要二十分鐘）。攝影機對準的是在噴射推進實驗室的任務控制中心。那裡站了許多的工程師和管理者，他們花了好幾年的時間研發隔熱罩、降落傘和推進器系統。而在最後這一刻，一切都有一百種失敗的可能，但他們也都為每一個失誤設計了備用硬體與意外時使用的軟體。有一個人盯著他的電腦，雙手交握，做出禱告的姿勢。著陸的訊號抵達了，每個人都踮起腳尖，現場一陣騷動。接著工程師熊抱彼此，興奮得把眼鏡都撞歪了，有人開始傳雪茄。我們也都跟著大呼小叫，還有些人嗆到了。這些男女的成就讓人精神振奮，他們讓一項精密的科學儀器飛過六億四千萬公里，抵達火星，而且像放下新生兒一樣，溫柔地讓它降落在預定的位置。

我們生活在愈來愈多人透過模擬感受生命的文化裡，我們透過衛星科技旅行，我們在電腦上社交。你可以在google的月球網頁暢遊寧靜海，透過街景服務造訪泰姬瑪哈陵；日本的動漫迷正在向政府請願，爭取和二次元角色合法結婚的權利；在拉斯維加斯城外沙漠裡的模擬火星隕石坑邊緣，建造十六億美元度假村的募款活動也正在進行。（他們無法模擬火星的重力，但是太空裝的靴子會「稍微比較有彈性」。）再也沒人出去玩了。模擬已經變成現實。

但這又一點也不像現實。問問看花了一年解剖人體肌腱、腺體、神經的醫學院學生，在電腦模擬上學解剖能不能與之相提並論？問問看太空人，參加太空模擬任務和真的在太空裡一不一樣？有什麼差別？汗水、風險、不確定性、種種不便；還有敬畏、驕傲、某種難以言喻的光彩，以及激勵人心的力量。有一天在詹森太空中心，我去找宇宙塵計畫負責人佐藍斯基，他也是負責ＮＡＳＡ隕石收集計畫的人之一。偶爾會有小行星的碎片撞上火星，而且強度足以把一塊火星表面撞進太空裡。這種火星表面碎片會繼續在宇宙中旅行，直到被其他星球的重力拉過去為止。偶爾那股拉力會來自地球。佐藍斯基打開一個盒子，拿出來自火星的隕石，然後把這塊重得像保齡球的隕石交給我。我站在那裡，感受這塊隕石的堅硬、沉重，以及**真實感**，我的臉上浮現過去從來沒出現過的表情。這塊隕石既不美麗，也不奇怪。給我一塊柏油和一點鞋油，我就能做一塊模擬火星隕石給你。但我沒有辦法靠模擬讓你感受到，拿著一塊九公斤的火星地表在手上的那種感覺。

戰爭、狂熱、貪婪、購物中心、自戀傾向，我愈來愈無法相信人性的高貴；然而在投入大量、不切實際的金錢與力氣的背後，我卻也看見另外一種的高貴：促成這一切的，就只是一個崇高的理想，一個物種攜手說出：「我相信我們做得到。」對，猴子的確比較適合上太空。但真的嗎？政府節省下來的這些錢，什麼時候用在教育和癌症研究上了？這些錢總是被揮霍了。那就讓我們揮霍一些在火星上吧。讓我們出去玩耍吧。

致謝

我第一次前往詹森太空中心時，公關大樓門口旁有一個標示，寫著「請戴安全帽」。而事實也差不多如此。許許多多的「不」，讓我舉步維艱。各國太空總署緊抓著自己的公眾形象不放，所以與其冒險接受我的訪問，然後等著看我寫出什麼東西，員工或包商還不如直接對我這樣的人說「不」，最不會出問題。還好有些參與太空探索人性面的人，了解非傳統報導的價值所在（或者他們只是人太好，不好意思拒絕我）。我對下列諸位的坦率與風趣，以及他們願意與我分享他們的時間和知識的慷慨之舉，致上超銀河級的感謝之意：伯爾提、伯藍德、布羅彥、查爾斯、切斯、克拉克、葛姆利、哈維、卡夫、馬提涅茲、奈格特、瑞思克、溫斯坦；還有美國太空人克勞奇、洛威、莫林、穆萊恩、湯瑪斯、薇特森；蘇聯太空人克里卡列夫、拉維金、羅曼年科、渥里諾夫。

我沒有任何太空或航太醫學相關的背景，很多和我談話的人，與其說是消息來源，不如說是我的免費家教。我指的是下面這些專家：卡特爾、柯文絲、多納修、法赫、葛拉斯、葛門特、海耶斯、井上、卡那斯、藍恩、李、萊登、瓦茲奎茲、蘿恩卡、歐門、瑞恩格、小池、湯普森、威肯森、佐藍斯基。他們都撥出自己的寶貴時間與我談話，對此我相當感激。

此外也感謝桑德豐富的專業知識，細心、仔細地審閱我的手稿；王琳達對國會檔案的豐富了解也是本書不可或缺的。我想感謝下列人士對於過去的事件的淵博知識：布瑞茲、克萊、芬格、佛格翰、麥特森、麥克緬、歐荷拉、普利費卡多、史邁斯。芭絲金、葛內武、高蒂雅、蘿絲、特涅吉、布魯都提供了寶貴的聯繫與協助，我也非常感謝他們。

雖然公關人員無法總是滿足我天真的期望，但他們的知識依舊非常豐富，也相當專業。詹森太空中心的阿里、費芮兒、哈資菲爾德、麥迪森都非常周到，美國國家太空生物醫學研究所的梅潔，還有紅牛的梅德連也都很貼心。日本宇宙航空研究開發機構的田邊則為我創造了奇蹟。我也要感謝那些整理NASA口述歷史、月球表面日誌計畫，還有新墨西哥州太空歷史博物館口述歷史計畫的諸位；以及舊金山公共圖書館跨館借書部門的員工。他們對我來說都是無可替代的資源。

蕾娜、小百合、真奈美不只是頂尖的口譯員，而且也是無與倫比的好旅伴。我很幸運衛摩爾能為本書和我的前作審稿。感謝設計師基南再度創作出如此完美又有意思的封面，感謝策展人歐杜威花費數小時追蹤許多模糊照片的畫面與版權，感謝美麗的安格哈特的現場翻譯，感謝臥床測試者的風趣幽默，感謝葛林威德的書本、琴酒，還有熱忱，也感謝梅納克爾提供書中最經典的一句話。

就像我所有的書一樣，如果有任何成就，大部分都要歸功於諾頓出版社的所有人員。我想利用笨拙的火箭比喻，特別提出幾位的名字：我的無敵編輯碧雅洛絲基輕巧地引導我的手稿方向，給予我適當的航線調整；卡莉絲兒、洛威特、寇卡熟練地安排最後成品的升空和飛行軌道。

感謝我的丈夫艾德和經紀人曼道，從容不迫地消弭伴隨著我的冒險而來的憂慮和悲觀想法。如果沒有這兩位傑出人士的支持，我想自己絕對無法完成這件事。

太空紀事年表

一九四九年
恆河猴艾伯特二號成為第一位在火箭上體驗零重力的生物。

一九五〇年到一九五八年
空軍進行拋物線飛行模擬零重力，研究零重力對黑猩猩、貓及人類的影響。

一九五七年十一月
蘇聯太空狗萊卡繞地球軌道飛行，死於太空中。

一九六〇年八月
蘇聯太空狗貝爾卡和斯特雷爾卡首度活著從軌道回到地球。

水星太空計畫時代　一九六一年到一九六三年

一九六一年一月三十一日
太空猩猩漢姆在水星太空艙的次軌道飛行中活著回來。

一九六一年四月十二日
蓋加林成為第一個進入太空、環繞地球軌道的人類。

一九六一年五月五日　薛波成為第一位進入太空的美國人。

一九六一年十一月二十九日　太空猩猩艾諾斯繞地球軌道。

一九六二年二月二十日　葛林成為第一位環繞地球軌道的美國人。

雙子星太空飛行任務　一九六五年到一九六六年

一九六五年到一九六六年　空軍在模擬太空艙裡測試雙子星號的飲食與「限制洗澡」的生活方式。

一九六五年三月十八日　列昂諾夫成為第一位在太空船外進行太空漫步的太空人。

一九六五年三月二十三日　雙子星八號「醃牛肉三明治事件」。

一九六五年六月三日　雙子星四號：懷特成為NASA第一位太空漫步者。

一九六五年十二月四日到十八日　雙子星七號：兩個大男人共處了兩周，都沒洗澡。

阿波羅號月球任務　一九六八年到一九七二年

一九六九年三月三日到十三日	阿波羅九號：施威卡特與太空動暈症對抗。
一九六九年七月二十日	阿波羅十一號：人類第一次登陸月球。
一九七二年十二月七日到九日	阿波羅十七號：第一位科學家進入太空。

環繞軌道的太空站（與太空梭）時代　一九七三年到二〇一五年

一九七三年到一九七九年	美國太空實驗室太空站任務；太空淋浴間確定不可能實現。
一九七一年到一九八二年	蘇聯沙留特太空站任務。
一九七八年一月	第一位美國女性太空人候選人產生。
一九八一年四月十二日	第一艘太空梭升空。

一九八六年一月二十八日 太空梭挑戰者號災難。

一九八六年到二〇〇一年 和平號太空站。

二〇〇〇年十一月 第一次國際太空站任務。

二〇〇三年二月一日 太空梭哥倫比亞號災難。

參考書目

倒數計時

Gagarin, Yuri. *Road to the Stars*. Moscow: Foreign Languages Publishing House, 1962. p. 170.

Gemini VII Voice Communications: Air to Ground, Ground to Air, and On-Board Transcription. Vol. 1, p. 239. NASA History Portal: http://www.jsc.nasa.gov/history/mission_trans/gemini7.htm.

Platoff, Anne M. "Where No Flag Has Gone Before: Political and Technical Aspects of Placing a Flag on the Moon." NASA Contractor Report 188251.August 1993.

第一章　他很聰明，但是他的鳥很隨便

Cernan, Eugene, and Don Davis. *The Last Man on the Moon*. New York: St. Martin's Press, 1999. p. 308–310.

Mullane, Mike. *Riding Rockets: The Outrageous Tales of a Space Shuttle Astronaut*. New York: Scribner, 2006. p. 191, 297.

Pesavento, Peter. "From Aelita to the International Space Station: The Psychological Effects of Isolation on Earth and in Space." *Quest: The History of Spaceflight Quarterly* 8 (2): 4–23 (2000).

Santy, Patricia. *Choosing the Right Stuff: The Psychological Selection of Astronauts and Cosmonauts*. Westport, Conn.: Praeger, 1994.

Zimmerman, Robert. *Leaving Earth: Space Stations, Rival Superpowers, and the Quest for Interplanetary Travel*. Washington, D.C.: Joseph Henry Press, 2006.

第二章　盒子裡的生活

Ackmann, Martha. *The Mercury 13: The True Story of Thirteen Women and the Dream of Space Flight*. New York: Random House, 2004.

"Airman Still Okay in Mock Trip to Moon." *Hayward Daily Review*, February 10, 1958.

Burnazyan, A. J., et al. "Year-Long Medico-Engineering Experiment in a Partially Closed Ecological System." *Aerospace Medicine*, October 1969, p. 1087–1093.

Collins, Michael. *Liftoff: The Story of America's Adventure in Space*. New York: Grove Press, 1988. p. 262.

Gemini VII Composite Air-to-Ground and Onboard Voice Tape Transcription. Vol. 2, p. 461, 500. NASA History Portal: http://www.jsc.nasa.gov/history/mission_trans/gemini7.htm.

Kanas, Nick, and Dietrich Manzey. *Space Psychology and Psychiatry,* 2nd ed. El Segundo, Calif.: Microcosm Press, 2008.

Malik, Tariq. "Report: Russia's Mock Mars Mission to Cost $15 Million." SPACE .com, posted January 7, 2008. http://www.space.com/news/080107-russia-esa-mockmars-cost.html.

Nowak, Lisa. Orange County Charging Affidavit. Reproduced on the Smoking Gun Web site.

Pesavento, Peter. "From Aelita to the International Space Station: The Psychological Effects of Isolation on Earth and in Space." *Quest: The History of Spaceflight Quarterly* 8 (2): 4–23 (2000).

Stuster, Jack. "Space Station Habitability Recommendations Based on a Systematic Comparative Analysis of Analogous Conditions." NASA Contractor Report 3943 (NASA-CR 3943).

Zimmerman, Robert. *Leaving Earth: Space Stations, Rival Superpowers, and the Quest for Interplanetary Travel.* Washington, D.C.: Joseph Henry Press, 2006.

第三章　星際瘋狂

Cernan, Eugene, and Don Davis. *The Last Man on the Moon.* New York: St. Martin's Press, 1999. p. 132–144.

Clark, Brant, and Ashton Graybiel. "The Break-Off Phenomenon: A Feeling of Separation from the Earth Experienced by Pilots at High Altitude." *Aviation Medicine* 28 (2): 121–126 (1957).

Gemini IV Composite Air-to-Ground and Onboard Voice Tape Transcription. p. 43–57. NASA History Portal: http://www.jsc.nasa.gov/history/mission_trans/gemini4.htm.

Gussow, Zachary. "A Preliminary Report of Kayak-Angst Among the Eskimo of West Greenland: A Study in Sensory Deprivation." *International Journal of Social Psychiatry* 9: 18–26 (1963).

Kanas, Nick, and Dietrich Manzey. *Space Psychology and Psychiatry,* 2nd ed. El Segundo, Calif.: Microcosm Press, 2008.

Linenger, Jerry M. *Off the Planet: Surviving Five Perilous Months Aboard the Space Station Mir*. New York: McGraw Hill, 2000. p. 147.

Oman, Charles. "Spatial Orientation and Navigation in Microgravity." In *Spatial Processing in Navigation, Imagery, and Perception*. Edited by Fred Mast and Lutz Jancke. New York: Springer, 2007.

Portree, David S. F., and Robert C. Trevino. "Walking to Olympus: An EVA Chronology" (Monographs in Aerospace History Series #7). Washington, D.C.: NASA History Office, 1997.

Shayler, David J. *Disasters and Accidents in Manned Spaceflight*. New York: Springer-Praxis, 2000.

Simons, David G., with Dan A. Schanche. *Man High*. Garden City, N.Y.: Doubleday, 1960.

Zimmerman, Robert. *Leaving Earth: Space Stations, Rival Superpowers, and the Quest for Interplanetary Travel.* Washington, D.C.: Joseph Henry Press, 2006. p. 108.

第四章　你先請

Burgess, Colin, and Chris Dubbs. *Animals in Space: From Research Rockets to the Space Shuttle*. Chichester, U.K.: Springer-Praxis, 2007.

Debruicker, John. "Anti-Gravity Stone Has a Strange Story and an Even Stranger History." Colby [College] Echo, March 9, 2006.

Gillespie, Charles. *The Montgolfier Brothers and the Invention of Aviation.* Princeton, N.J.: Princeton University Press, 1983.

Girifalco, Louis A. *The Universal Force: Gravity—Creator of Worlds*. Oxford: Oxford University Press, 2007.

Helmore, Edward. "Timothy Leary's Final Trip: Boldly Going into Orbit." *The Independent* (UK), April 21, 1997, online ed.

Kittinger, Joe. Space Center Oral History Program. Interviewed by Wayne O. Mattson and George M. House at the New Mexico Museum of Space History, Alamogordo, New Mexico, November 2000.

Simons, David. Space Center Oral History Program. Interviewed by George P. Kennedy at the International Space Hall of Fame, Alamogordo, New Mexico, September 1987.

von Beckh, H. J. A. "Experiments with Animals and Human Subjects Under Sub- and Zero-Gravity Conditions During the Dive and Parabolic Flight." *Aviation Medicine,* June 1954. p. 235–241.

Ward, Julian, Willard Hawkins, and Herbert Stallings. "Physiologic Response to Subgravity: Initiation of Micturition." *Aerospace Medicine*, August 1959.

———. "Physiologic Response to Subgravity: Mechanics of Nourishment and Deglutition of Solids and Liquids." *Aviation Medicine*, March 1959.

第五章　拉不住

Ayres, M. L. "Survival After Jet Engine Intake." *Injury* 4: 317–318.

Collins, Michael. *Flying to the Moon: An Astronaut's Story*, 2nd ed. New York: Farrar, Straus & Giroux (Sunburst Book), 1994. p. 80–81.

第六章　丟上丟下

Apollo 9 Onboard Voice Transcription, Vol. 1, Day 2. NASA History Portal: http://www.jsc.nasa.gov/history/mission_trans/apollo9.htm.

Apollo 16 Lunar Surface Journal. http://history.nasa.gov/alsj/a16/a16.html.

Apollo 16 Onboard Voice Transcription, Lunar Module, Day 5. NASA History Portal: http://www.jsc.nasa.gov/history/mission_trans/apollo16.htm.

Brown, Tony. *Hendrix: The Final Days*. London and New York: Omnibus Press, 1997.

Cernan, Eugene, and Don Davis. *The Last Man on the Moon*. New York: St. Martin's Press, 1999. p. 120, 190.

Correia, M. J., and F. E. Guedry, Jr. "Modification of Vestibular Responses as a Function of Rate of Rotation About an Earth-Horizontal Axis." *Acta-otolaryngologica* 62: 297–304.

Gell, C. F. and D. Cranmore. "The Effects of Acceleration on Small Animals Utilizing a Quick-Freeze Technique." *Aviation Medicine*, February 1953, p. 48–56.

Harsch, Viktor. "Centrifuge 'Therapy' for Psychiatric Patients in Germany in the Early 1800s." *Aviation, Space, and Environmental Medicine* 77(2): 157–160 (2006).

Money, K. E. "Motion Sickness." *Physiological Reviews* 50 (1): 1–35.

Neale, Richard. Letters to the editor in Lancet, February 19, 1887, p. 403.

Noble, R. L. "Observations on Various Types of Motion-Causing Vomiting in Animals." *Canadian Journal of Research* 23 (E): 212–219.

Oman, Charles. "Spatial Orientation and Navigation in Microgravity." In *Spatial Processing in Navigation, Imagery, and Perception*. Edited by Fred Mast and Lutz Jancke. New York: Springer, 2007. p. 209–233.

Oman, Charles, Byron K. Lichtenberg, and Kenneth E. Money. "Space Motion Sickness Monitoring Equipment: Spacelab 1." Paper reprinted from Conference Proceedings No. 372 (Motion Sickness: Mechanisms, Prediction, Prevention, and Treatment) of the Advisory Group for Aerospace Research and Development.

Rannie, Ian. "The Effect of the Inhalation of Vomitus on the Lungs: Morbid Anatomy." *British Journal of Anaesthesia* 35: 146 (1963).

Reason, J. T, and J. J. Brand. *Motion Sickness*. London and New York: Academic Press, 1975.

Schweickart, Russell L. Oral history. Johnson Space Center Oral History Project. http://www.jsc.nasa.gov/history/oral_histories/oral_histories.htm.

Thurston, Paget. Letter to the editor in *Lancet*, February 12, 1887, p. 350.

Vandenberg, James T., et al. "Large-Diameter Suction Tubing Significantly Improves Evacuation Time of Simulated Vomitus." Paper presented at the annual meeting of the Society of Academic Emergency Medicine, Denver, May 1996.

Wade, Nicholas J., U. Norrsell, and A. Presly. "Cox's Chair: 'A Moral and a Medical Mean in the Treatment of Maniacs.'" *History of Psychiatry* 16 (1): 73–88 (2005).

Wolfe, Robert C., Marcus Reidenberg, and Vicente Dinoso. "Tang and Methadone by Vein." *Annals of Internal Medicine* 76: 830.

第七章　太空艙裡的屍體

AP Wire Service. "Chimps Aid Space Study." *Denton Record-Chronicle*, March 27, 1966.

Brown, William K., Jerry Rothstein, and Peter Foster. "Human Response to Predicted Apollo Landing Impacts in Selected Body Orientations." *Aerospace Medicine*, April 1966, p. 394–398.

Melvin, John W., et al. "Crash Protection of Stock Car Racing Drivers—Application of Biomechanical Analysis of Indy Car Crash Research." *Stapp Car Crash Journal* 50: 415–428.

Mullane, Mike. *Riding Rockets: The Outrageous Tales of a Space Shuttle Astronaut*. New York: Scribner, 2006. p. 330–331.

Swearingen, John J., et al. "Human Voluntary Tolerance to Vertical Impact." *Aerospace Medicine*, December 1960, p. 989–995.

Walz, Feix H., et al. "Airbag Deployment and Eye Perforation by a Tobacco Pipe." *Journal of Trauma* 38 (4): 498–501 (1995).

第八章　人類毛茸茸的一步

Burgess, Colin, and Chris Dubbs. *Animals in Space: From Research Rockets to the Space Shuttle*. Chichester, UK: Springer-Praxis, 2007.

"Chimps Aid Space Study." *Denton Record-Chronicle*, March 27, 1966.

Collins, Michael. *Liftoff: The Story of America's Adventure in Space*. New York: Grove Press, 1989.

Dooling, Dave. "The One-Way Manned Mission to the Moon." *Quest: The History of Spaceflight Quarterly* 8 (4): 4–11.

Glenn, John H., Jr. Oral history. Johnson Space Center Oral History Project. http://www.jsc.nasa.gov/history/oral_histories/oral_histories.htm.

"Kennedy Birthday Party Enlivened by Monkeys." *Albuquerque Tribune*, November 22, 1961.

Siddiqi, Asif, "'There It Is!': An Account of the First Dogs-in-Space Program." *Quest: The History of Spaceflight Quarterly* 5 (3): 38–42.

Swenson, Lloyd, Jr., James M. Grimwood, and Charles C. Alexander. *This New Ocean: A History of Project Mercury*. (NASA SP-4201.) Washington, D.C.: NASA Scientific and Technical Information Division, 1966.

Williams, Harold R. "'Chimp College' Flourishes at Air Base in New Mexico." AP Wire Service: *Hobbs Daily News-Sun*, November 20, 1963.

———"'Chimp College' Graduates Famous All Over Nation." AP Wire Service: Hobbs Daily News-Sun, November 21, 1963.

———"First U.S. Flag on Moon May Be Planted by Chimp." AP Wire Service: *Bridgeport Post,* May 18, 1962.

第九章　下個加油站：三十二萬公里

Apollo 17 Lunar Surface Journal. http://history.nasa.gov/alsj/a17/a17.html.

Cernan, Eugene, and Don Davis. *The Last Man on the Moon*. New York: St. Martin's Press, 1999. p. 120, 190.

Coulter, Donna. "Moondust in the Wind." Moondaily.com report, April 14, 2008.

Fox, William L. *Driving to Mars*. Emeryville, Calif: Shoemaker & Hoard, 2006.

Gernhardt, Michael, Andrew Abercromby, and Pascal Lee. "Evaluation of Small Pressurized Rover and Mobile Habitat Concepts of Operations During Simulated Planetary Surface Exploration." Unpublished NASA test plan, 2008.

Kanas, Nick. "High Versus Low Crewmember Autonomy in Space Simulation Environments." Paper presented at the 60th International Astronautical Congress, Daejeon, Korea, October 2009.

第十章　休士頓，我們發霉了

Berry, Charles A. Oral history. Johnson Space Center Oral History Project. http://www.jsc.nasa.gov/history/oral_histories/oral_histories.htm.

Borman, Frank. Oral history. Johnson Space Center Oral History Project. http://www.jsc.nasa.gov/history/oral_histories/oral_histories.htm.

Cernan, Eugene, and Don Davis. The Last Man on the Moon. New York: St. Martin's Press, 1999. p. 95.

Gemini VII Composite Air-to-Ground and Onboard Voice Tape Transcription. Vol. 1–3. NASA History Portal: http://www.jsc.nasa.gov/history/mission_trans/gemini7.htm.

Larson, Elaine. "Hygiene of the Skin: When Is Clean Too Clean?" *Emerging Infectious Diseases* 7 (2) (March/April 2001). http://www.cdc.gov/ncidod/eid/vol7no2/larson.htm.

Lovell, James A., Jr. Oral history. Johnson Space Center Oral History Project. http://www.jsc.nasa.gov/history/oral_histories/oral_histories.htm.

Milunas, Michele C., Ann F. Rhoads, and J. Russell Mason. "Effectiveness of Odour Repellants for Protecting Ornamental Shrubs from Browsing by White-Tailed Deer." Crop Protection 13 (5): 393–399.

Popov, I. G., et al. "Investigation of the State of the Human Skin After Prolonged Restriction on Washing." In *Problems of Space Biology*, vol. 7. Edited by V. N. Chernigovsky. Moscow: Nanka Publishing Co., 1969. p. 386–392. May 1969.

Slonim, A. R. "Effects of Minimal Personal Hygiene and Related Procedures During Prolonged Confinement." Aerospace Medical Research Laboratories Technical Report AMRL-TR -66-146, October 1966.

Stuster, Jack. "Space Station Habitability Recommendations Based on a Systematic Comparative Analysis of Analogous Conditions." NASA Contractor Report 3943 (NASA-CR 3943).

第十一章　水平的二三事

Allen, C., P. Glasziou, and C. Del Mar. "Bed Rest: A Potentially Harmful Treatment Needing More Careful Evaluation." *Lancet* 354: 1229–1234 (1999).

Donahue, Seth W., et al. "Parathyroid Hormone May Maintain Bone Formation in Hibernating Black Bears (*Ursus americanus*) to Prevent Disuse Osteoporosis." *Journal of Experimental Biology* 209: 1630–1638.

Finkelstein, Joel S., et al. "Ethnic Variation in Bone Density in Premenopausal and Early Perimenopausal Women: Effects of Anthropomorphic and Lifestyle Factors." *Journal of Clinical Endocrinology & Metabolism* 87 (7): 3057–3067.

Parker-Pope, Tara. "Drugs to Build Bones May Weaken Them." *New York Times*, Science Times, July 15, 2008.

Shropshire, Courtney. *American Journal of Dermatology* (1912), p. 318.

第十二章　三隻海豚俱樂部

Beier, John C., and Douglas Wartzok. "Mating Behavior of Captive Spotted Seals (*Phoca largha*)." *Animal Behavior* 27: 772–781 (1979).

Levin, R. J. "Effects of Space Travel on Sexuality and the Human Reproductive System." *Journal of the British Interplanetary Society* 47: 378–382 (1989).

Mullane, Mike. *Riding Rockets: The Outrageous Tales of a Space Shuttle Astronaut*. New York: Scribner, 2006. p. 176–177.

Pesavento, Peter. "From Aelita to the International Space Station: The Psychological Effects of Isolation on Earth and in Space." *Quest: The History of Spaceflight Quarterly* 8 (2): 4–23 (2000).

Rambaut, Paul, C., et al. "Some Flow Properties of Food in Null Gravity." *Food Technology*, January 1972.

Ronca, April, and Jeffrey R. Alberts. "Physiology of a Microgravity Environment: Selected Contribution—Effects of Spaceflight During Pregnancy on Labor and Birth at 1 G." *Journal of Applied Physiology* 89: 849–854 (2000).

Stine, Harry G. *Living in Space*. New York: M. Evans, 1997.

Snopes.com. "Claim: NASA Shuttle Astronauts Conducted Sex Experiments in Space." http://www.snopes.com/risque/tattled/shuttle.asp.

第十三章 萎縮的高度

"Changes in Intracranial Volume on Ascent to High Altitudes and Descent as in Diving." Staff Meetings of the Mayo Clinic, April 2, 1941. p. 220–224.

Haber, Fritz. "Bailout at Very High Altitudes." *Aviation Medicine*, August 1952. p. 322–329.

Kornfield, Alfred T., and J. R. Poppen. "High Velocity Wind Blast on Personnel and Equipment." *Aviation Medicine*, February 1949. p. 24–38.

McAndrew, James. *The Roswell Report: Case Closed*. Washington, D.C.: U.S. Government Printing Office, 1997.

NASA. Columbia Crew Survival Investigation Report. NASA/SP-2008-565. http://www.nasa.gov/pdf/298870main_SP-2008-565.pdf.

Ryan, Craig. *The Pre-Astronauts: Manned Ballooning on the Threshold of Space.* Annapolis, Md.: Naval Institute Press, 1995.

Stapp, John P. "Human Tolerance Factors in Supersonic Escape." *Aviation Medicine*, February 1957. p. 77–90.

第十四章　分離焦慮

Apollo 10 Onboard Voice Transcription—Command Module, Day 6, p. 364–365, 414–420. http://www.jsc.nasa.gov/history/mission_trans/apollo10.htm.

Broyan, James Lee, Jr. "Waste Collector System Technology Comparisons for Constellation Applications." SAE Technical Paper 2007-01-3227.

Wignarajah, Kanapathipillai, and Eric Litwiller. "Simulated Human Feces for Testing Human Waste Processing Technologies in Space Systems." SAE Technical Paper 2006-01-2180, presented at the 36th International Conference on Environmental Systems, Norfolk, Va. July 17–20, 2006.

第十五章　無法撫慰人心的食物

"A Guideline of Performing *Ibadah* at the International Space Station (ISS)." The Islamic Workspace blog: http://makkah.wordpress.com.

Apollo 16 Mission Commentary. NASA History Portal: http://www.jsc.nasa.gov/history/mission_trans/apollo16.htm.

Bourland, Charles T. Oral history. Johnson Space Center Oral History Project. http://www.jsc.nasa.gov/history/oral_histories.htm.

Bourland, Charles T., and Gregory L. Vogt. *The Astronaut's Cookbook: Tales, Recipes, and More.* New York: Springer, 2010.

Congressional Record. 111 Cong. Rec. 16514. Senate hearings, July 12, 1965.

Duke, Charlie, and Dotty Duke. *Moonwalker.* Nashville: Oliver-Nelson, 1990.

Flentge, Robert. L., and Ronald L. Bustead. "Manufacturing Requirements of Food for Aerospace Feeding." Technical Report of the USAF School of Aerospace Medicine, Brooks Air Force Base, Texas. SAM-TR 70-23. May 1970.

"Food for Space Is Studied at Brooks AFB." Military News Service, San Antonio, Texas. June 10, 1966.

Heidelbaugh, Norman D., and Marvin A. Rosenbusch. "A Method to Manufacture Pelletized Formula Foods in Small Quantities." Technical Report of the USAF School of Aerospace Medicine, Brooks Air Force Base, Texas. SAM-TR 67-75. August 1967.

Ingelfinger, Franz J. "Gastric and Bowel Motility: Effect on Diet." Paper presented at the Conference on Nutrition in Space and Related Waste Problems, Tampa, Fla., April 27–30, 1964. Sponsored by NASA and the National Academy of Sciences.

Lepkovsky, Samuel. “The Appetite Factor.” Paper presented at the Conference on Nutrition in Space and Related Waste Problems, Tampa, Fla., April 27–30, 1964. Sponsored by NASA and the National Academy of Sciences.

Murphy, Edwin, L. “Flatus.” Paper presented at the Conference on Nutrition in Space and Related Waste Problems, Tampa, Fla., April 27–30, 1964. Sponsored by NASA and the National Academy of Sciences.

Slonim, A. R., and H. T. Mohlman. “Effects of Experimental Diets and Simulated Space Conditions on the Nature of Human Waste.” Technical Report of the Aerospace Medical Research Laboratories, Wright-Patterson Air Force Base, Ohio. AMRL-TR 66-147. November 1966.

第十六章　吃你的褲子

Kleiber, Max. “Animal Food for Astronauts.” Paper presented at the Conference on Nutrition in Space and Related Waste Problems, Tampa, Fla., April 27–30, 1964. Sponsored by NASA and the National Academy of Sciences.

Worf, D. L. “Multiple Uses for Foods.” Paper presented at the Conference on Nutrition in Space and Related Waste Problems, Tampa, Fla., April 27–30, 1964. Sponsored by NASA and the National Academy of Sciences.

中英對照表

文獻

《X檔案》 *The X-Files*

一至三畫

《一個人》 *Alone*

《二〇〇一：太空漫遊》 *2001: A Space Odyssey*

《人類高飛》 *Man High*

〈人類頭部撞擊加速的自發承受度〉 Volunteary Tolerance of the Human to Impact Accelerations of the Head

《大開口戒》 *Mouth Wide Open*

《女性健康》 *Women's Health*

四畫

《今日醫學》 *MedPage Today*

《天方夜譚》 *Arabian Nights*

《天王星實驗》 *The Uranus Experiment*

〈天空是美國空軍獸醫的限制！〉 The Sky's the Limit for USAF Veterinarians!

《太空人心理選拔》 *Choosing the Right Stuff*

《太空人食譜》 *Astronaut's Cookbook*

《太空中的生活》 *Living in Space*

《太空中的動物》 *Animals in Space*

《太空心理學與精神病學》 *Space Psychology and Psychiatry*

《太空競賽》 *Space Race*

《手術刀》 *Lancet*

《月球的黑暗面》 *Dark Side of the Moon*

《水星十三號：不為人知的美國女性和太空飛行夢》 *The Mercury 13: The Untold Story of Thirteen American Women and the Dream of Space Flight*

《火熱男與尾管第十四集：撒尿人的冒險》 *Hot Bods and Tail Pipe #14, The Adventures of Pee Man*

五至八畫

《本周》 *This Week*

《生死戀》 *Love is a Many-Splendored Thing*

《生活》 *Life*

《印度愛經》 *Kama Sutra*

《色彩》 *Colors*

《作物保護》 *Crop Protection*

《坐火箭》 *Riding Rockets*

《辛普森家庭》 *Simpsons*

《法櫃奇兵》 *Raiders of the Lost Ark*

《芬妮與亞歷山大》 *Fanny and Alexander*

《阿布奎基日報》 *Albuquerque Journal*

九畫

《星艦迷航記》 *Star Trek*

《美食與酒雜誌》 *Food & Wine*

《美國太空裝》 *U.S. Spacesuits*

《美國急救醫學期刊》 *American Journal of Emergency Medicine*

《美國感染控制期刊》 *American Journal of Infection Control*

《美國齒科矯正與牙面矯正期刊：美國齒科矯正醫師協會、齒科矯正醫師協會全體會員與美國齒科矯正理事會官方出版品》 *American Journal of Orthodontics and Dentofacial Orthopedics, Official Publication of the American Association of Orthodontists, Its Constituent Societies, and the American Board of Orthodontics*

《重力：我們的頭號敵人》 *Gravity Our Enemy No. 1*

《飛彈與火箭》 *Missles and Rockets*

十畫

《夏威夷之虎》 *Magnum, P.I.*

《旅遊建議》 *TripAdvisor*

《時代》 *Time*

〈格陵蘭西部愛斯基摩人『空間扭曲』初探〉 A Preliminary Report of Kayak-Angst Among the Eskimo of West Greenland

《消費者報告》 *Consumer Reports*

《紐約客》 *New Yoker*

《航太工程》 *Aerospace Engineering*

《航太飲食食物生產規範》 *Manufacturing Requirements of Food for Aerospace Feeding*

《航太醫學》 *Aerospace Medicine*

《航空周與太空科技》 *Aviation Week & Space Technology*

《航空醫學》 *Aviation Medicine*

《追尋》 *Quest*

十一至十三畫

《婦女家庭雜誌》 *Ladies' Home Journal*

《第七封印》 *The Seventh Seal*

《連結骨脊椎》 *Joint Bone Spine*

《創傷期刊》 *Journal of Trauma*

《揚子晚報》 *Yangtse Evening Pos*

《斯塔波汽車撞擊期刊》 *Stapp Car Crash Journal*

《象人》 *The Elephant Man*

《聖安東尼光報》 *San Antonio Light*

《聖安東尼快訊》 *San Antonio Express*

《腸子》 *Gut*

《道蘭氏醫學辭典》 *Dorland's Medical Dictionary*

十五畫以上

《廚師圖解大全》 *Cook's Illustrated*

《踩八字步的部長》 *Ministry of Silly Walks*

《選擇對的事》 *Choosing the Right Stuff*

《險路勿近》 *No Country for Old Men*
《羅茲威爾報告》 *The Roswell Report*
《競賽》 *The Race*

人名

三至四畫

大衛鮑伊 David Bowie
小池右 Shoichi Tachibana
小百合 Sayuri
小羅德奧 George Rideout, Jr
井上夏彥 Natsuhiko Inoue
切尼高夫斯基 V. N. Chernigovsky
切斯 Tom Chase
尤伯連納 Yul Brynner
尤里伯瑟夫 Ulybyshev
王琳達 Linda Wang

五畫

加恩 Jake Garn
卡夫 Norbert Kraft
卡那斯 Nick Kanas
卡洛琳 Caroline
卡特爾 Dennis Carter
卡莉絲兒 Rebecca Carlisle
古辛 Gushin
古魯普曼 Jerome Groopman
史卡夫特 James Schefter
史冰冰 Shi Bing Bing
史考特 Dave Scott
史密斯 Keith Smith
史登 Howard Stern
史達斯特 Jack Stuster
史賓賽 John Spencer
史邁斯 Michael Smith
尼可拉斯 Ruth Nichols
尼爾森 Jonathan Nelson
巨人樵夫布楊 Paul Bunyan
布若迪 Eugene Brody
布朗 John Brown
布瑞茲 Bill Britz
布魯 Violet Blue
布羅彥 Jim Broyan
札克爾 Pat Zerkel
瓦茲奎茲 Marcelo Vazquez
田邊賴九 Kumiko Tanabe
皮薩維多 Peter Pesavento

六畫

伊提恩 Étienne de Montgolfier
伊蓮娜 Elena
列別捷夫 Valentin Lebedev
列昂諾夫 Alexei Leonov
列波考夫斯基 Samuel Lepkovsky
列寧格 Jerry Linenger
吉伯森 Gibson
合貝爾 Heinz Haber
多納修 Seth Donahue
安伯寇比 Andrew Abercormby
安格哈特 Kristen Engelhardt
安德森 Anderson
托斯卡諾 Bill Toscano
托維爾 Tourville
米契爾 Raul Michel

米爾頓　Berth Milton
艾文　James Irwin
艾拉費茲潔蘿　Ella Fitzgerald
艾德　Ed
艾德林　Buzz Aldrin

七畫

亨利　James Henry
佛格翰　Dan Fulgham
佛蘭特　Robert Flentge
佐藍斯基　Mike Zolensky
伯朗　Brown
伯斯坎　Bozhko
伯爾提　John Bolte
伯德　Admiral Richard Byrd
伯藍德　Charle s Bourland
克里卡列夫　Sergei Krikalyov
克里斯　Chris
克拉可　Carl Clark
克勞奇　Roger Crouch
克萊　Eral Cline

希普蔓　Colleen Shipman
希爾　Leonard M. Seale
李　Pascal Lee
李周運　Lee Ju-woon
李素妍　So-yeon Yi
李瑞　Timothy Leary
李察吉爾　Richard Gere
杜克　Charlie Duke
杜利　Keir Dullea
杜恩斯比利　Doonesbury
沃夫　Wolff
沃科夫　Vladislav Volkov
沃爾夫　D. L. Worf
豆豆先生　Mr. Bean
貝布森　Roger Babson
貝克頓　William Becton
貝瑞　Charles Berry
貝瑞佐夫　Tolia Berezovoy
貝爾西耶夫　Pavel Belyayev

八畫

亞倫　Aaron F
卓巴　Chuck Gerba
奈格特　Joe Neigut
奈崔斯　Dan Nattress
孟格菲兄弟　Joseph and Étienne de Montgolfier
岡薩雷斯將軍　Enrique Diaz Gonzales
彼撒維托　Peter Pesavento
拉琵艾　Judith Lapierre
拉爾森　Elaine Larson
拉維金　Alexandr Laveikin
拉蕊薇荷　Jane LaRiviere
拉薇瑞琪　Vicki Loveridge
東巴爾　Bonnie Dunbar
波雅葛夫　Valery Polyakov
法洛　Donald Farrell
法赫　George Fahey
芭絲金　Pam Baskins
芬格　Jerry Fineg

長洲未來　Mirai Nagasu
阿尼斯特伯尼　Ernest Borgnine
阿里　Aaisha Ali
阿姆斯壯　Neil Armstrong
阿諾史瓦辛格　Arnold Schwarzenegger

九畫

保加納　Felix Baumgartner
哈斯朋　Husband
哈雅斯　Toby Hayes
哈資菲爾德　James Hartsfield
哈維　Ralph Harvey
哈維爾巴登　Javier Bardem
哈德菲爾德　Chris Hadfield
威肯森　Nick Wilkinson
威廉斯　Harold R. Williams
威歐斯　Randall Wells
施威卡特　Rusty Schweickart
施密特　Harrison Schmit
施密蕭　Nevin S. Scrimshaw
星出彰彥　Akihiko Hoshide
柯文絲　Pat Cowings
柯萬　William Cowan
柯爾德　John M. Cord
查爾斯　John Charles
柏格曼　Ingmar Bergman
派普　Pepe
派翠克　Danica Patrick
洛威　Jim Lovell
洛威特　Erin Sinesky Lovett
珊特　Silvia Saint
科羅列夫　Sergei Korolev
約瑟夫．梅維克　Joseph Merrick
若田光一　Wakata Koichi
英蓋芬格　Franz J. Ingelfinger
貞　Jeanne
迪特米　Ed Dittmer
韋佛　Bill Weaver
韋福　Jesse Weaver

十畫

哲巴　Chuck Gerba
哲斯卡羅伯夫　Vitaly Zholobov
娜伯格　Karen Nyberg
席迪奇　Asif Siddiqi
桑蒂　Patricia Santy
桑德　Terry Sunday
格里森　Gus Grissom
泰格　Norm Thagard
泰許　Joseph Tash
海耶斯　Sean Hayes
海德博　Norman Heidelbaugh
烏巴迪　Dr. Mohammad Al- Ubaydii
特涅吉　Andy Turnage
特魯多　Garry Trudeau
留明　Valery Ryumin
真奈美　Manami
馬托尼　Mattoni
馬伯格　John Marbarger
馬克華伯格　Mark Wahlberg
馬林臣科　Yuri Malenchenko
馬朗　Mike Mullane
馬提涅茲　Rene Martinez

高蒂雅 Jenny Gaultier

十一畫

基廷格 Joe Kittinger
基南 Jamie Keenan
寇卡 Steve Colca
康允石 Yun-Seok Kang
康達柯娃 Yelena Kondakova
強・克拉克 Jon Clark
捷列什科娃 Valentina Tereshkova
梅田 Masataka Umeda
梅納克爾 Dan Menaker
梅德連 Trish Medalen
梅潔 Kathryn Major
畢吉羅 Robert Bigelow
莫林 Lee Morin
莉莉 Lily
莉莉安 Lillian
荷馬 Homer Simpson
雪蔓 Helen Sherman
麥克 Mike
麥克迪維特 James Mcdivitt
麥克曼 Joe McMann
麥克爾 Edward Michel
麥克緬 Joe McMann
麥迪森 Lynnette Madison
麥庫 Mccool
麥特森 Wayne Mattson
麥納 Minor

十二畫

凱斯伯 John Casper
凱萊博 Max Kleiber
博格達什維斯基 Rostislov Bogdashevsky
喬伊絲 Joyce
喬拉 Chawla
富里茲和海因茲哈伯兄弟 Fritz and Heinz Haber
提姆 Tim
斯坦 G. Harry Stine
斯塔波 John Paul Stapp
斯塔福德 Thomas Stafford
普利費卡多 Rudy Purificato
渥里諾夫 Boris Volynov
湯姆克魯斯 Tom Cruise
湯普森 Art Thompson
湯瑪斯 Andy Thomas
絲黛德樂 Michelle Staedler
舒拉 Wally Schirra
萊登 Jim Leyden
萊雅詹斯基 Sergei Ryazansky
菲爾 Phil
費芮兒 Gayle Frere
賀蘭 Al Holland
馮布勞恩 Wernher von Braun
馮貝克 Harald von Beckh

十三畫

塞爾南 Gene Cernan
愛德華茲 Carl Edwards
楊格 John Young
溫斯坦 Scott Weinstein

溫德特 Guenter Wendt
瑞思克 Don Rethke
瑞恩格 Brett Ringger
瑞特 Mike Wright
瑞蒙 Ramon
葉格 Chuck Yeage
葛內武 Simone Garneau
葛姆利 Sherwin Gormly
葛拉斯 Brian Glass
葛林 John Glenn
葛林威德 Jeff Greenwald
葛門特 Dustin Gohmert
葛詹尼 Matt Groening
葛詹珂 Oleg Gazenko
路克尤克 Vasily Lukyanyuk
達伯斯 Chris Dubbs
雷文 Roy Levin
雷尼 Rene
雷利爵士 Sir Walter Raleigh
雷翁 Leon M
雷諾茲 Herbert Reynolds

十四畫

歌蒂拉 Goldilocksian
漢娜 Hannah
漢崔克斯 Jimi Hendrix
碧雅洛絲基 Jill Bialosky
維格納瑞札 Kanapathipillai "Wiggy" Wignarajah
蒙坦夫由 Mountian View
蒙提派森 Monty Python
蓋加林 Yuri Gagarin
蓋瑞拜爾 Ashton Graybiel
豪斯 George House
賓恩 Alan Bean
賓格曼 Jeff Bingaman
齊默曼 Robert Zimmerman

十五畫

德洛梭 Dominic Del Rosso
摩林 Lee Morin
摩爾斯 Morse
歐巴馬 Obama
歐文 Jim Irwin
歐伯格 James Oberg
歐杜威 Deirdre O'Dwyer
歐門 Charles Oman
歐荷拉 May O'Hara
蔓恩 Janet Mann
衛伯 James Webb
衛摩爾 Fred Wiemer
墨菲 Edwin Murphy
噁爛腦 Brian Gross

十六畫

穆拉克 Emil Mrak
穆萊恩 Mike Mullane
穆德探員 Agent Mulder
篤林 Dave Dooling
諾婉克 Lisa Nowak
賴瑞金 Larry King
錢斯 Dr. Chance
鮑曼 Frank Borman

十七畫

蕾妲 Michelle Rader
蕾娜 Lena
薛布夏爾 Courtney W. Shropshire
薛波 Alan Shepard
薇可兒 Shannon Walker
薇特森 Peggy Whitson
賽門 David Simons
邁克 Mike

十八至十九畫

薩維茨卡婭 Svetlana Savitskaya
藍恩 Tom Lang
懷特 Ed White
羅林斯 Edwin Rawlings
羅洛布莉吉達 Gina Lollobrigida
羅曼年科 Yuri Romanenko
羅斯 Mal Ross

二十畫以上

蘇立文 Sullivan
顧爾 Otto Gauer
蘿恩卡 April Ronca
蘿絲 Amy Ross
蘿瑞兒・克拉克 Laurel Clark

其他

NASA技術服務部門 NASA Technical Services Division
NASA微重力大學網站 NASA Microgravity University Web

二至三畫

人體白老鼠網站 Guinea Pig Zero
三甲基二己烯酸 3-methyl-2-hexanoic
下降引擎 descent engine
上升模組 Ascent Module
大衛克拉克公司 David Clark
大轉子 greater trochanter
山景城 Mountain View

四畫

中性浮力室 neutral buoyancy tank
天空實驗室 Skylab
太空人紀念館 Memorial Museum of Cosmonautics
太空旅遊協會 Space Tourism Society
太空站國際團隊模擬飛行計畫 Simulated Flight of International Crew on Space Station (SFINCSS)
太空梭亞特蘭提斯號 Space Shuttle Atlantis
太空喜樂 space euphoria
太空實驗室 Spacelab
太空艙 Capsules
太空艙通訊員 capsule communicator
巴比喬 Bobby Joe
日出號太空船 Vokshod

日本宇宙航空研究開發機構　Japan Aerospace Exploration Agency (JAXA)
日本衣　J-Wear
日本建築研究中心　Building Research Institute
日本筑波物質材料研究機構　National Institute for Material Science
水底性愛網站　underwatersex.net
水果牌　Fruit of the Loom
水星計畫　Mercury
火星五〇〇　Mars500
火星研究院　Mars Institute

五畫

加拿大太空總署　Canadian Space Agency
北美旗幟協會　North American Vexillological Association
卡那豐　Carnarvon
卡納維爾角　Cape Canaveral
史坦利航空　Stanley Aviation
史密斯森研究中心　Smithsonian's
外太空條約　The Outer Space Treaty
外星生命探尋研究所　SETI Institute
奶溝：成人影片搜尋引擎　Booble: The Adult Search Engine
布隆克斯　Bronx
布魯克斯空軍基地　Brooks Air Force Base
弗林特都市建築師協會　Builders' Association of Metropolitan Flint
民用航空醫學研究所　Civil Aeromedical Research Institute
生物醫學問題研究所　Institute of Biomedical Problems (IBMP)
白沙實驗基地　White Sands Proving Ground
皮屑芽孢菌　Malassezia globosa

六畫

乒乓　Ping Pong
伊凡諾維奇　Ivan Ivanovich
伊坦食品公司　Eatem Foods
任務控制中心　Mission Control
全地形六腳外星探索器　All-Terrain Hex-Legged Extra-Terrestrial Explore
全地形越野車　all-terrain vehicles (ATVs)
全美動暈症小組委員會　United States Subcommittee on Motion Sickness
全國運動汽車競賽協會　NASACAR
全農飼料畜產中央研究所　National Institute for Feed and Livestock
印度教內觀道場　Vipassana ashram
安素　Ensure
托特獎　Arnold D. Tuttle Award
死亡後的人類受試者　postmortem human subject
艾伯特　Albert

艾姆士研究中心 Ames Research Center
艾林頓機場 Ellington Field
艾諾斯 Enos
西爾斯羅巴克 Sears, Roebuck

七畫

希望 Kibo
沙克爾頓坑 Shackleton Crater
沙留特號太空站 Salyut
沃克爾空軍基地 Walker Air Force Base
沃菲熟食店 Wolfie's
狂野女孩 Girls Gone Wild
私媒體集團 Private Media Group
貝勒醫學院 Baylor College of Medicine
貝爾卡 Belka
貝爾空間系統 Bell Aerosystems engineers
防止虐待動物協會 Society for the Prevention of Cruelty to Animals

八畫

和平號太空站 Mir
和海豚做愛 Sex with Dolphins
拋棄式尿布網站 disposablediaper.net
朋沙科拉 Pensacola
東方號 Vostok
果珍 Tang
空中高潮俱樂部 Mile High Club
空蜂火箭 Aerobee
金牛座利特羅谷 Taurus-Littrow Valley
金得利空軍基地 Kindley Air Force Base
金屬製品合唱團 Metallica
阿根廷蛇頸龜 Hydromedusa tectifera

九畫

保羅梅森酒窖 Paul Masson
南極隕石研究計畫 Antarctic Search for Meteorites (ANSMET)
威力牌 Waring
威爾森罐裝火腿 Wilson
帝騰大學 University of Dayton
星空城 Star City
星宿計畫 Constellation
柏克萊大道孟諾派團契 Berkeley Avenue Mennonite Fellowship
派瑞斯空中探險 Perris Sky Venture
派翠西亞 Patricia
洛克希德公司 Lockheed
科爾比學院 Colby College
紅牛 Red Bull
紅石火箭 Redstone Rocket
約翰霍普金斯大學 Johns Hopkins
美沙酮 methadone
美國太空總署 NASA
美國軍方病理學研究中心 Armed Forces Institute of Pathology

美國國家太空生物醫學研究所 National Space Biomedical Research Institute
美國陸軍內提克實驗室 The U.S. Army Natick Laboratories
美國禽類營養小組委員會 United States Subcommittee on Poultry Nutrition
美國經濟套房 Budget Suites America
美瑞思 Memorex
英傑特 Ejecto
重力研究基金會 Gravity Research Foundation
韋伯定律 Weber's Law
飛行類比研究單位 Flight Analogs Research Unit (FARU)
首次登陸月球象徵活動委員會 Committee on Symbolic Activities for the First Lunar Landing

十畫

倍兒樂公司 Playtex
家樂氏 Kellogg
恩普夸 Umpqua
氣流公司 Airstream
氣閘艙 airlock
泰維克 Tyvek
浦氏 Progresso
海軍航太醫學院 U.S. Naval Aerospace Medical Institute
納尼亞 Narnia
航太醫學研究實驗室 Aerospace Medical Research Laboratories (AMRL)
航太醫學院 School of Aerospace Medicine (SAM)
逃逸速度 escape velocity
追尋太空鐘 Quest Airlock
骨母細胞 osteoblast
高達航太中心 Goddard Space Flight Center

十一畫

國民澱粉化學股份有限公司 National Starch and Chemical Company
國際太空站 International Space Station (ISS)
國際乳膠公司 International Latex
培斯伯瑞 Pillsbury
梅約基金會 Mayo Foundation
深海暈眩 Rapture of the Deep
畢吉羅航太中心 Bigelow Aerospace
脫離效應 the break away effect
麥可 Michael
麥克默多站 McMurdo Station
麥兒利特軍火公司 Martin Marietta Company
麥迪根陸軍醫療中心 Madigan Army Medical Center
麥基爾大學 McGill University
麥道 C-9 軍用運輸機 Mcdonnell Douglas c-9 military transport jet

十二畫

喬治馬歇爾太空飛行中心 George C. Marshall Space Flight Center
斑海豹 harbor seal
斯特雷爾卡 Strelka
斯塔波航太公園 Jphm P. Stapp Air and Space Park
普瑞納寵物食品公司 Purina
森林綜合研究所 Forestry and Forest Poducts Institutes
登月艙 Lunar Module
短乳酸桿菌 L. brevis
善待動物組織 Ethical Treatment of Animals
華沙萬豪酒店 Warsaw Marriott
萊卡 Laika
萊特派德森美空軍基地 Wright-Patterson Air Force Base
費雪牌 Fisher
雄烯酮 androstenone
黑鷹牌罐裝火腿 Rath Blackhawk

十三畫

傷害生物力學研究實驗室 Injury Biomechanics Research Center
新墨西哥州太空歷史與國際太空名人堂 New Mexico Museum of Space History and International Space Hall of Fame
煙燻 Smokey the Bear
葛蘭達 Glenda
詹森太空中心 Johnson Space Center
資訊自由法案 FOIA
農業工學研究所 National Institute for Rural Engineering
農業研究所 Agricultural Research Institute
運輸研究中心 Transportation Research Center
電動月球漫遊車 Lunar Electric Rover
零重力公司 Zero G Corporation

十四畫

對接 docking
漢姆 Ham
漢勝公司 Hamilton Sundstrand
精益求精計畫 Project Excelsior
維克森林大學 Wake Forest University
蒙特利灣水族館 Monterey Bay Aquarium
蒲福風級表 Beaufort Wind Force Scale
蝕骨細胞 osteoclast
遠征號 Expedition
酷爾斯啤酒 Coors
鳳凰號機器登陸艇 Phoenix robotic lander

十五至十七畫

彈性漫遊遠征器 Flexible Roving Expedition Device
模組 module

衝擊角礫岩　impact breccia

艙外活動俯視暈眩　EVA height vertigo

艙蓋　hatch

諾頓出版社　W. W. Norton

霍盾火星計畫　Haughton-Mars Project (HMP)

霍盾坑　Haughton Crater

霍羅曼空軍基地　Holloman Air Force Base

聯合號　Soyuz

邁阿密聖經學會　Miami Bible College

十八畫以上

獵戶座太空船　Orion

藍十字盾　Blue Cross/Blue Shield

藍道夫空軍基地　Randolph air Force Base

雙磷酸鹽　Bisphosphonates

「雛菊號」拖車　Daisy sled

瀰漫性軸突損傷　Diffuse axonal injury

你喜歡貓頭鷹出版的書嗎？

請填好下邊的讀者服務卡寄回，
你就可以成爲我們的貴賓讀者，
優先享受各種優惠禮遇。

▶請沿虛線剪下對摺，填妥寄回即可，免貼郵票

貓頭鷹讀者服務卡

謝謝您購買：＿＿＿＿＿＿＿＿＿＿＿＿＿＿＿＿＿＿＿＿（請填書名）

為提供更多資訊與服務，請您詳填本卡、直接投郵（免貼郵票），我們將不定期傳達最新訊息給您，並將您的建議做為修正與進步的動力！

姓名：＿＿＿＿＿＿＿＿ □先生 □小姐　民國＿＿＿年生　□單身　□已婚

郵件地址：□□□ ＿＿＿＿＿＿ 縣市 ＿＿＿＿＿＿ 鄉鎮市區 ＿＿＿＿＿＿＿＿

聯絡電話：公（0　）＿＿＿＿＿＿　宅（0　）＿＿＿＿＿＿　手機＿＿＿＿＿＿

■您的E-mail address：＿＿＿＿＿＿＿＿＿＿＿＿＿＿＿＿

■您對本書或本社的意見：

廣 告 回 信
台灣北區郵政管理局登記證
台北廣字第000791號
免 貼 郵 票

104

台北市民生東路二段141號5樓

英屬蓋曼群島商家庭傳媒（股）城邦分公司

貓頭鷹出版社　收